강성훈 저서 제30호

SOUND ENGINEERING AND MATH

음향 기술과 수학

음향공학박사 강성훈 저

SOUND MEDIA

음향기술과 수학
SOUND ENGINEERING AND MATH

음향공학박사 강성훈 저

음향 기술과 수학
Sound Engineering and Math

머리말

중학교 시절부터 수학을 포기하는 학생들이 많은 것 같다. 그 이유는 어디에 활용할지 모르고 시험을 보기 위해서 문제만 풀기 때문에 흥미가 없는 것이다. 무엇인가를 배워야 하는 이유를 모르고 공부하는 것은 재미가 없다. 사실 어딘가 써 먹을 곳이 없으면 배울 필요가 없는 것이다. 지긋지긋한 수학을 배워서 어디에 써먹을지를 모르므로 수학을 포기하는 것이다. 지금까지 저자는 여러 책을 집필하면서 수학을 사용하지 않고 간단한 공식으로 개념만 설명하였다. 그 이유는 학생들이 수학을 너무 싫어하기 때문이고, 내용에 수학이 있으면 처음부터 포기해 버리기 때문이다.

음향 엔지니어는 음향 기기를 활용하여 좋은 음질의 음을 확성하거나 녹음하는 기술자이지 수학자나 물리학자가 아니다. 수학과 물리학을 모른다고 음향 기술을 배울 수 없는 것은 아니다. 또, 수학을 전혀 몰라도 세상을 살아가는데 문제가 없다.

그러나 기본적인 수학과 물리학을 이해하면 기초 이론을 확실하게 이해할 수 있고, 더 고도의 기술을 익혀 갈 수 있다. 다시 말하면 수학과 물리학은 음향 기술의 주춧돌이라고 할 수 있다. 요리는 누구나 할 수 있지만, 잘 하는 것은 쉽지 않다. 또, 음향은 누구나 할 수 있지만, 잘 하는 것은 쉽지 않다. 음향을 잘 하기 위해서는 기본적인 수학이 필요하다.

많은 사람들이 수학과 물리학을 모르고 일상적으로 음향 작업을 하지만, 이 작업에는 반드시 어떤 이론에 따라서 작업을 하고 있는 것이다. 이 이론이란 수학과 물리학이다. 이와 같이 수학과 물리학은 자신도 모르게 우리가 일상 생활하면서 항상 접하고 있는 것이다. 그리고 어떤 일을 하다 보면 왜 이렇게 되는가를 생각할 때가 있고, 그 해답은 수학에 있다.

이 책은 음향 기술 용어들을 완전하게 이해하기 위해서 간단한 수학으로 풀어가면서 설명하였다. 따라서 문제를 풀기 위한 수학이 아니고 개념을 이해하는 정도로 기술하였다. 예를 들어 미분과 적분은 임피던스를 기술하는데 필요한 수학의 기본 개념을 설명하였다. 그리고 스펙트럼 분석기는 푸리에 변환의 수학적인 기법을 사용하지만, 수학 책에서 설명하는 정도의 자세한 내용에 대해서 기술하지 않고, 스펙트럼 분석의 원리를 이해할 수 있는 정도로 설명하였다.

음향학(Acoustics)에서 사용하는 수학은 아주 고차원적이다. 그러나 음향 기술(sound engineering)에서 사용하는 수학은 고차원적인 내용은 없고, 음향 용어를 확실하게 이해하기 위한 기초적인 수학만 필요하다. 수학의 범위는 아주 넓지만, 음향 기술에서 활용되는 내용만 1장에 요약 정리하였고, 이것만 이해하면 이 책을 이해하는데 문제가 없을 것이다.

수학은 눈에 보이지 않은 음향적인 현상을 글로 표현하면 길고 복잡하므로 알기 쉽게 기호를 사용하여 간단하게 표현하는 언어이다. 예를 들어 눈에 보이지 않는 음파의 여러 현상을 이해하기 어려우므로 시각화하는 경우가 많지만, 이때 필요한 것이 수학 기호로 나타내는 것이다.

수학을 모른다고 음향 엔지니어가 될 수 없는 것은 아니지만, 진정한 음향 엔지니어가 되려면 최소한의 수학은 이해하는 것이 좋을 것이다. 수학은 음향 기술 분야뿐만이 아니라 음악, 공학, 경제학, 인문학 등 모든 분야의 기본이 되는 학문이다. 수학이라는 학문이 없었으면 인류는 지금과 같은 발전이 없고, 원시 시대로 살아 왔을 것이다.

이 책을 집필하면서 읽어 볼 독자가 있을까 하는 생각도 해 보았다. 아무도 읽어 보지 않을지도 모르겠다는 생각이 들어서 중간에 집필을 포기할 생각도 했었지만, 누군가에게 도움이 된다면 다행이라는 마음으로 완성했다.

2023. 12.

강성훈

목 차

제1장 음향 기술에서 사용하는 수학
1. 사칙 연산 … 12
2. 루트 … 13
3. 완전 제곱 … 15
4. 피타고라스 정리 … 16
5. 삼각 함수 … 17
6. 원주율 π … 21
7. 라디안 … 23
8. 각 주파수 … 25
9. 위상 … 27
10. 페이저 … 31
11. 복소수 … 33
12. 지수 … 39
13. 자연 상수 … 40
14. 오일러 공식 … 41
15. 상용 로그 … 43
16. 자연 로그 … 44
17. Bel과 deciBel … 45
18. 수열과 급수 … 47
19. 시그마 … 48
20. 적분 … 49
21. 미분 … 55
22. 함수의 직교성 … 59
23. 리사주 도형 … 61
24. 접두 기호 … 62
25. 전기 기호 … 63
26. 전기 소자의 기호 … 64

제2장 음파의 파형, 진폭, 주파수, 위상

제3장 로그와 데시벨
1. 로그의 정의 … 72
2. 왜 로그를 사용하는가 … 73
3. 데시벨 … 76
4. 절대 데시벨 … 80

제4장 데시벨의 합 계산
1. 음압 레벨 … 84
2. 데시벨의 합 계산 … 86
3. 음압 레벨 변화에 대한 음의 크기 변화 … 94

제5장 옴의 법칙과 전압 분배 법칙
1. 옴의 법칙 … 98
2. 저항의 직병렬 연결 회로의 합성 저항 … 100
3. 전압 분배 법칙 … 102

제6장 임피던스
1. 저항과 임피던스 … 106
2. 유도성 리액턴스 … 107
3. 용량성 리액턴스 … 113
4. 임피던스 … 119
5. 스피커의 임피던스 … 121
6. 앰프의 출력 임피던스 … 125
7. 스피커 레벨의 임피던스와 라인 레벨의 임피던스 … 126

제7장 등가 회로와 임피던스 측정
1. 등가 회로 … 130
2. 출력 임피던스와 입력 임피던스 … 132
3. 출력 임피던스 측정 … 133
4. 입력 임피던스 측정 … 134

제8장 임피던스 매칭
1. 임피던스 매칭 … 138
2. 매칭 트랜스를 이용한 임피던스 매칭 … 142

제9장 임피던스 브리징
1. 임피던스 브리징 … 146
2. 임피던스의 변환 … 150
3. 정전압 회로 … 150

제10장 필터의 특성과 위상 변이

1. 전압 분배 회로   154
2. 저역 통과 필터   157
3. 고역 통과 필터   162
4. 고차 필터   166
5. 대역 통과 필터   168
6. 대역 차단 필터   172
7. 필터의 활용   173

제11장 위상 차에 의해 생기는 음향적인 문제들

1. 위상 차   177
2. 두 신호의 위상 차에 따른 합의 크기   183
3. 앰프와 스피커의 연결   184
4. 콤필터 왜곡   185
5. 스테레오 시스템의 청취 위치에 따른 위상 차   188
6. 악기 음 픽업 시 위상 차   189
7. 위상 차를 이용한 마이크의 지향성 제어   190
8. 위상 차를 이용한 스피커의 지향성 제어   191
9. 필터에서 위상 변이   192
10. 스피커 네트워크 필터에서 위상 변이   195
11. 멀티 웨이 스피커 유닛 간의 위상 차   197
12. 스피커 간의 위상 차에 의한 간섭   199
13. 이퀄라이저의 부스트/커트에 의한 위상 변이   202

제12장 신호의 실효 값

1. 신호의 최대 값과 실효 값   206
2. 신호의 실효 값 계산   208
3. 피크 팩터   211
4. 스피커에 적절한 앰프의 용량   212

제13장 주파수 분석

1. 주파수 분석   218
2. 푸리에 급수   220
3. 푸리에 변환   227
4. 고속 푸리에 변환 (FFT)   229

제14장 콘볼루션 리버브

1. 임펄스 리스폰스   234
2. 콘볼루션   236
3. 콘볼루션 리버브   240
4. 디지털 리버브와 콘볼루션 리버브의 차이   241

부록 1; 음향 임피던스

1. 음향 임피던스   246
2. 매질 간의 음향 임피던스 차이에 의한 반사율와 투과율   247
3. 음향 임피던스 매칭에 의한 방사 효율의 향상   248
4. 음향 임피던스 미스 매칭에 의한 차음 효과의 향상   250

부록 2; 음향 공식   251

참고 문헌   266
음향 서적   268

제 1 장
음향 기술에서 사용하는 수학

음향 기술에서 항상 사용하는 데시벨을 계산할 때 필요한 log, 음파의 파형과 위상을 설명하기 위한 sin과 cos의 삼각 함수, 임피던스를 이해하기 위해서는 루트, 피타고라스 정리, 복소수와 미분을 알고 있어야 한다. 그리고 주파수 분석에서 사용하는 수열과 급수, 적분을 이해해야 한다. 이러한 내용만 이해하면 음향 기술에 필요한 수학은 충분할 것으로 생각된다.

수학 공식은 음향적인 현상을 글로 표현하면 길고 복잡하므로 알기 쉽게 기호를 사용하여 간단하게 표현하는 언어라고 할 수 있다. 간단한 일례로 100,000,000원이라고 쓰면 얼른 알아 보기 어렵지만, 일 억원(10^9)이라고 지수를 사용하면 알아 보기 쉬운 것과 같다.

음향 기술과 수학
Sound Engineering and Math

음향 엔지니어들이 가장 많이 사용하는 단위는 데시벨(dB; deciBel)이다. 데시벨은 음의 크기를 지각하는 인간의 감각 법칙과 일치하는 단위이다. 음향에서 데시벨의 개념을 정확하게 이해하고 있는 것은 무엇보다 중요하고, 이를 위해서는 지수와 log를 이해하고 있어야 한다.

다음에 가장 많이 사용하는 용어가 임피던스이다. 임피던스는 출력 임피던스, 입력 임피던스, 임피던스 매칭, 임피던스 브리징 등의 용어가 있다. 임피던스는 믹서와 앰프의 연결, 앰프와 스피커의 연결 시 등 음향 기기들을 사용하여 음향 시스템을 구성할 때 반드시 알아야 하는 중요한 요인이다.

저항 회로에서는 전압과 전류의 위상이 같으므로 저항 값은 일정하다. 그러나 인덕터와 커패시터가 포함된 회로에서는 전압과 전류의 위상이 다르므로 저항 대신에 임피던스(impedance)라는 용어를 사용한다. 인덕터에 유도되는 전압은 전류의 변화율(미분)에 비례하고, 커패시터에 흐르는 전류는 전압의 변화율(미분)에 비례한다. 임피던스는 실수와 허수로 구성된 복소수로 나타내고, 크기는 피타고라스 정리로 구한다. 그리고 전압과 전류의 위상 차는 역 tan 함수로 구한다. 따라서 임피던스를 이해하기 위해서는 미분, 복소수, 피타고라스 정리, 삼각 함수를 이해해야 한다.

또, 필터는 이퀄라이저와 스피커의 네트워크로서 사용되고, 음질을 좌우하는 중요한 회로이다. 필터 회로는 인덕터와 커패시터로 구성되므로 리액턴스를 이해해야 한다. 신호가 필터를 통과하면 리액턴스 특성에 의해 입력 신호와 출력 신호 간의 위상이 변이된다. 이 위상 변이는 음질에 미치는 영향이 아주 크다. 따라서 필터의 위상 특성들을 이해하고 사용하지 않으면 좋은 음질을 만들기 어렵다.

그리고 음향 시스템 구성이 완료되면 주파수 분석기를 이용하여 룸 튜닝을 해야 한다. 주파수 분석기는 푸리에 급수를 기반으로 하는 기기이고, 이것은 삼각 함수, 급수, 미분, 적분을 사용하여 주파수를 분석하므로 이러한 기초적인 수학을 이해해야 한다.

이와 같이 데시벨, 임피던스, 필터, 위상 특성, 주파수 분석 등과 같은 내용을 정확하게 이해하려면 기본적인 수학을 알아야 한다. 1장에서는 본문에서 설명하는 수식을 개념적으로 간략하게 정리하였다.

표 1.1은 1장에서 설명하는 수학의 기호와 활용 분야를 정리한 것이다.

표 1.1 음향 기술에서 사용하는 수학 기호

종류	기호	활용
사칙 계산	+, -, ×, ÷	기본 연산
루트 (제곱근)	$\sqrt{}$	임피던스 계산, 복소수의 크기
피타고라스 정리	$c^2 = a^2 + b^2$, $c = \sqrt{a^2 + b^2}$	복소수의 크기 계산, 임피던스 계산,
삼각 함수	sin, cos, tan, $\sin^{-1}$, $\cos^{-1}$, $\tan^{-1}$	교류 전압의 표시, 주파수 분석
원주율	π (=3.14⋯⋯)	상수
도 degree	°	위상 각
라디안 radian	$\frac{\pi}{180°} \times$ degrees	위상 각
각 주파수	$\omega = 2\pi f$	파형의 주파수
실수	-10, -5, 0, 1, 5, 10	연산
허수	j1, j5, $j^2$10	$j = \sqrt{-1}$, 90도 회전 연산자
복소수(=실수+허수)	a+jb	임피던스 계산
지수	$10^3 = 10 \times 10 \times 10$	수식 표기의 간략화
자연 상수(e)	$e = \lim_{n \to \infty} \left(1 + \frac{1}{n}\right)^n = 2.718$	오일러 공식
오일러 공식	$e^{jx} = \cos x + j \sin x$	푸리에 급수
로그	log X	데시벨 계산
데시벨[dB]	10log X	음압 레벨 계산
수열	1, 2, 3, ⋯⋯	숫자의 나열
급수	1+2+3+⋯⋯	푸리에 급수
시그마	Σ	푸리에 급수
미분	$\frac{d}{dx}f(x)$	인덕터와 커패시터의 전압과 전류 변화율
적분	$\int f(x)dx$	실효값 계산, 푸리에 변환, 콘볼루션

1. 사칙 연산

수의 연산에서 덧셈, 뺄셈, 곱셈, 나눗셈을 네 가지 기본 연산이라는 뜻에서 사칙 연산 (four fundamental rules of arithmetics)이라고 한다.

수식의 계산은 왼쪽에서 오른쪽으로 차례대로 하고, 괄호를 제일 먼저 계산하며 곱셈과 나눗셈을 덧셈과 뺄셈보다 먼저 계산한다. 즉, 연산의 순서는 괄호, 지수, 곱셈, 나눗셈, 덧셈, 뺄셈 순으로 계산한다. 연산의 우선 계산 순위가 달라지면, 계산 결과가 달라지므로 주의해야 한다.

예)
$2 \times 5 + 4 = 10 + 4 = 9$
$2 \times (5+4) = 2 \times 9 = 18$
$30 - (20 \div 5) = 30 - 4 = 26$
$30 \div (20 - 5) = 30 \div 15 = 2$

2. 루트

어떤 수 x를 제곱하여 a가 되었을 때, x를 a의 제곱근(square root, $\sqrt[2]{a} = \sqrt{a}$)이라고 한다. 또, 어떤 수 x를 세 제곱하여 a가 되었을 때, x를 a의 삼제곱근(cube root, $\sqrt[3]{a}$)이라고 한다.

$$x^2 = a \;\rightarrow\; x = a^{\frac{1}{2}} = \sqrt{a}, \qquad x^3 = a \;\rightarrow\; x = a^{\frac{1}{3}} = \sqrt[3]{a}$$

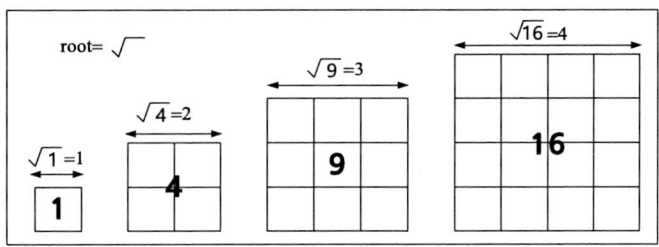

그림 1.1 루트의 의미

예)

$2^2 = 4 \;\rightarrow\; \sqrt{4} = \sqrt{2^2} = (2^2)^{\frac{1}{2}} = 2$

$4^3 = 64 \;\rightarrow\; \sqrt[3]{64} = (4^3)^{\frac{1}{3}} = 4$

$\sqrt{(a+b)^2} = \{(a+b)^2\}^{\frac{1}{2}} = a + b$

13의 루트 값($\sqrt[2]{13} = 3.6$)은 계산기를 이용하면 된다.

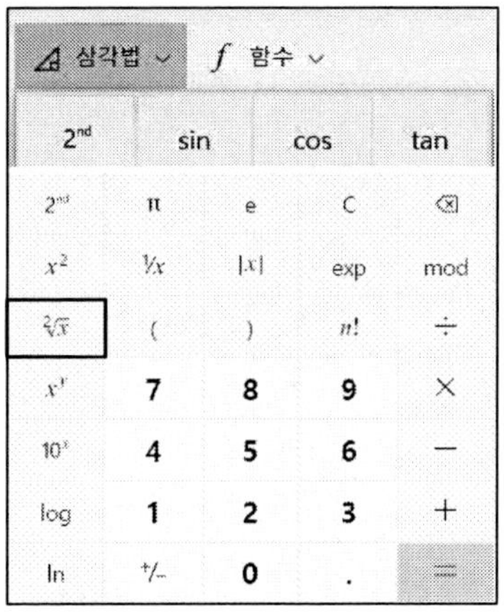

그림 1.2 루트의 계산기

활용 1) 피아노 건반의 1 옥타브는 주파수 비가 2이고, 12개의 반음으로 구성되어 있다. 따라서 반음의 비는 $\sqrt[12]{2} = 2^{1/12} = 1.059$이다. 그리고 1 옥타브는 12개 반음으로 만들어져 있으므로 1 옥타브의 주파수 비는 $(\sqrt[12]{2})^{12} = (2^{\frac{1}{12}})^{12} = 2$가 된다.

활용 1) 임피던스(Z)의 크기 계산 (6장 임피던스 참조)

$Z = R(저항) + jX(리액턴스) = \sqrt{R^2 + X^2}$

3. 완전 제곱

어떤 함수 $f(x)$가 다른 함수 $g(x)$의 제곱과 같을 때, 즉 $f(x) = \{g(x)\}^2$ 일 때 $f(x)$는 완전 제곱(perfect square)이라고 한다.

인수 분해는 예를 들어 다항식 x^2+5x+6을 $(x+2)(x+3)$과 같이 나타낸 것이다. 이때 $(x+2)$와 $(x+3)$은 다항 식의 인수이다. 완전 제곱 식을 이용한 인수 분해는 다음과 같다.

$a^2+2ab+b^2 = (a+b)^2$

$a^2-2ab+b^2 = (a-b)^2$

$\sqrt{a^2 + 2ab + b^2} = \sqrt{(a+b)^2} = a + b$

$\sqrt{a^2 - 2ab + b^2} = \sqrt{(a-b)^2} = a - b$

4. 피타고라스 정리

그림 1.3(a)와 같이 직각 삼각형의 빗변이 c, 나머지 두 변이 a, b이면 다음 식이 성립한다. 이것을 피타고라스 정리(Pythagorean theorem)라고 한다.

$$c^2 = a^2 + b^2 \quad \rightarrow \quad c = \sqrt{a^2 + b^2}$$

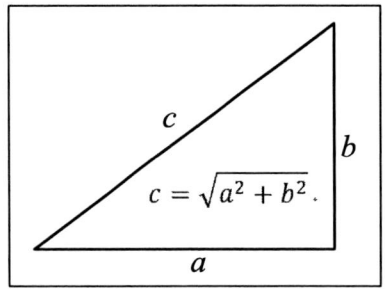 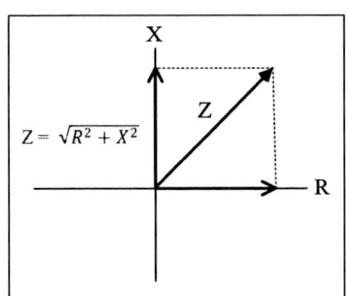

그림 1.3(a) 피타고라스 정리   **그림 1.3(b)** 임피던스 계산

예) 그림 1.3(a)의 삼각형에서 $a = 4$, $b = 3$이면 c는 얼마인가?

$$c = \sqrt{a^2 + b^2} = \sqrt{4^2 + 3^2} = \sqrt{25} = \sqrt{5^2} = 5$$

활용) 피타고라스 정리는 복소수(R+jX)의 크기를 구할 때 사용한다. R과 X는 그림 1.3(b)와 같이 직각이므로 복소수의 크기 Z는 다음과 같이 구한다(그림 1.3b, 11절 복소수, 6장 임피던스 참조)

$$Z = R(저항) + jX(리액턴스) = \sqrt{R^2 + X^2}$$

5. 삼각 함수

삼각 함수(trigonometric function)는 각에 대한 함수로서 삼각형의 각과 변의 길이와의 관계를 나타낸 것이다. 삼각 함수는 직각 삼각형 변의 길이의 비로 정의된다. sin, cos, tan의 정의는 그림 1.4와 같다.

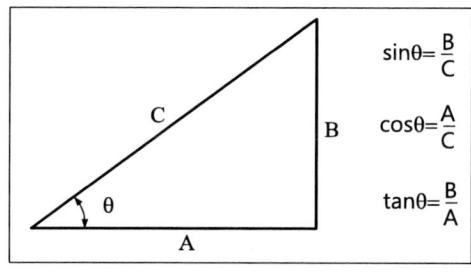 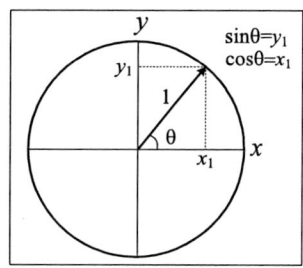

그림 1.4(a) sin, cos, tan의 정의   **그림 1.4(b)** sin 함수와 cos 함수

또, 삼각 함수는 좌표 평면 위의 원에서 얻어지는 다양한 선분의 길이로 나타낼 수도 있다. 그림 1.5에서 검은 점이 반경 1인 원주 위를 반 시계 방향으로 일정한 속도로 회전하면서 빙빙 돈다고 가정한다. 원의 중심과 점을 연결하는 선이 수평축과 이루는 각도를 θ라고 하고, 이것을 위상 각이라고 한다. 이 위상 각은 점의 회전과 함께 90도, 180도, 360도로 증가되어 간다. 점이 원을 1회전하면 360도가 되고, 2회전하면 720도가 된다.

이와 같이 점이 원을 회전하면서 y축에 크기를 그리면 sin 곡선이 되고, x축에 크기를 그리면 cos 곡선이 된다. 교류의 파형은 sin 또는 cos 함수(그림 1.6)인 삼각 함수이다.

sin θ, cos θ, tan θ의 역 함수를 각각 $\sin^{-1}$, $\cos^{-1}$, $\tan^{-1}$로 나타내고, 역 sin, 역 cos, 역 tan 라고 한다.

$$\sin θ = x \rightarrow θ = \sin^{-1} x, \quad \cos θ = x \rightarrow θ = \cos^{-1} x, \quad \tan θ = x \rightarrow θ = \tan^{-1} x$$

예) $\sin 45° = 0.707 \rightarrow \sin^{-1} 0.707 = 45°$
$\cos 60° = 0.5 \rightarrow \cos^{-1} 0.5 = 60°$

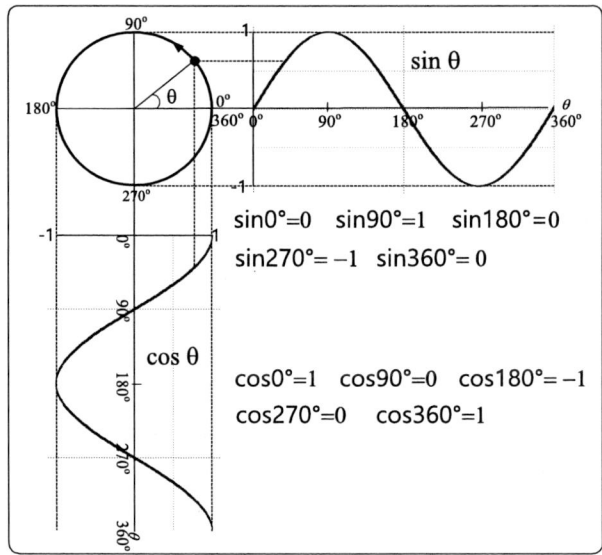

그림 1.5 sin 곡선과 cos 곡선

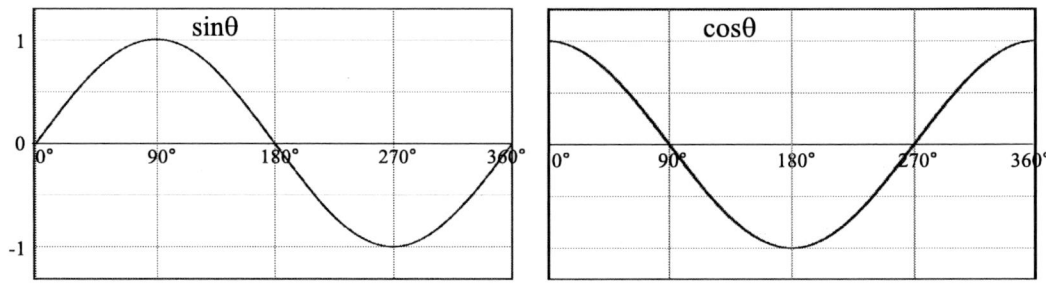

그림 1.6 sin 함수와 cos 함수

삼각 함수는 계산기를 이용하여 간단하게 계산할 수 있다(그림 1.7).

활용 1) 교류 전압이나 전류의 파형은 삼각 함수로 나타낸다.

$$v(t) = V_p \sin \theta,\ i(t) = I_p \sin \theta,\ v(t) = V_p \cos \theta,\ i(t) = I_p \cos \theta$$

활용 2) 단일 지향성 마이크의 지향 패턴은 다음 식으로 나타낸다.

$$S = 0.5 + 0.5 \cos \theta$$

그림 1.7 삼각 함수와 역 삼각 함수 계산기

마이크의 정면은 θ=0도, 오른쪽 옆 방향은 θ=90도, 뒤 방향은 θ=180도, 왼쪽 옆 방향은 θ = 270도이다. cos0°=1, cos90°=0, cos180°=−1, cos270°=0이므로 이것을 식에 대입하면, 정면의 감도는 1, 90°는 0.5, 뒤 방향은 0, 왼쪽 옆 방향은 0.5가 되므로 그림 1.8과 같은 지향성 패턴이 얻어진다.

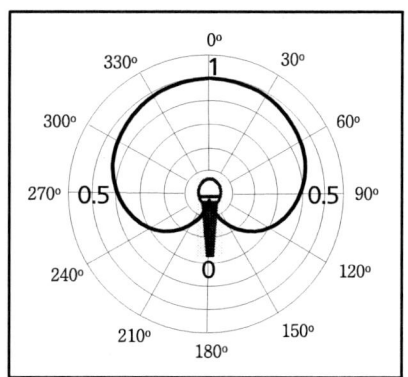

그림 1.8 단일 지향성 마이크의 지향 특성

활용 3) 역 삼각 함수를 이용하여 유도성 회로와 용량성 회로에서 전압과 전류의 위상 차를 구하는데 활용한다. 예를 들어 유도성 회로의 임피던스 크기와 위상 차는 다음 식으로 구한다(6장 임피던스 참조).

$$Z = \sqrt{R^2 + X_L^2}\,[\Omega], \quad \theta = \tan^{-1}\left(\frac{X_L}{R}\right)°$$

활용 4) 스피커의 지향 계수를 구할 때 sin 함수와 역 sin 함수($\sin^{-1}$)를 사용한다. 스피커의 −6dB 커버리지 각도가 수직 40°(V), 수평 20°(H)이면, Q(지향 계수)는 얼마인가?

$$Q = \frac{180°}{\sin^{-1}(\sin\frac{V}{2} \cdot \sin\frac{H}{2})} = \frac{180°}{\sin^{-1}(\sin 20° \cdot \sin 10°)} = 53$$

활용 5) 자연계에 존재하는 모든 음파는 파형이 찌그러진 형태의 복합음이다. 어떠한 복합음이더라도 여러 개의 sin 파나 cos 파로 분해하여 나타낼 수 있다. 그림 1.9에는 복합음을 3개의 sin 파로 분해하여 나타내고, 그림 1.10에는 sin 파와 cos 파 2개를 더한 합성 파형을 나타낸다. sin 파와 cos 파를 더하면 다양한 파형을 만들 수 있고, 이렇게 합성된 파형은 sin 파와 cos 파로 분해할 수 있으며, 이것이 푸리에 변환(Fourier Transformation)이다(13장 주파수 분석 참조).

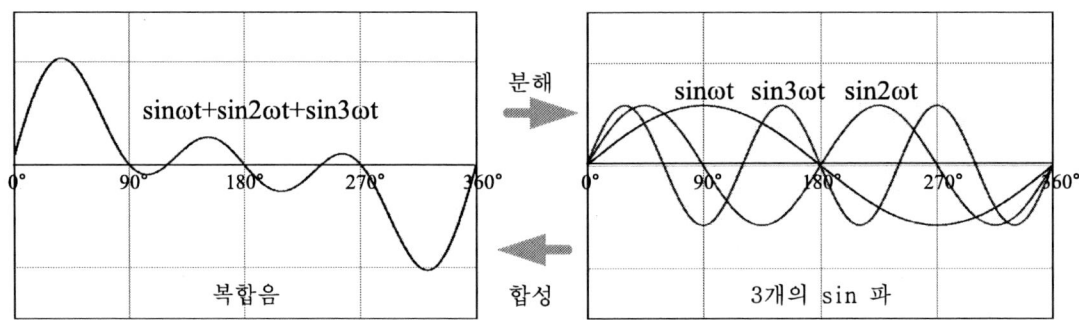

그림 1.9 복합음을 주파수가 다른 3개의 sin 파로 분해

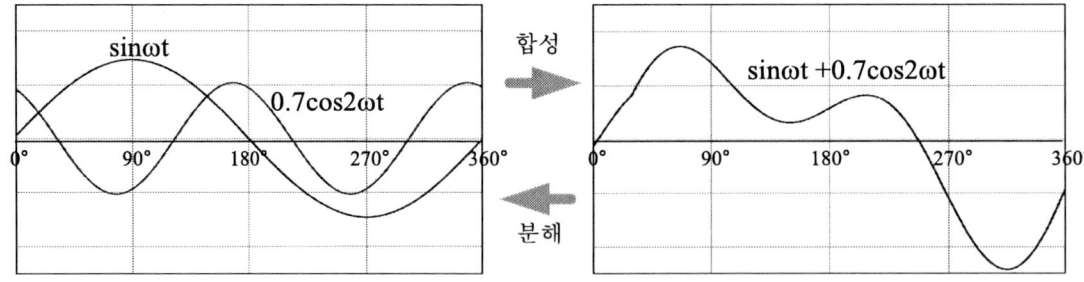

그림 1.10 진폭과 주파수가 다른 sin 파와 cos 파를 합성한 파형

6. 원주율 π

원의 어느 한 점을 잘라서 펼치면 선분이 얻어지고, 이 선분의 길이(원의 둘레의 길이)를 원주라고 한다(그림 1.11). 원주는 반지름의 길이에 따라 달라진다. 원주와 지름의 비는 원의 크기와 상관없이 일정하고, 이 값을 원주율이라고 하며, 기호 π(=3.14159⋯)로 나타낸다. 즉, 원주율 π는 원주를 지름으로 나눈 것이다. 반지름이 r인 원의 원주는 2πr이다.

$$\pi = \frac{2\pi r (원주)}{2r (지름)} = 3.14159\cdots$$

또, 그림 1.12와 같이 반지름이 1인 반원의 길이는 π이고, 각도로 나타내면 180도가 된다.

$$2\pi = 360°, \ \pi = 180°, \ \pi/2 = 90°, \ \pi/4 = 45°$$

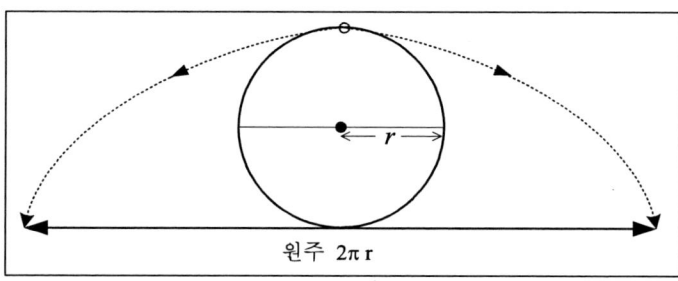

그림 1.11 원주

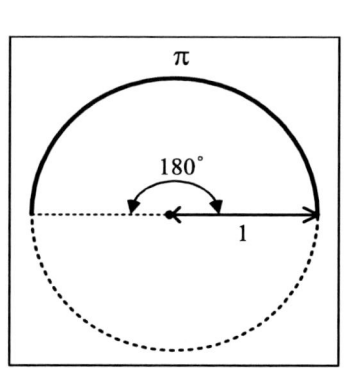

그림 1.12(a) π의 정의

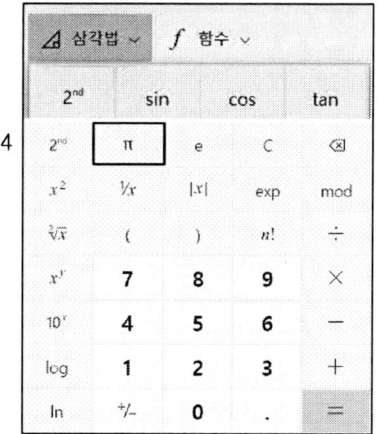

그림 1.12(b) π의 계산기

π는 여러 경우에 상수로 사용되고 있다.

각 주파수; $\omega = 2\pi f$

교류 신호; $v(t) = V_m \sin(2\pi ft)$

인덕터의 리액턴스; $X_L = 2\pi fL [\Omega]$ (6장 임피던스 참조)

커패시터의 리액턴스; $X_C = \dfrac{1}{2\pi fC} [\Omega]$ (6장 임피던스 참조)

7. 라디안

도(degree)는 원의 1/360 또는 1회전에 대응하는 각도 측정 방법이다. 라디안(radian)은 반지름의 길이만큼 원주 위에 호를 잡았을 때 중심각의 크기이고, 각도를 나타내는 다른 단위이다. 1 라디안은 그림 1.13과 같이 57.3도이고, 180도는 π 라디안, 360도는 2π 라디안이다(그림 1.14). 각도와 라디안은 다음과 같은 관계 식이 있다.

$$\text{rad} = \frac{\pi}{180°} \times \text{degrees}, \quad \text{degrees} = \frac{180°}{\pi} \times \text{rad}$$

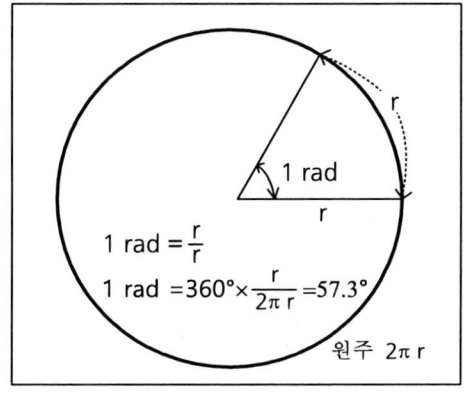 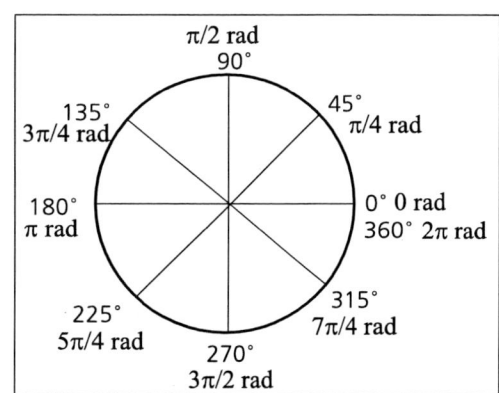

그림 1.13 라디안의 정의 　　　　**그림 1.14** 각도와 라디안

예를 들어 90도는 $\pi/2$ 라디안이다.

$$\text{rad} = \frac{\pi}{180°} \times \text{degrees} = \frac{\pi}{180°} \times 90° = \frac{\pi}{2} \text{rad}$$

또, 2π 라디안을 각도로 나타내면 360도가 된다.

$$\text{degrees} = \frac{180°}{\pi} \times \text{rad} = \frac{180°}{\pi} \times 2\pi = 360°$$

그림 1.15(a)는 sin 파의 위상을 각도로 나타내고, 그림 (b)는 라디안으로 나타낸 것이다. sin 파의 1 주기는 360도 또는 2π 라디안이다. 1/2 주기는 180도 또는 π 라디안, 1/4 주기는 90도 또는 $\pi/2$ 라디안이다.

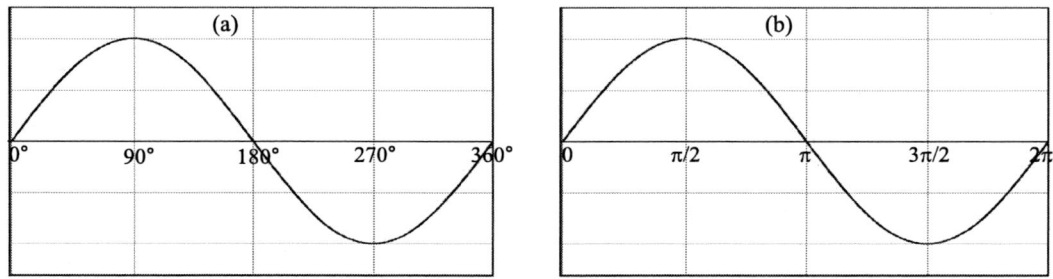

그림 1.15 (a)는 sin 파의 위상을 각도로 나타낸 것이고, (b)는 라디안으로 나타낸 것이다.

활용) 각 주파수(8절 참조), 위상(9절 참조)

8. 각 주파수

sin 파의 1 주기(+/−가 한번 반복하는데 걸리는 시간)는 원을 360도 회전한 것과 같다(그림 1.5 참조). 회전 속도가 빠를수록 주기가 짧아지고, 주파수가 높아지는 것이다. 이 회전 속도를 각 속도(angular velocity)라고 하고, 1초당 몇 번 회전하는가를 의미한다.

보통 속도의 단위를 X(m/s)라고 표현하듯이 매초 X 라디안(rad/s)이라고 표기한 것을 각 속도라고 한다. 다른 관점에서 보면 각도의 시간 변화는 원주 위를 회전하는 점의 회전 속도이므로 1초에 몇 회 회전한다는 의미이고, 이것을 각 주파수(angular frequency)라고 하고, ω로 표기한다.

1Hz는 1초에 원을 한번 회전하는 것을 의미한다. 그리고 2π(rad/s)는 1초에 360도를 1번 회전하는 것을 의미한다. 예를 들어 그림 1.16(a)과 같이 sin 함수는 1초에 1회 진동하므로 주파수가 1Hz이고, sin 파는 다음과 같이 나타낸다.

$$1Hz의\ sin\ 파 = \sin(2\pi \cdot f \cdot t) = \sin(2\pi \cdot 1 \cdot t) = \sin(2\pi \cdot t)$$

그리고 2Hz의 sin 파는 그림 1.16(b)와 같고, 다음과 같이 나타낸다.

$$2Hz의\ sin\ 파 = \sin(2\pi \cdot f \cdot t) = \sin(2\pi \cdot 2 \cdot t) = \sin(4\pi \cdot t)$$

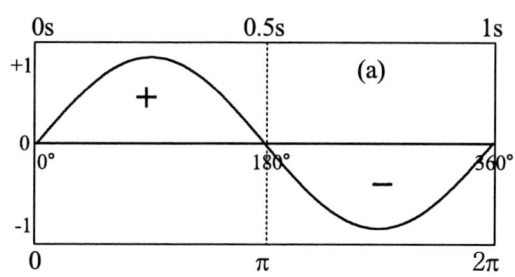 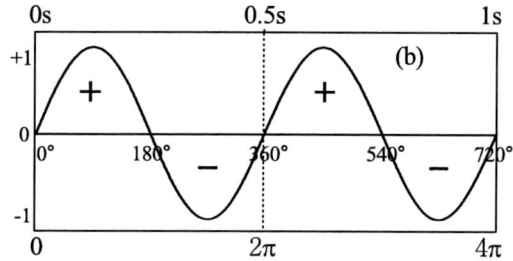

그림 1.16 1Hz와 2Hz의 sin 파

그러나 sin(2πft)로 쓰면 번거롭고, 2π는 정수이므로 2πf를 ω의 문자로 나타낸다.

$$\sin(2\pi ft) = \sin(\omega t)$$

원이 360도 또는 2π 라디안 회전하는 것이 1 주기이므로 2π 라디안 회전하는데 걸리는 시간이 sin 파의 주기이다. 2π 라디안 회전하는데 걸리는 시간은 주기 T와 같으므로 각 주파수는 다음과 같이 나타낼 수 있다.

$$\omega = \frac{2\pi}{T}$$

그리고 주파수(f)는 주기의 역수(1/T)이므로 이것을 대입하면 다음과 같이 된다.

$$\omega = 2\pi f$$

각 주파수 ω로 원주를 회전할 때 ωt는 어느 순간 지나가는 시점의 각이므로 다음 식이 성립한다.

$$\theta = \omega t = 2\pi f t$$

그림 1.17과 같이 막대가 일정한 속도로 반시계 방향으로 회전하면서 막대가 수직 축에 투영되는 크기는 sin 파가 되고, 다음과 같이 나타낼 수 있다.

$$v(t) = V_p \sin\theta = V_p \sin 2\pi f t = V_p \sin\omega t$$

이것은 1초 동안에 f번 회전하므로 주파수는 f[Hz]이다. 만약 주파수가 100Hz이면, $v(t) = V_p \sin 2\pi (100) t$로 나타낸다. 위상 각과 최대 값을 알면 sin 파 곡선 어느 점에서의 순시 값을 구할 수 있다.

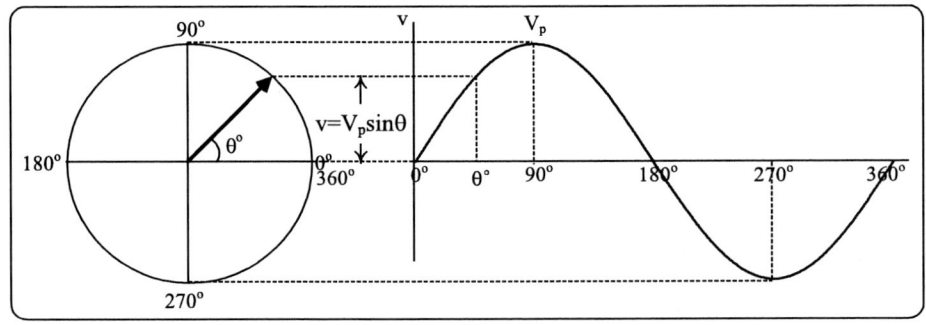

그림 1.17 sin 파의 순시 값

활용) 교류 신호를 각 주파수로 표기

$v(t) = V_p \sin\theta = V_p \sin 2\pi f t = V_p \sin\omega t$

9. 위상

위상(phase)은 두 신호 간의 시간 차를 각으로 나타낸 것이다. 일반적으로 교류 전압은 진폭(A)과 각 주파수(ω), 위상 차(θ)가 포함된 다음 식과 같이 표현한다. +θ는 위상이 앞서는 것이고, -θ는 위상이 늦는 것이다.

$$v(t) = A\sin(\omega t \pm \theta)$$

그림 1.18에 두 파가 위상 차가 있는 것을 나타낸다. a 신호는 cos 함수이고, b 신호는 sin 함수이다. cos 함수는 sin 함수보다 위상이 90도 앞서고, sin 파는 cos 파보다 90도 늦으므로 다음 식이 성립된다.

$$\cos\omega t = \sin(\omega t + 90), \quad \sin\theta = \cos(\omega t - 90)$$

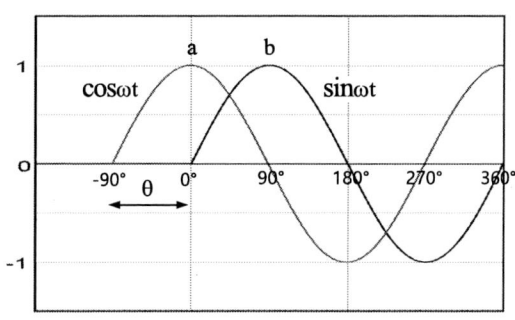

그림 1.18 두 파형의 위상 차

그림 1.19에는 전압과 전류의 위상 차가 45도인 예를 나타낸다. 그림 1.19(a)는 전류가 전압보다 위상이 45도 늦고, 그림 1.19(b)는 45도 빠르다. 여기에서 A_1과 A_2는 파의 크기를 나타낸다.

$$v_1(t) = A_1 \sin\omega t, \quad i_1(t) = A_2 \sin(\omega t - 45), \quad v_2(t) = A_2 \sin(\omega t - 45)$$

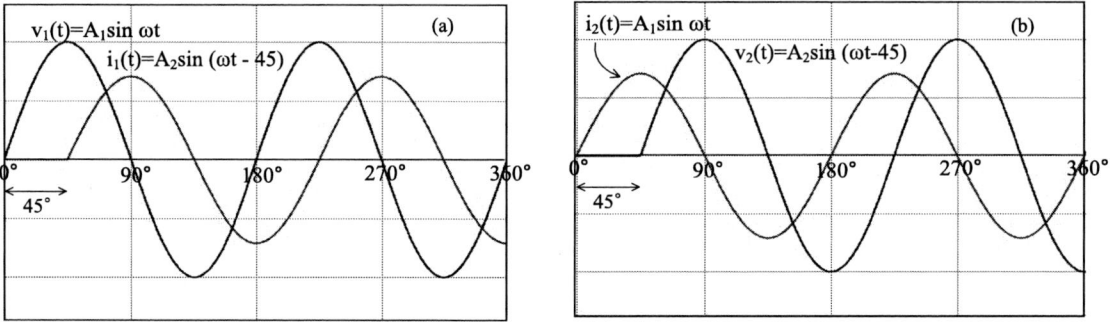

그림 1.19 전압과 전류가 45도 위상 차가 있는 파형

그림 1.20(a)는 두 신호가 동 위상이고, 두 파형을 더하면 크기는 2배가 된다. 그림 (b)는 두 신호가 180도 위상 차가 있는 파형을 나타내고, 역 위상이라고 한다. 두 신호가 역 위상인 파형을 더하면 상쇄된다(11장 위상 차에 의해 생기는 음향적인 문제들 참조).

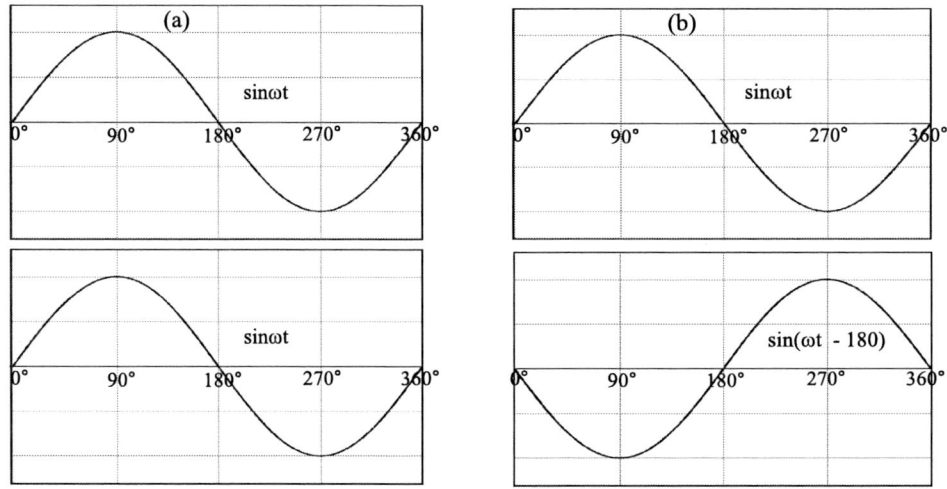

그림 1.20 (a)는 두 신호가 동 위상이고, (b)는 180도 위상 차가 있는 역 위상 파형

그림 1.21에는 크기가 A_1와 A_2인 두 신호의 위상 차(θ)에 따른 합의 크기(A)를 구하는 것을 나타내고, 다음 식으로 구한다. 이 내용은 11장 2절을 참조한다.

$$A = \sqrt{A_1^2 + A_2^2 + 2A_1A_2\cos\theta}$$

위상 차	상관	벡터도	합의 크기	파형
0도	완전 상관		1+1=2(6dB)	그림 1.21(a)
90도	무 상관		1+1=1.4(3dB)	그림 1.21(b)
120도	부분 상관		1+1=1(0dB)	그림 1.21(c)
180도	역 상관		1+(-1)=0	그림 1.21(d)

그림 1.21(a) 두 신호의 위상 차에 따른 합의 크기

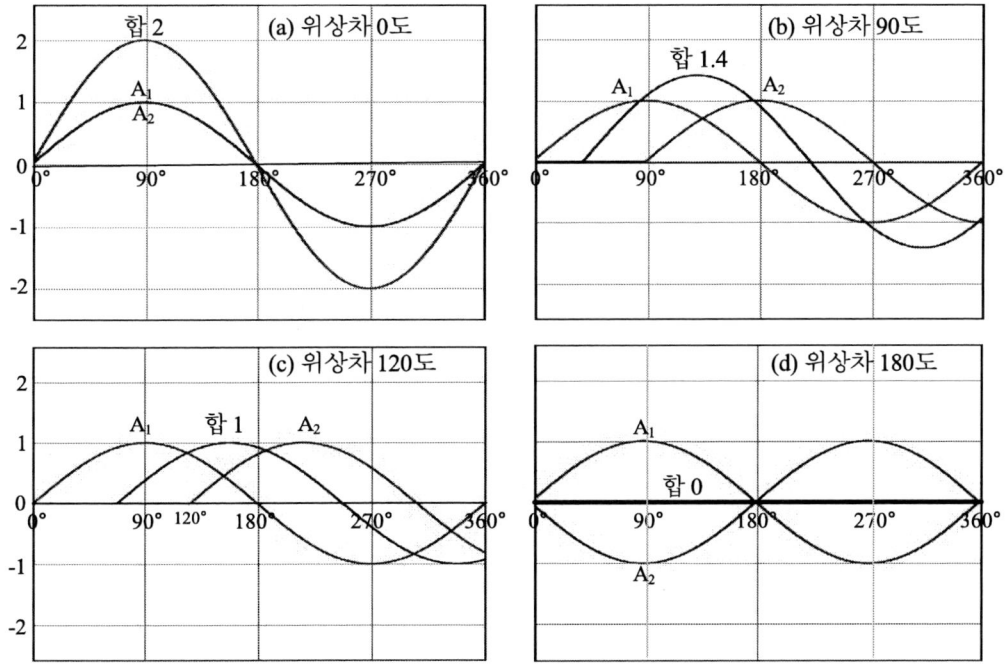

그림 1.21(b) 두 신호의 위상 차에 따른 합의 크기

위상은 음향 기술에서 음질에 미치는 영향이 아주 큰 요인이다. 신호가 필터를 통과하면 출력 신호가 위상 변이된다. 또, 여러 대의 스피커를 사용한 경우에 스피커로부터 청취 지점에 도달하는 음이 위상 차가 있으면 음이 작아지거나 상쇄된다. 그리고 여러 음파들이 청취 지점에 도달할 때 위상 차가 없으면 증가 간섭이 생기고, 위상 차가 180도인 주파수는 상쇄되어 콤필터 왜곡이 발생된다. 이러한 현상에 대한 내용은 11장을 참조한다.

활용) 임피던스 계산(6장 임피던스 참조), 필터(10장 참조), 콤필터 왜곡(11장 참조), 스피커 네트워크(11장 참조), 스피커 간의 간섭(11장 참조)

10. 페이저

페이저(phasor)는 그림 1.22(a)와 같이 크기와 각도를 동시에 나타내는 도식적인 방법이다. v(t)=Asin(ωt+θ)와 같은 정현파 전압에서 크기는 A이고, 위상 각이 θ인 경우에 페이저로 표현하면 다음과 같이 나타낸다.

$$A \angle \theta°$$

페이저를 그래프에 나타내면 그림 1.22와 같다. 페이저 도에서 화살표의 길이는 크기를 나타내고, θ는 위상각을 나타낸다. 그림 1.22(b)의 페이저 도에서 크기는 5이며 위상 각은 50도이고, $5 \angle 50°$로 표기한다.

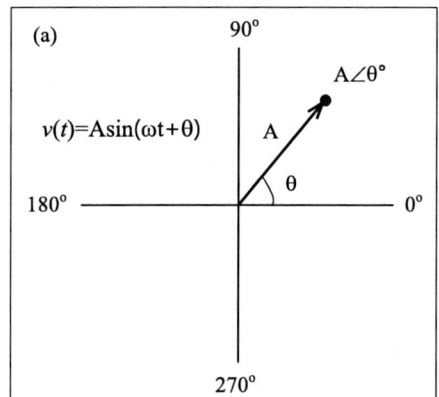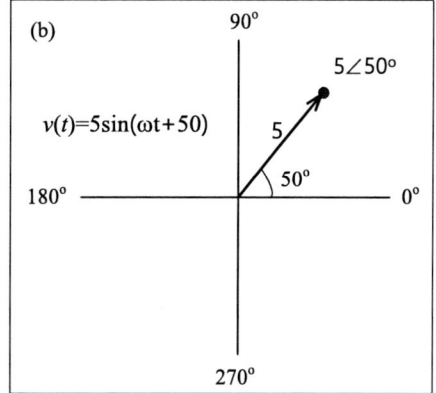

그림 1.22 페이저 도

특정 각도를 페이저로 나타내 본다. 그림 1.23은 전압 페이저의 위상 각이 θ일 때, 이에 대응되는 sin 파에서 점으로 나타낸다. 이 점에서 sin 파의 순시 값은 페이저의 각도와 길이로 결정된다. 페이저의 화살표 끝점에서 수평 축까지의 수직 거리가 그 지점에서의 sin 파의 순시 값이다. 만약 최대 값이 10V이고, θ가 45도이면 순시 값은 7.07V이다.

$$v = V_p \angle \theta° = V_p \sin\theta = 10\sin 45° = 10 \times 0.707 = 7.07V$$

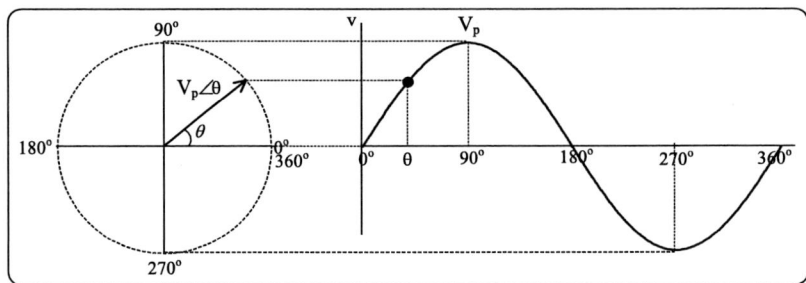

그림 1.23 특정 각도를 페이저로 나타내는 방법

11. 복소수

유도성 회로와 용량성 회로에서 저항과 리액턴스는 90도 위상 차가 있으므로 복소수(complex number)로 나타낸다(6장 임피던스 참조). 즉, 임피던스는 실수(저항)와 허수(리액턴스)로 구성된 복소수이다. 이 내용은 복소수 가장 마지막 부분과 6장 임피던스를 참조한다.

1) 실수와 허수

일상에서 사용하는 1, 2, 3,…은 실수(實數, real number; Re)라고 한다. 양수이든 음수이든 제곱을 하면 전부 양수가 된다. 그런데 다음과 같이 제곱을 해서 음수가 나오는 수가 있다.

$$x^2 = -1, \quad x = \sqrt{-1} = j$$

어떤 수를 2번 곱해서 −1이 되는 수는 실수만으로는 x 값을 구할 수 없다. 왜냐하면 + 실수나 − 실수의 제곱은 항상 양수이기 때문이다. 이 문제를 해결하기 위해서 가상의 수인 허수 j(=√−1, 虛數, imaginary number; Im)를 도입하였다.

실수	−10, −5, −1, 0.5, 1, 1/3, 4,
허수	−j10, −j5, j1, j5, j10, j220
복소수	3+j2, 4+ j10, π+ j 3/2

실수와 허수가 더해진 수를 복소수라고 한다. 그리고 복소수를 그림으로 표시하면 관찰하기 쉬우므로 그림 1.24와 같이 실수부는 수평 축에 허수부는 수직 축에 나타낸 것을 복소평면(complex plain)이라고 한다.

양의 실수 +2에 j를 곱하면 +j2가 된다. +2에 곱한 j는 +2를 90도 회전시켜 j축으로 이동하는 것이다. 즉, +j는 90도 회전시키는 것이고, j2은 180도 회전시키는 것이다(그림 1.25). 또, +2에 −j를 곱하면 +2는 −90도 회전하여 −j축으로 이동한다. 따라서 j를 회전 연산자라고 한다.

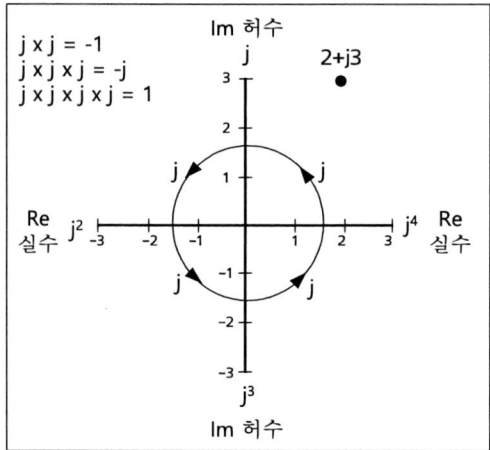

그림 1.24 복소 평면

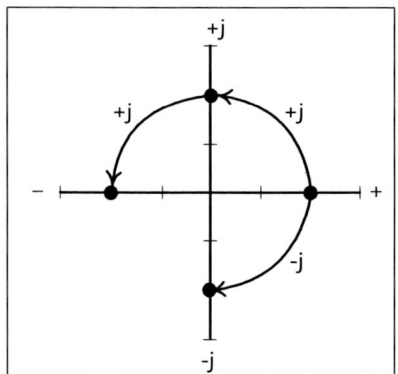

그림 1.25 복소 평면에서 j 연산자에 의한 수의 위치 변화

j는 90도 회전 연산자이고, +j는 위상을 +90도 변화시키고, -j는 위상을 -90도 변화시키는 것이다.

$\sin(\theta+90) = j \sin\theta$

$\sin(\theta-90) = -j \sin\theta$

유도성 리액턴스 $X_L = j\omega L$ → 위상이 90도 앞섬

용량성 리액턴스 $X_C = -j\omega C$ → 위상이 90도 늦음

$v(t) = j\, i\sin\omega t$ → 전압이 전류보다 위상이 90도 앞섬

$i(t) = j\, v\sin\omega t$ → 전류가 전압보다 위상이 90도 앞섬

2) 복소수의 직각 좌표 형식

페이저 양을 표시하는데는 직각 좌표 형식과 극 좌표 형식이 있다. 페이저에는 크기와 위상의 두 값이 함께 포함되어 있다. 복소수를 직각 좌표 형식으로 나타내면, 다음과 같이 A는 실수 축에 B는 j 축에 위치하고 다음과 같이 표현한다.

$$A + jB$$

그림 1.26에는 1+j2, -4+j4, -2-j6, 5-j3의 페이저 양을 복소 평면에 표시한 것이다. 직각 좌표 형식에서는 실수축과 직각으로 만나는 점이 실수 값이고, 허수축과 직각으로 만나는 점이 허수 값이다. 페이저 양을 복소 평면 위에 그래프로 나타낼 때는 원점에서 그 페이저 점까지 화살표를 그린다.

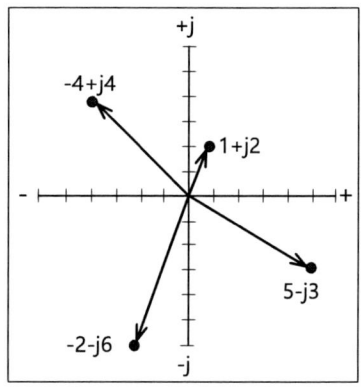

그림 1.26 직각 좌표 형식으로 표시한 페이저

3) 복소수의 극 좌표 형식

복소수의 극 좌표 형식(polar form)은 크기(C)와 실수축과의 각도(θ)로 나타낸다(그림 1.27).

$$C \angle \pm \theta°$$

$2\angle 45°$, $-5\angle 120°$, $-4\angle -110°$, $4\angle -30°$는 극 좌표 형식으로 나타낸 페이저 양이다(그림 1.27). 여기에서 맨 앞의 숫자는 크기, $\angle$ 기호 다음의 숫자는 위상 각이다. 어떠한 페이저

라도 극 좌표 형식과 직각 좌표 형식으로 나타낼 수 있다.

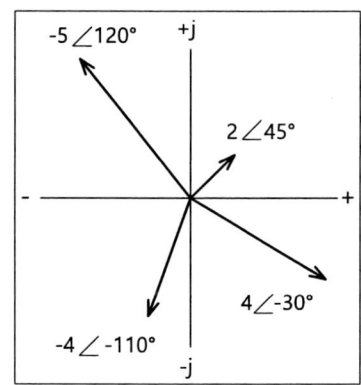

그림 1.27 극 좌표 형식으로 표시한 페이저

sin 파 전압을 크기와 위상 각의 극 좌표 형식으로 나타내면 다음과 같다.

$$v = V_p \sin(\omega t + \theta) = V_p \angle \theta°$$

4) 직각 좌표 형식을 극 좌표 형식으로 변환하는 방법

직각 좌표 형식을 극 좌표 형식으로 변환하는 과정을 본다. 첫 단계로 페이저의 크기를 구한다. 그림 1.28에서 볼 수 있듯이 페이저를 직각 삼각형의 형태로 나타낸다. 이 삼각형의 세변 중에서 수평으로 놓인 변은 실수 값 A가 되고, 수직으로 놓인 변은 허수 값 jB가 된다.

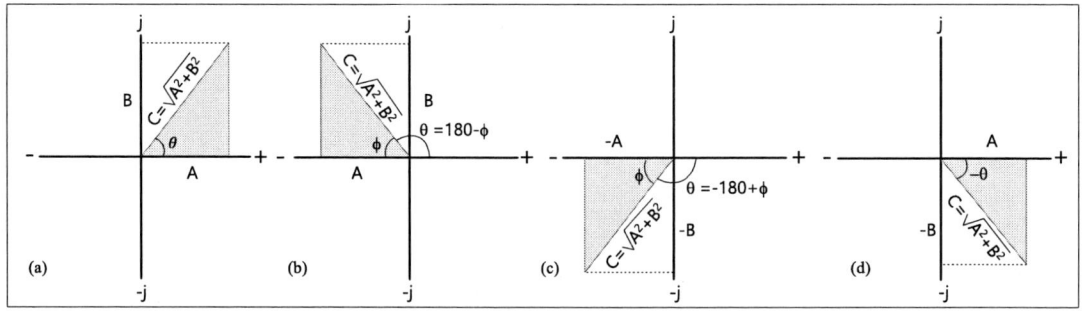

그림 1.28 페이저의 위치와 직각 삼각형의 형태

삼각형의 빗변은 페이저의 길이 C이고 크기를 나타내며, 피타고라스 정리를 사용하여 다음과 같이 나타낼 수 있다.

$$C = \sqrt{A^2 + B^2}$$

다음에 페이저의 위상 각 θ를 구한다. 그림 1.28(a)와 (d)에 표시된 각도는 역 tan 함수를 사용하여 구한다.

$$\theta = \tan^{-1}\left(\frac{\pm B}{A}\right)°$$

그림 1.28(b)와 (c)에 표시된 각도는 θ=±180°∓∅이므로 다음과 같이 된다.

$$\theta = \pm 180° \mp \tan^{-1}\left(\frac{B}{A}\right)°$$

여기에서 1.28(b)와 (c)의 두 경우를 하나의 식으로 나타내기 위해서 ±, ∓ 이중 부호를 사용하였으므로 각도를 계산할 때 경우에 맞는 부호를 사용해야 한다. 직각 좌표 형식을 극 좌표 형식으로 변환하는 공식은 다음과 같다.

$$A \pm jB = C \angle \pm \theta°$$

예) 직각 좌표 형식 8+j6 복소수를 극 좌표 형식으로 변환한다.

$$C = \sqrt{A^2 + B^2} = \sqrt{8^2 + 6^2} = \sqrt{100} = 10$$

페이저는 1사분면에 있으므로 36.9도가 된다.

$$\theta = \tan^{-1}\left(\frac{6}{8}\right) = 36.9°$$

따라서 8+j6을 극 좌표 형식으로 나타내면 다음과 같다.

$$8+j6 = 10 \angle 36.9°$$

5) 극 좌표 형식을 직각 좌표 형식으로 변환하는 방법

그림 1.29와 같이 극 좌표 형식은 페이저의 크기(C)와 위상 각(θ)으로 나타낼 수 있다. 삼각 함수 법칙으로 A와 B는 다음과 같이 나타낸다.

$$A = C \cos\theta, \quad B = C \sin\theta$$

따라서 극 좌표 형식을 직각 좌표 형식으로 변환하는 공식은 다음과 같다.

$$C \angle \theta° = A + jB$$

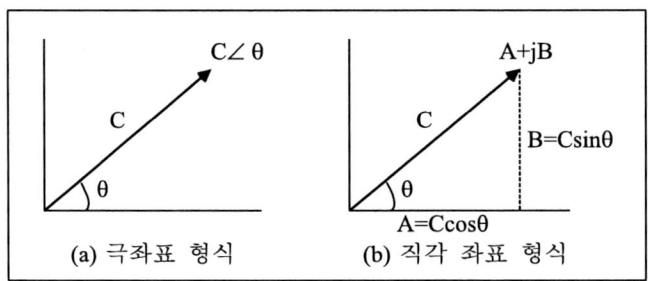

그림 1.29 페이저의 극 좌표

유도성 회로와 용량성 회로에서 저항과 리액턴스는 90도 위상차가 있으므로 복소수를 이용하여 임피던스 크기를 계산한다. 그림 1.30에는 R L 회로에서 극 좌표 형식으로 임피던스를 나타내는 예를 나타낸다. 이 내용은 6장 임피던스를 참조한다.

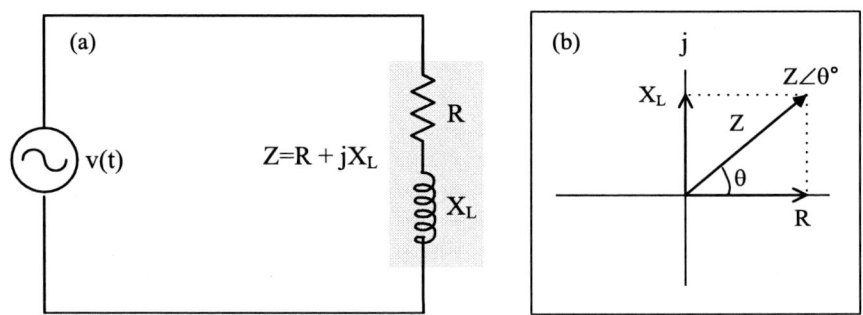

그림 1.30 R L 회로의 극 좌표 형식의 임피던스 표시

활용) 임피던스 계산(6장 임피던스 참조), 위상 차(10장 필터의 특성과 위상 변이 참조)

12. 지수

큰 수자를 나타낼 때 자리 수가 늘어나서 불편하므로 지수를 사용한다. 예를 들면 1,000,000(100만)이라는 수자를 10^6으로 나타내는 것이다. 이것은 10을 6번 곱하는 것이다. 또, 2를 세 번 곱하면, 즉 $2 \times 2 \times 2 = 8$이 되고, 이것을 2^3이라고 표시한다. 이렇게 같은 수를 몇 번 거듭하여 곱했는지 2의 우측 상단의 3과 같이 작게 표시되는 숫자를 지수(exponent)라고 한다.

$$2 \times 2 = 2^{②} \leftarrow 지수$$
$$2 \times 2 \times 2 = 2^{③}$$
$$10 \times 10 = 10^{②}$$
$$10 \times 10 \times 10 = 10^{③}$$

1이 아닌 두 양수 a, b에 대해서 다음과 같은 지수 법칙이 성립한다.

지수 법칙

$$a^{x+y} = a^x \times b^y, \quad a^{x-y} = a^x \div b^y, \quad (a^x)^y = a^{xy}, \quad (ab)^x = a^x \cdot b^x$$

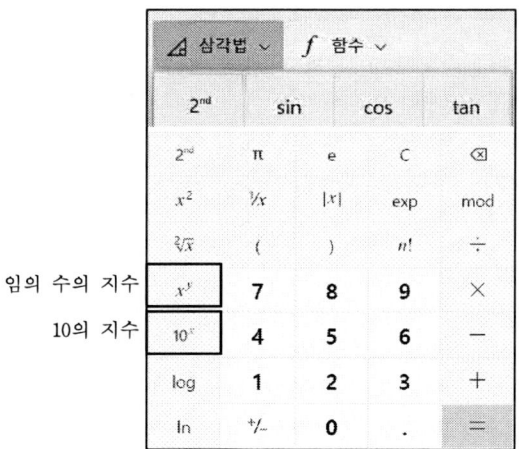

그림 1.31 지수의 계산기

13. 자연 상수

자연 상수(natural constant) e는 다음의 극한으로 표현되는 값이다. 즉, n 값이 무한대까지 계속해서 커지면 극한 값($\lim_{n \to \infty}$)은 2.718로 접근하게 된다. 그림 1.32(a)는 e의 정의를 나타내고, 그림 1.32(b)는 자연 지수 함수 그래프를 나타낸다.

$$e = \lim_{n \to \infty} \left(1 + \frac{1}{n}\right)^n = 2.718 \cdots$$

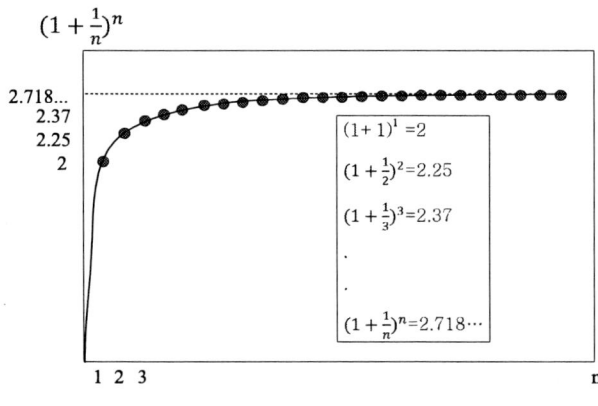

그림 1.32(a) e의 정의

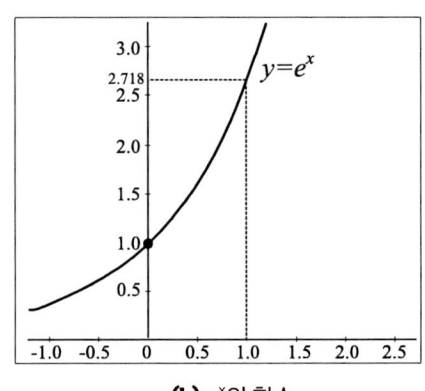

(b) e^x의 함수

활용)

14절 오일러 공식; $e^{j\theta} = \cos\theta + j\sin\theta$

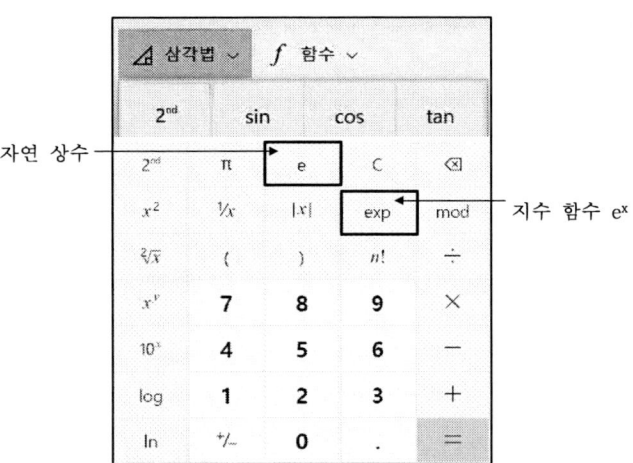

그림 1.33 자연 상수와 지수 함수의 계산기

14. 오일러 공식

삼각 함수, 복소수, 지수 함수 사이에는 다음과 같은 관계 식이 성립하고, 이것은 오일러(Euler) 공식이라고 한다. 여기에서 e는 자연 상수이다.

$$e^{j\theta} = \cos\theta + j\sin\theta$$

$$e^{j\pi} = \cos\pi + j\sin\pi = -1+0 = -1 \rightarrow e^{j\pi} + 1 = 0$$

오일러 공식으로 복소수를 다음과 같이 삼각 함수와 지수 함수로 변환할 수 있다.

$$Z = x + jy = r\cos\theta + jr\sin\theta = re^{j\theta}$$

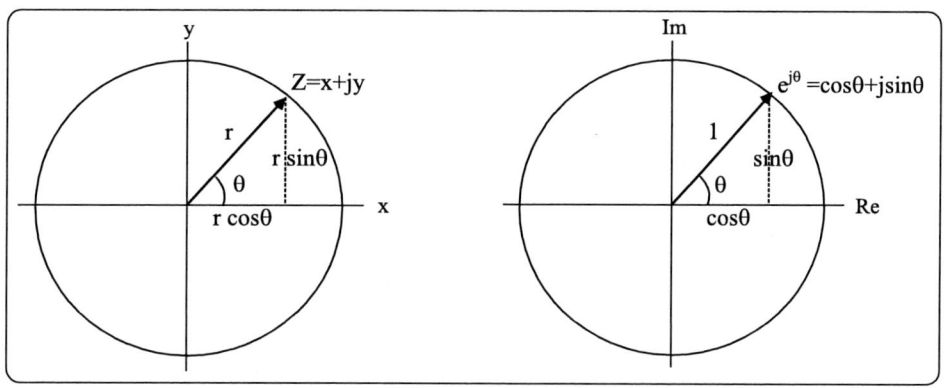

그림 1.34 오일러 공식

e^x를 미분하거나 적분을 해도 e^x가 된다.

$$\frac{d}{dx}e^x = e^x$$

$$\int e^x dx = e^x$$

오일러 공식 유도

$$Z = \cos\theta + j\sin\theta$$

이 식을 θ로 미분하면 다음과 같다.

$$\frac{dZ}{d\theta} = -\sin\theta + j\cos\theta$$

이 식의 양변에 −j를 곱한다.

$$(-j)\frac{dZ}{d\theta} = (-j)(-)\sin\theta + (-j)(j)\cos\theta = j\sin\theta + \cos\theta = \cos\theta + j\sin\theta$$

$$(-j)\frac{dZ}{d\theta} = Z$$

$$\frac{dZ}{Z} = -\frac{1}{j}d\theta = jd\theta$$

$$\int \frac{1}{Z}dZ = \int jd\theta$$

$$lnZ = j\theta$$

$$Z = e^{j\theta} = \cos\theta + j\sin\theta$$

* ln = $\log_e$, ln은 자연 로그(16절 참조). $\int \frac{1}{Z}dZ = lnZ$

활용) 푸리에 변환 식(13장 주파수 분석 참조)

$$F(\omega) = \int_{-\infty}^{+\infty} f(t)e^{-j\omega t}dt = \int_{-\infty}^{+\infty} f(t)(\cos\omega t - j\sin\omega t)dt$$

이 식은 신호 f(t)가 $e^{-j\omega t}$(=cosωt−jsinωt)들의 합으로 분해된다는 의미이다.

15. 상용 로그

10의 2승(=10^2)은 100이다, 반대로 10을 몇 승하면 100이 되는가? 답은 2이다. 그리고 10의 3승(=10^3)은 1000이다. 이 관계를 설명하기 위하여 log라는 기호를 도입하여 다음과 같이 표기하고, 이것을 상용 로그(log)라고 한다. log는 로가리듬(logarithm)의 줄임 말로서 고대 그리스어로 '비(比)'를 뜻하는 말에서 유래했다.

$$\log_{10} 1 = 0$$
$$\log_{10} 10 = 1$$
$$\log_{10} 100 = 2$$
$$\log_{10} 1000 = 3$$

로그는 어떤 수의 지수 값을 구할 때 사용한다. 그림 1.35에서 $y=a^x$에서 a을 밑수로 하는 y의 대수((logarithm, 생략하여 log) 값은 x이다. 밑수가 10인 경우에는 10을 생략하여 표기한다($\log_{10}X = \log X$). 이와 같이 로그로 나타내면 1000이나 10000과 같은 3자리나 4자리 숫자를 1자리 숫자로 나타낼 수 있다. 지수와 로그 함수는 서로 역 함수이다.

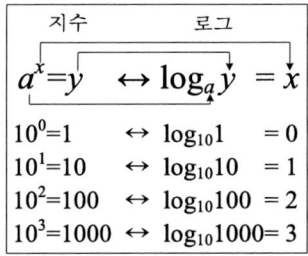

그림 1.35 지수와 로그 함수와의 관계

로그의 계산 공식

$$\log X^n = n\log X, \quad \log(1/X) = \log X^{-1} = -\log X,$$
$$\log X + \log Y = \log XY, \quad \log X - \log Y = \log(X/Y)$$

로그를 사용하는 이유는 3장 로그와 데시벨을 참조한다.

16. 자연 로그

상용 로그는 밑수가 10이고, 자연 로그(natural logarithm)는 밑수가 자연 상수 e(=2.718…)이며, ln으로 표기한다.

$$\log_e x = \ln x$$

음향 기술에서 사용하는 로그는 전부 상용 로그이고, 유일하게 Eyring 잔향 시간의 계산식만 자연 로그로 구한다.

$$\text{Eyring 잔향 시간} \rightarrow RT = \frac{0.161 \cdot V}{-S \cdot \ln(1-\overline{\alpha})} \text{ (s)}$$

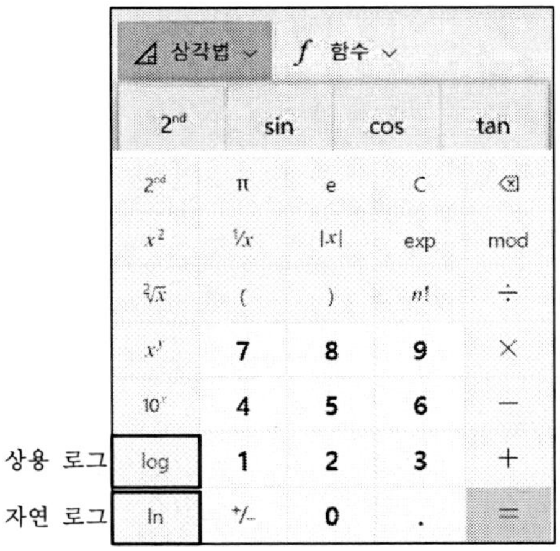

그림 1.36 상용 로그(log)와 자연 로그(ln)의 계산기

17. Bel과 deciBel

Bel은 두 파워의 비에 log를 취한 것이다.

$$\text{Bel} = \log(P_2/P_1) \ [B]$$

예를 들어 (P_2/P_1)가 10이면 1 Bel, 100이면 2 Bel, 1000이면 3 Bel이 된다. 1 Bel이 2 Bel이 되면(파워가 10배 증가) 감각적으로는 2배로 커지고, 3 Bel이 되면 3배로 커지는 것이다(그림 1.37).

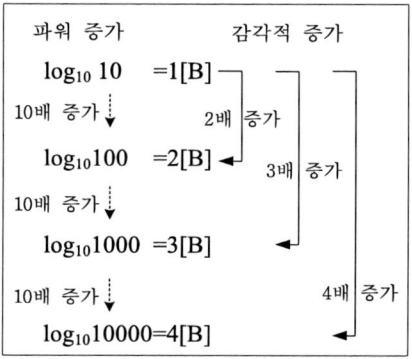

그림 1.37 파워 증가에 따른 감각적 변화

Bel은 단위가 작아서 사용하기 불편하여 deciBel(dB)을 사용한다. deciBel은 Bel에 1/10 배를 의미하는 deci(d)를 붙인 것이고, Bel은 전화 발명자 이름을 따른 것이다. 기준 파워를 P_1, 비교하고자 하는 파워는 P_2라고 하면, 데시벨은 다음 식으로 정의된다.

$$\text{Power deciBel} = 10\log(P_2/P_1) \ [dB]$$

파워는 전압의 제곱이므로($P=V^2/R$) 전압의 데시벨은 다음 식으로 정의된다.

$$\text{volt dB} = 10\log\left(\frac{V_2^2}{R} / \frac{V_1^2}{R}\right) = 10\log\left(\frac{V_2}{V_1}\right)^2 = 20\log\left(\frac{V_2}{V_1}\right)$$

음향 기술과 수학
Sound Engineering and Math

Bel과 deciBel은 3장 로그와 데시벨을 참조한다.

활용 1) 음압 레벨 계산, 여러 음원의 합 레벨 계산(4장 참조)

활용 2) 거리(r)에 따른 음압 레벨 감쇠
스피커 1m 앞에서 음압 레벨이 100dB인 경우에 100m 지점에서 음압 레벨은 얼마인가?
$SPL_{100m} = SPL_{1m} - 20\log r = 100 - 20\log 100 = 100 - 40 = 60dB$

18. 수열과 급수

수열(sequence)은 변화하는 숫자나 변수들을 나열한 것으로서 유한 수열과 무한 수열이 있다. 유한 n개의 항으로 이루어진 수열을 유한 수열이라고 하고, 무한히 많은 항으로 이루어진 수열을 무한 수열이라고 한다. 예를 들면 다음과 같다.

. 1, 2, 3, 4, …
. 1, 2, 4, 8, 16, …
. $\sin(1\omega t)$, $\sin(2\omega t)$, $\sin(3\omega t)$, $\sin(4\omega t)$, …

급수(series)는 수열의 각 항들을 전부 더한 것을 의미한다. 예를 들면 다음과 같다.

. 1 + 2 + 3 + 4 +…
. 1 + 2 + 4 + 8 + 16 +…
. $\sin(1\omega t) + \sin(2\omega t) + \sin(3\omega t) + \sin(4\omega t) +\cdots$

급수는 13장에서 설명하는 푸리에 급수(Fourier series)가 있다. 푸리에 급수는 다음과 같이 나타낸다.

$$f(t) = a_0 + a_1 cos1\omega_0 t + a_2 cos2\omega_0 t + \cdots + a_n cosn\omega_0 t + b_1 sin1\omega_0 t + b_2 sin2\omega_0 t + \cdots + b_n sinn\omega_0 t$$

19. 시그마

시그마(sigma, Σ)는 특정 수열에 대해 지정된 항에서 다른 지정된 항까지의 수를 모두 더하는 것이다.

$$\sum_{k=1}^{5} k = 1 + 2 + 3 + 4 + 5 = 15$$

$$\sum_{k=1}^{5} k^2 = 1^2 + 2^2 + 3^2 + 4^2 + 5^2 = 55$$

$$\sum_{k=1}^{5} 2k = 2 \cdot 1 + 2 \cdot 2 + 2 \cdot 3 + 2 \cdot 4 + 2 \cdot 5 = 30$$

$$\sum_{k=1}^{n} a_n cosnx = a_1 cos1x + a_2 cos2x + a_3 cos3x + \cdots + a_n cosnx$$

기본 성질은 다음과 같은 것들이 있다.

$$\sum_{k=1}^{n} ak^2 = a \sum_{k=1}^{n} k^2$$

$$\sum_{k=1}^{n} (a_k \pm b_k) = \sum_{k=1}^{n} a_k \pm \sum_{k=1}^{n} b_k$$

활용) 푸리에 급수(13장 주파수 분석 참조)

$$f(t) = a_0 + a_1 cos1\omega_0 t + a_2 cos2\omega_0 t + \cdots + a_n cosn\omega_0 t + b_1 sin1\omega_0 t + b_2 sin2\omega_0 t + \cdots + b_n sinn\omega_0 t$$

$$= a_0 + \sum_{n=1}^{\infty} a_n cosn\omega_0 t + \sum_{n=1}^{\infty} b_n sinn\omega_0 t$$

20. 적분

그림 1.38(a)에서 삼각형의 면적을 구하면 50(=10×10/2)이다. 이것을 다른 방법으로 구하면, 그림 1.38(b)와 같이 0에서 10까지 1단위씩 10개로 나누어 각각의 면적을 전부 더하면 전체 면적 값이 나오는 것이다. 그러나 50이 아니고 55가 나오는 것은 그래프 위의 오차 값이 더해져서 더 크게 나온 것이다.

$$\sum_{1}^{10} x = 1+2+3+4+5+6+7+8+9+10 = 55$$

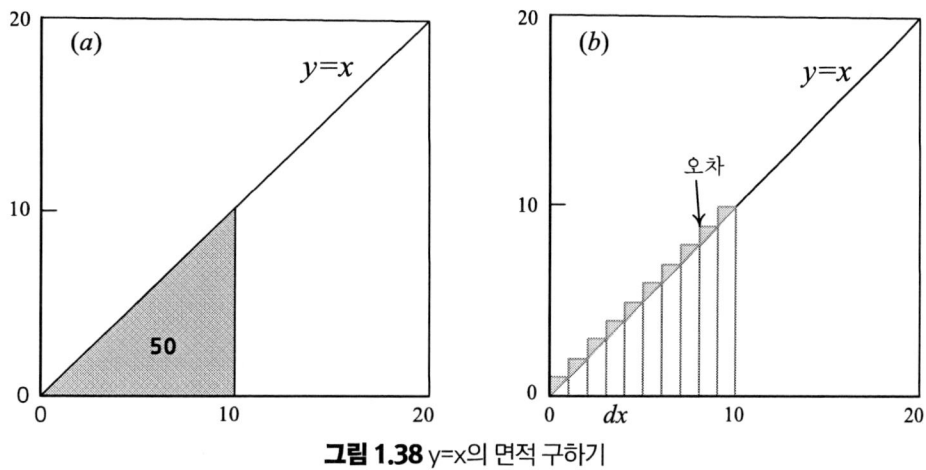

그림 1.38 y=x의 면적 구하기

이 오차를 없애려면 면적을 아주 작게 나누어 각각의 면적을 더하면 되고, 이것이 적분(integral)이다. dx에서 d는 '아주 작게'라는 의미이고, dx는 x의 아주 작은 폭을 나타낸다. 적분은 아주 작은 폭들을 더하여 전체의 넓이를 구하는 것이다.

$$\lim_{dx \to 0} \sum_{n=1}^{10} y(x) \times dx \quad \to \quad \int_{0}^{10} y(x) dx$$

다음과 같이 적분을 이용하여 면적을 구할 수 있다. 이와 같이 적분은 어느 구간까지의 면적을 구하는 것이다.

$$\int_0^{10} x \cdot dx = \frac{1}{2}[x^2]_0^{10} = \frac{1}{2}[10^2 - 0] = 50$$

이 식은 함수 y=x를 x에 대해서 0에서 10까지 적분하는 것이다. ∫은 합(S, sum)의 의미이고, 인티그랄이라고 읽고 적분의 기호이다. 그리고 적분 구간은 대괄호 오른쪽에 쓴다. 이 기호의 위 아래의 숫자는 적분할 구간을 나타내고, 아래는 구간의 시작, 위에는 구간의 끝을 나타낸다. 그리고 적분 기호의 위 부분의 값을 대입하고, 아래 부분의 값을 대입하여 두 값의 차를 구하는 것이다.

그림 1.39에서 직사각형의 넓이를 구하면 a×b이다. 이것은 적분 공식을 이용하여 구하면 다음과 같이 나타낸다.

$$\int_0^b a\,dx = [ax]_0^b = a[x]_0^b = a(b-0) = ab$$

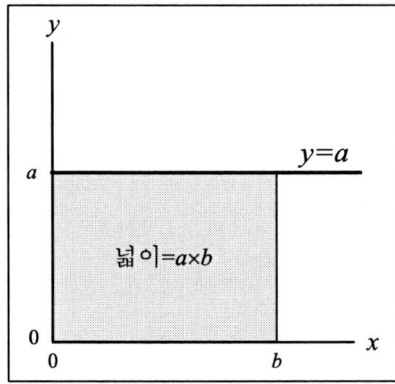

그림 1.39 y=a 함수의 면적 구하기

다음에 그림 1.40의 y = x 그래프에서 x가 0에서 1까지의 넓이를 구하면 1/2이 된다.

$$1 \times 1 \div 2 = \frac{1}{2}$$

그리고 x가 2이면 넓이는 2가 된다.

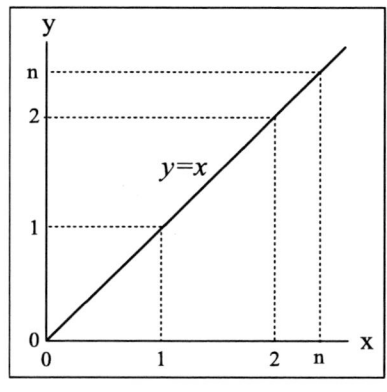

그림 1.40 $y=x$ 그래프

$y=x$ 함수에서 $x=0$에서 $x=n$까지의 구간과 x축으로 만드는 삼각형의 넓이는 다음과 같다.

$$n \times n \div 2 = n^2 \times \frac{1}{2} = \frac{n^2}{2}$$

즉, $y=x$를 x에 대해서 적분하면 다음과 같이 $x^2/2$이 된다.

$$\int x\,dx = \frac{1}{2}x^2$$

다음에 그림 1.41의 $y=x$ 그래프에서 $x=a$에서 $x=b$까지의 사다리꼴 넓이를 구해 본다. 이것은 b까지의 삼각형 넓이에서 a까지의 삼각형 넓이를 빼면 되므로 $(b^2-a^2)/2$이 된다. 이것은 적분으로 구하면 다음과 같이 된다.

$$\int_a^b x\,dx = \left[\frac{1}{2}x^2\right]_a^b = \frac{1}{2}(b^2 - a^2) = \frac{b^2}{2} - \frac{a^2}{2}$$

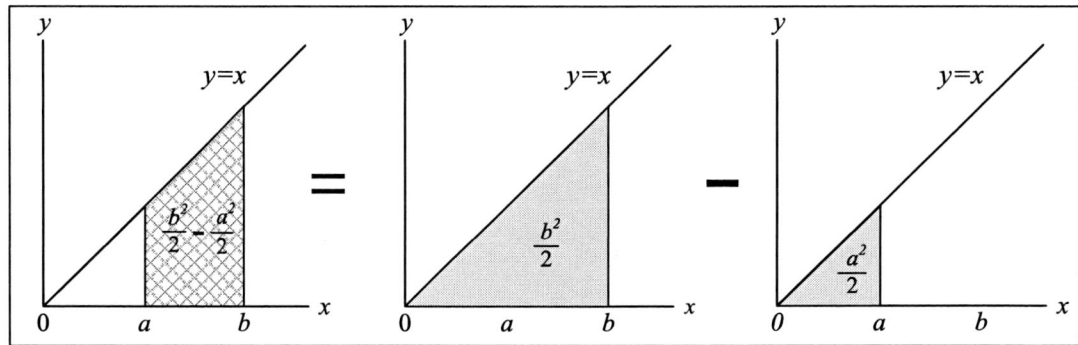

그림 1.41 x=a에서 x=b까지의 사다리꼴 넓이 구하기

y=x^{n}과 같은 n차 함수의 적분은 다음과 같다.

$$\int x^n dx = \frac{1}{n+1} x^{n+1}$$

그림 1.42와 같은 sin 파의 반 파장(0~π) 면적을 구하면 2가 된다.

$$\int_0^\pi sintdt = [-cost]_0^\pi = -(cos\pi - cos0) = -(-1-1) = 2$$

그리고 sin 파의 1 파장(0~2π) 면적을 구하면 0이 된다.

$$\int_0^{2\pi} sintdt = [-cost]_0^{2\pi} = -(cos2\pi - cos0) = -(1-1) = 0$$

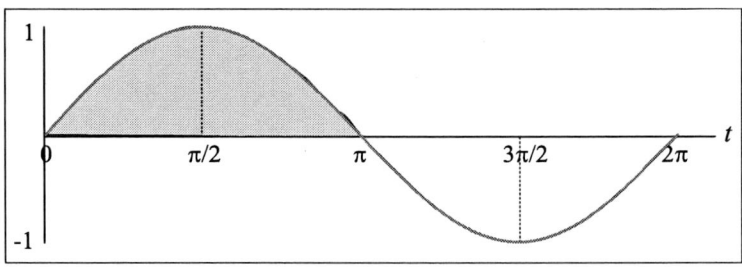

그림 1.42 sin 함수를 1/2 주기 적분하면 2가 되고, 1 주기 적분하면 0이 된다.

$y(t) = \int_{-\infty}^{+\infty} h(t)x(t)dt$ 의 계산 과정을 본다. 그림 1.43과 같이 두 함수를 곱하여 겹치는 부분의 면적을 구하면 0.5가 되고, 이것을 적분 식으로 풀면 다음과 같다.

$$y(t) = \int_{-\infty}^{+\infty} h(t)x(t)dt = \int_{0}^{1} 1 \cdot t dt = \frac{1}{2}[t^2]_0^1 = \frac{1}{2}[1^2 - 0] = 0.5$$

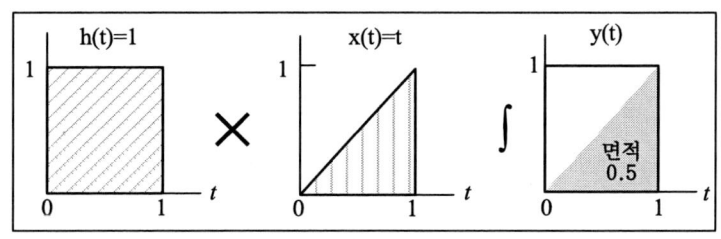

그림 1.43 $y(t) = \int_{-\infty}^{+\infty} h(t)x(t)dt$의 계산

적분 공식

$$\int 1 dx = x, \quad \int x^n dx = \frac{1}{n+1}x^{n+1}, \quad \int \sin x \, dx = -\cos x, \quad \int \cos x \, dx = \sin x$$

활용 1) 공간 음향의 명료도 척도 D_{50} 값 계산

공간 음향의 명료도를 나타내는 것은 D_{50}이고, 다음 식으로 정의된다. 즉, 0에서 50ms까지의 음압 제곱의 합을 전체 음압 제곱의 합으로 나눈 것이다.

$$D_{50} = \int_{0}^{50ms} p^2(t)dt / \int_{0}^{\infty} p^2(t)dt$$

$$D_{50} = \sum_{i=0}^{50} p_i^2 / \sum_{i=0}^{\infty} p_i^2$$

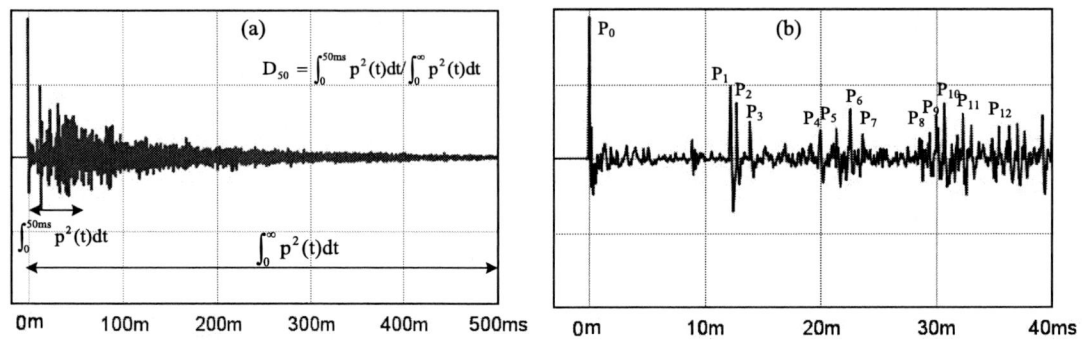

그림 1.44 공간의 임펄스 리스폰스에서 D_{50} 값 구하기. (b)는 (a)를 40ms까지만 표시한 예

활용 2) 신호($V_p \sin\theta$)의 실효 값 계산(12장 신호의 실효 값 계산 참조)

$$v_{rms} = \sqrt{\frac{1}{2\pi}\int_0^{2\pi}(V_p\sin\theta)^2\,d\theta} = \sqrt{\frac{V_p^2}{2\pi}\int_0^{2\pi}\frac{1}{2}(1-\cos2\theta)d\theta}$$

$$= \sqrt{\frac{V_p^2}{4\pi}\left[\theta-\frac{1}{2}\sin2\theta\right]_0^{2\pi}} = \sqrt{\frac{V_p^2}{4\pi}2\pi} = \sqrt{\frac{V_p^2}{2}} = \frac{V_p}{\sqrt{2}} = 0.707V_p$$

활용 3) 주파수 분석을 위한 푸리에 변환(13장 주파수 분석 참조)

$$F(\omega) = \int_{-\infty}^{+\infty} f(t)e^{-j\omega t}dt$$

활용 4) 콘볼루션(convolution)은 두 신호의 스펙트럼을 곱한 것이며, 이것은 시간 영역에서의 콘볼루션이다. 수학적인 표기는 h(t)*x(t)로 표기한다(14장 콘볼루션 리버브 참조).

$$y(t) = h(t) * x(t) = \int_{-\infty}^{+\infty} h(\tau)x(t-\tau)d\tau$$

21. 미분

먼저 미분(differential)의 기본적인 개념에 해당하는 함수의 접선에 대해서 설명한다. 함수의 그래프 위에 있는 점의 접선이란 그 점에 접하는 직선을 말한다. 접선의 기울기는 세로의 변화를 가로의 변화로 나눈 것이다. 미분이란 접선의 기울기를 구하는 것이고, 기울기는 순간 변화율을 나타낸다.

$y=x^2$ 함수의 기울기를 구해본다. 그림 1.45(a)에서와 같이 x가 2에서 3으로 변할 때 y는 4에서 9로 변하므로 이 구간에서의 기울기는 다음과 같이 5가 된다.

$$\frac{\Delta y}{\Delta x} = \frac{9-4}{3-2} = 5$$

또, 그림 1.45(b)와 같이 한 점에서의 기울기는 x의 변화량이 0에 근접($\Delta x \to 0$)할 때의 x=2 지점에서의 순간 기울기는 다음 식으로 나타낼 수 있다.

$$\lim_{\Delta x \to 0} \frac{\Delta y}{\Delta x} = \lim_{\Delta x \to 0} \frac{f(2+\Delta x) - f(2)}{\Delta x} = \frac{4 + 4\Delta x + \Delta x^2 - 4}{\Delta x} = \frac{\Delta x(4 + \Delta x)}{\Delta x} = 4$$

x^2의 기울기를 미분 공식으로 구하면 다음과 같이 4가 된다.

$$\frac{d}{dx}x^2 = 2x = 4$$

x^2을 미분하면 $2x$가 된다. 미분의 결과는 기울기를 구하는 것이므로 이 식에 x의 좌표를 대입하면 기울기가 구해진다. x에 2를 대입하면 그림 1.45(b)와 같이 4가 되고, x=2에서의 기울기가 되는 것이다.

미분은 적분의 역 연산에 해당한다. 즉, A를 적분해서 B가 되면 B를 미분하면 A가 된다. $y = x$를 적분하면 $x^2/2$이고, 이것을 역으로 미분하면 x가 된다.

$$\frac{d}{dx}x^2 = 2x \quad \text{또는} \quad (x^2)' = 2x$$

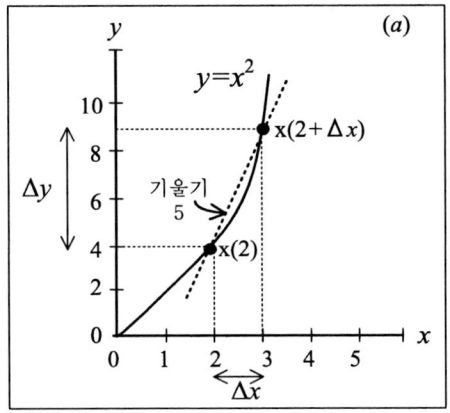
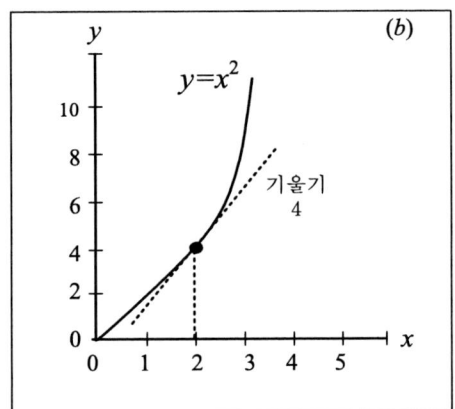

그림 1.45 y=x²의 기울기

다음에 삼각 함수의 미분에 대해서 설명한다. sin 함수의 미분은 각 점에서의 접선의 기울기를 구하는 것이다. 그림 1.46과 같이 θ=0에서의 접선의 기울기는 +1이 된다. 그리고 θ 값이 증가할수록 기울기, 즉 미분 값은 서서히 감소된다. θ=π/2에서 기울기는 0이 되고, θ 값이 그 이상으로 증가하면 기울기가 오른쪽 밑으로 내려가면서 음의 방향으로 서서히 커진다.

또, θ=π에서 − 최대 기울기가 되고, θ=3π/2에서 다시 0이 된다. 이 기울기 변화를 그래프로 나타내면 그림 1.47과 같이 된다. 이 기울기의 변화가 sin t를 미분한 것이고, cos t가 된다. 삼각 함수의 미분은 6장 임피던스에서 유도성 회로와 용량성 회로에서 전압과 전류의 위상 차를 구하는데 활용한다.

$$\frac{d}{dt} sint = cost$$

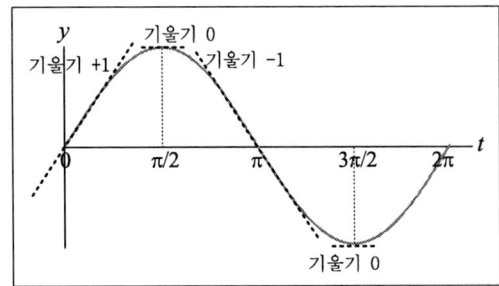
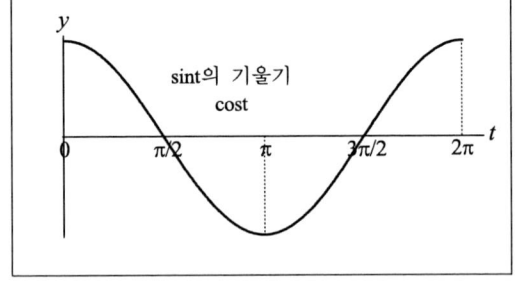

그림 1.46 sint의 기울기   **그림 1.47** sint의 기울기 변화는 cost가 된다.

다음에 cos 함수의 미분은 그림 1.48과 같이 각 점에서의 접선의 기울기를 구하면 된다. θ=0에서의 접선의 기울기는 0이 된다. 그리고 θ=π/2에서 기울기는 −1이 되고, θ=π에서 기울기는 0이 된다. 또, θ=3π/2에서 다시 1이 되고, θ=2π에서 기울기는 0이 된다. 이 기울기의 변화를 그래프로 나타내면 그림 1.49와 같이 된다. 이 기울기의 변화가 cost를 미분한 것이고, −sint가 된다.

$$\frac{d}{dt}cost = -sint$$

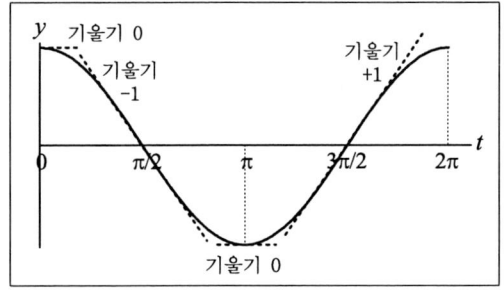

그림 1.48 cost의 기울기

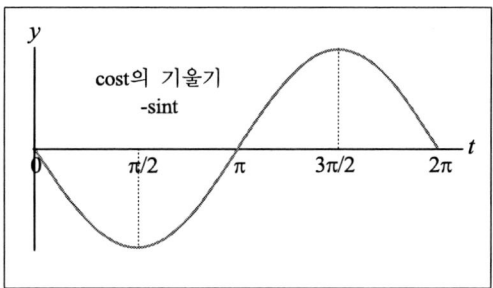

그림 1.49 cost의 기울기 변화는 −sint가 된다.

미분 공식

$(x^n)' = nx^{n-1}$, $(x^2)' = 2x$, $(x3)' = 3x^2$, $(sinx)' = cosx$, $(cosx)' = -sinx$

미분은 적분의 역 연산에 해당한다. 즉, A를 적분해서 B가 되면 B를 미분하면 A가 된다. 다음 표에서는 미분과 적분의 관계를 나타낸다.

미분(함수의 기울기 또는 변화율 구하기)	적분(함수의 면적 구하기)
$(x^n)' = nx^{n-1}$	$\int x^n dx = \dfrac{1}{n+1}x^{n+1}$
$(\sin x)' = \cos x$	$\int \sin x \, dx = -\cos x$
$(\cos x)' = -\sin x$	$\int \cos x \, dx = \sin x$
$(e^x)' = e^x$	$\int e^x dx = e^x$

활용) 삼각 함수의 미분은 6장 임피던스에서 유도성 회로와 용량성 회로에서 전압과 전류의 위상 차를 구하는데 활용한다.

인덕터의 유도 전압(v_L)은 인덕턴스(L)와 전류의 시간 변화율(di/dt)과의 곱이다(6장 임피던스 그림 6.5 참조).

$$v_L = L\frac{d}{dt}i(t)$$

커패시터에 흐르는 전류(i_C)는 커패시턴스(C)와 커패시터 양단에 걸리는 전압의 순시 변화율 v(t)와의 곱이다(6장 임피던스 그림 6.13 참조).

$$i_C = C\frac{d}{dt}v(t)$$

22. 함수의 직교성

두 함수를 곱하고 적분하여 0이 되면, 두 함수는 직교 관계(orthogonality)가 있다. 직교 관계가 있는 두 함수는 서로 상관이 전혀 없는 함수를 의미한다.

$$\int f(x)g(x)dx = 0$$

직교성을 가지는 대표적인 함수는 삼각 함수이다. 그림 1.50에는 sin 함수와 cos 함수를 곱한 것이고, 이것을 적분하면 0이 된다. 따라서 sin 파와 cos 파는 직교 함수이고, 무상관 함수이다.

$$\int_0^{2\pi} \sin\theta \cdot \cos\theta d\theta = \int_0^{2\pi} \frac{1}{2}\sin 2\theta d\theta = -\frac{1}{2}\left[\frac{1}{2}\cos 2\theta\right]_0^{2\pi} = -\frac{1}{2}\left[\frac{1}{2} - \frac{1}{2}\right] = 0$$

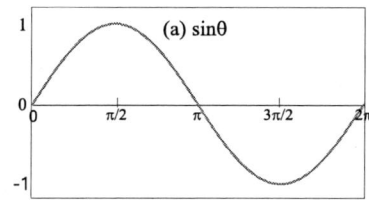 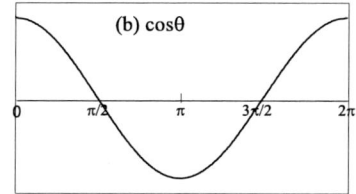 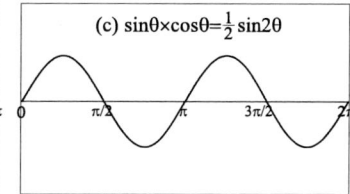

그림 1.50 sin 함수와 cos 함수의 곱

cos 함수는 sin 함수보다 위상이 90도 앞서므로 다음 식이 성립된다.

$$\cos t = \sin(t + 90), \quad \sin t = \cos(t - 90)$$

sin 함수와 cos 함수를 복소 평면에 나타내면 그림 1.51과 같다. 즉, 두 함수는 90도 위상 차가 있으므로 직교 함수이고, 무상관 함수인 것이다. 만약 cos 함수를 90도 지연시키면, 두 함수는 완전 상관 함수가 된다. 그리고 sin x와 sin 2x와 같이 주기가 다르면 직교 함수이다.

두 신호의 합은 신호 간의 상관도에 따라서 달라진다. 그림 1.52(a)와 같이 두 신호의 위상 차가 0도이면 완전 상관 음원이고, 두 신호의 합은 2가 된다. 또, 그림 1.52(b)와 같이 두 신호의 위상 차가 90도이면 무상관 음원이고, 두 신호의 합은 1.4가 된다. 이 내용은 4장 데시벨의 합 계산을 참조한다.

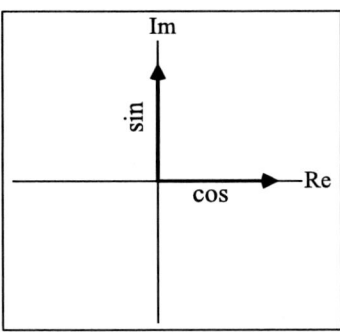

그림 1.51 복소 평면에서 sin 함수와 cos 함수

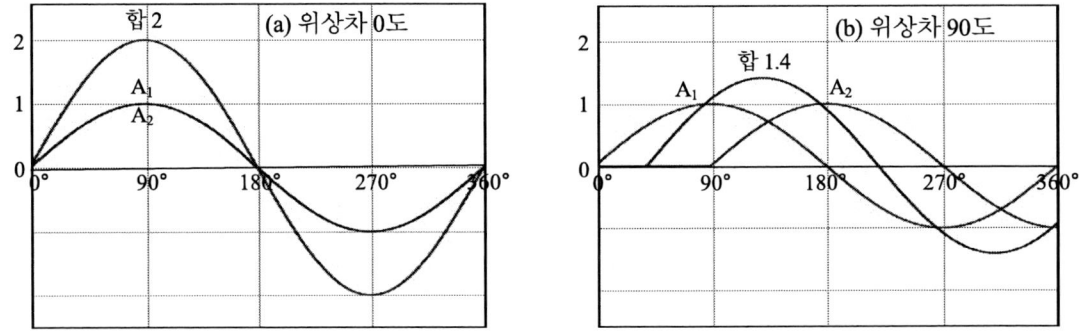

그림 1.52 A_1과 A_2 두 신호의 위상 차에 따른 신호의 합

23. 리사주 도형

리사주 도형(Lissajous figure)은 서로 직교하는 파를 합성하여 얻어진 평면 도형을 말한다. 각각의 신호의 진폭, 주파수, 위상 차에 따라서 그림 1.53과 같이 다양한 도형이 얻어진다. 리사주 도형은 오실로스코프의 X-Y 입력 모드로 설정하여 위상이 다른 두 파형을 입력하면 여러가지 도형을 관측할 수 있다.

두 파형의 주파수와 진폭이 같고 위상 차가 0도이면 직선(y=x)으로 나타나고, 완전 상관 음원이다. 그리고 두 파형의 위상 차가 90도이면 원형으로 나타나고, 무상관 음원이다. 나머지는 부분 상관 음원이다.

22절 함수의 직교성에서 설명한 바와 같이 sin 파와 cos 파는 90도 위상 차가 있으므로 두 파형의 리사주 도형을 구하면 원형으로 나타난다.

여러 개의 음원의 레벨 합을 구할 때, 음원 간의 위상 차에 따라서 합의 레벨을 구하는 방법이 다르다. 이 내용은 4장 데시벨의 합 계산을 참조한다.

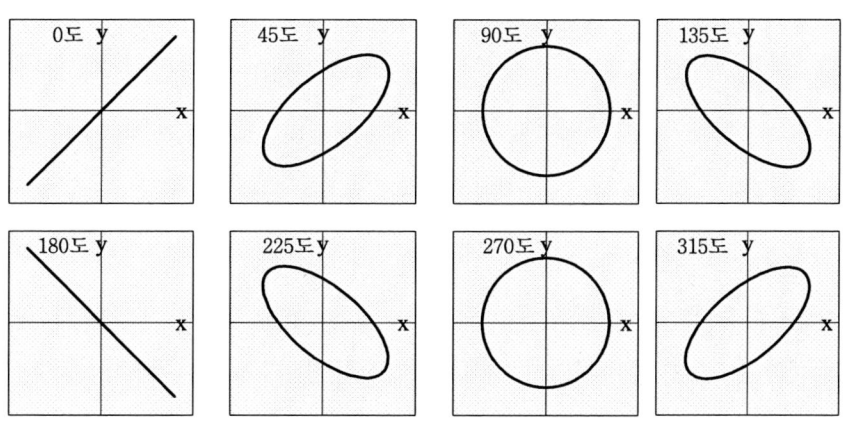

그림 1.53 크기가 같은 두 신호의 위상 차에 따른 리사주 도형

24. 접두 기호

무게의 단위는 gram을 사용하고 1000g은 1kg으로 표기하며, 전력은 1000000W를 1MW로 표기한다. 또, 전류는 0.000005A를 5μA로 표기한다. 이와 같이 k, M, μ를 접두 기호라고 한다. 이것은 5,000,000원이라고 쓰면 금액을 금방 알아 보기 어려우므로 500만원이라고 쓰는 것과 유사한 것이다.

접두 기호는 국제 도량형 총회에서 채택된 국제 단위계이고, SI(International System of Units) 접두어라고도 한다. 이러한 접두 기호와 크기를 표 1.2에 나타낸다.

표 1.2 SI 접두 기호

기호	읽기	크기
T	tera(테라)	10^{12}
G	giga(기가)	10^{9}
M	mega(메가)	10^{6}
k	kilo(킬로)	10^{3}
h	hecto(헥토)	10^{2}
da	deca(데카)	10^{1}
d	deci(데시)	10^{-1}
c	centi(센티)	10^{-2}
m	milli(밀리)	10^{-3}
μ	micro(마이크로)	10^{-6}
n	nano(나노)	10^{-9}
p	pico(피코)	10^{-12}

예) 접두 기호 사용 예

$1kHz = 1 \times 10^{3} Hz = 1,000 Hz$

$1MHz = 1 \times 10^{6} Hz = 1,000,000 Hz$

$20 \mu Pa = 20 \times 10^{-6} Pa = 0.00002 Pa$

$1cm = 1 \times 10^{-2} m = 0.01 m$

$1mH = 1 \times 10^{-3} H = 0.001 H$

$10 \mu F = 10 \times 10^{-6} F = 0.000001 F$

25. 전기 기호

표 1.3에는 이 책에서 사용하는 전기 기호를 나타낸다.

표 1.3 전기 기호

양		기호	단위
전하	charge	Q, q	coulomb(C)
전압	voltage	V	volt(V)
전류	current	i	ampere(A)
저항	resistance	R	Ohm(Ω)
전력	power	P	watt(W)
커패시턴스	capacitance	C	Farad(F)
인덕턴스	inductance	L	Henry(H)
용량성 리액턴스	inductive reactance	X_L	Ohm(Ω)
유도성 리액턴스	capacitive reactance	X_C	Ohm(Ω)
임피던스	impedance	Z	Ohm(Ω)
주파수	frequency	f	Hertz(Hz)
주기	period	T	second(s)
파장	wavelength	λ	meter(m)
위상	phase	θ	degree(°)

26. 전기 소자의 기호

그림 1.54에는 이 책에서 사용하는 전기 소자의 기호들을 나타낸다.

기호	명칭	역할
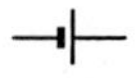 —╢—	DC	직류 전원
 —⊘—	AC	교류 전원
 —/\/\/—	저항	전류의 흐름을 조절하는 소자
 —⌒⌒⌒—	인덕터	유도 기전력을 발생시키는 소자
 ƎǀE	트랜스	교류의 전압 변환과 임피던스를 변환하는 소자
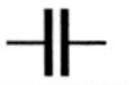 —╟—	커패시터	전하를 축적하는 소자
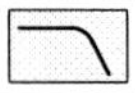 ⌐_	저역 통과 필터	고역 신호를 차단하고 저역 신호만 통과시키는 필터
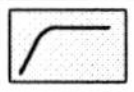 ⌐/	고역 통과 필터	저역 신호를 차단하고 고역 신호만 통과시키는 필터

그림 1.54 각종 소자의 기호

제2장
음파의 파형, 진폭, 주파수, 위상

음파는 진폭과 주파수, 그리고 위상 차로 나타낸다. 진폭은 음파의 크기를 의미하고, 음량의 크기와 관계된다.

주파수는 음파가 1초 동안 +/- 진동하는 횟수를 말한다. 주파수가 낮으면 저음으로 들리고, 높으면 고음으로 들린다. 주기는 음파가 +/- 한번 반복하는데 걸리는 시간을 말한다. 그리고 파장은 1 주기의 진행 거리를 말하고, 주파수가 낮으면 파장이 길고, 높으면 짧아진다.

위상 차는 두 음파의 진행 시간 차이를 각도(degree)나 라디안(radian)으로 나타낸다.

그림 2.1은 물결파의 파동이 전달되는 모습을 나타내고, 물의 파고가 높은 곳과 낮은 곳이 반복되면서 파동이 전달되어 간다. 음파의 파동도 그림 2.2와 같이 물결파 파동과 같이 나타낼 수 있다. 매질이 밀(密)한 곳은 대기압보다 + 음압, 소(小)한 곳은 - 음압을 나타낸다. 이것은 파형으로 나타내면 sin 파가 된다. Sin 파는 하나의 주파수로 구성된 순음(pure tone)이다.

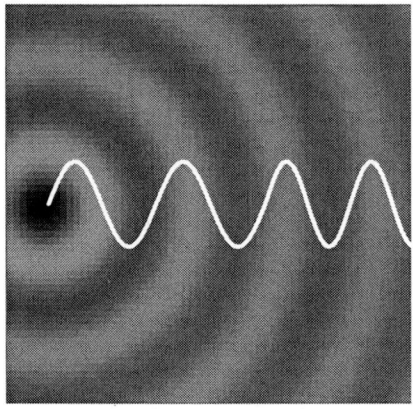

그림 2.1 물결파의 파동

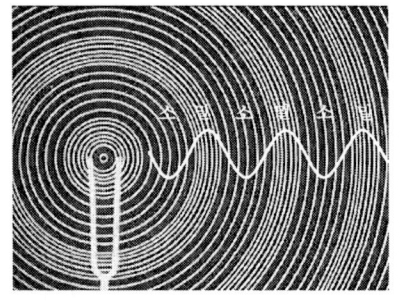 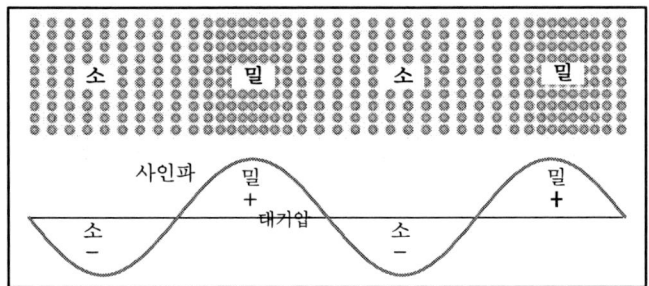

그림 2.2 음파의 소밀 변화

자연계의 음은 sin 파는 존재하지 않고, 그림 2.3과 같이 파형이 찌그러진 형태이며, 이것을 복합음(complex tone)이라고 한다. 복합음 파형은 진폭과 주파수가 다른 여러 개의 sin 파와 cos 파로 분해할 수 있고, 반대로 진폭과 주파수가 다른 여러 개의 sin 파와 cos 파를 더해서 어떠한 파형도 만들어 낼 수 있다. 이 내용은 13장 주파수 분석을 참조한다. 음파의 파동은 눈에 보이지 않지만, 파형을 보려면 그림 2.3과 같이 전기 신호로 변환하여 관측해야 한다.

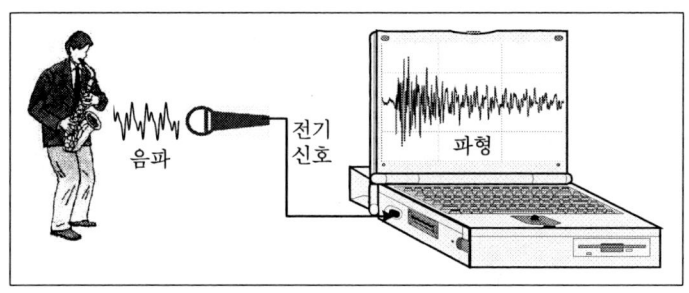

그림 2.3 음파의 파형 관측

그림 2.4에는 진폭이 다른 파형을 나타낸다. 진폭의 크기는 음의 크기와 관계된다. 음파는 공기의 소밀 반복(진동)이고, 1초 동안 +/- 진동 회수(cycle/sec)를 주파수(frequency)라고 하며 단위는 Hz(Hertz)이다. 그림 2.5에는 주파수가 다른 파형을 나타낸다. 그림 2.6에서 음파가 1초 동안 1회 진동하면 1Hz, 2회 진동하면 2Hz, 4회 진동하면 4Hz가 된다. 주파수는 음의 높낮이와 관계된다.

그리고 음파가 +/- 1회 진동하는데 걸리는 시간을 주기(T; period)라고 한다. 따라서 주기는 주파수의 역수(T=1/f)가 된다. 예를 들면 그림 2.6에서와 같이 1Hz의 주기는 1초이고, 2Hz의 주기는 0.5초, 4Hz의 주기는 0.25초이다. 또, 100Hz 음파의 주기는 0.01초(=1/100)이다. 즉, 100Hz의 음파는 1초에 100번 진동하고, 1번 진동하는데 0.01초 걸리는 것이다.

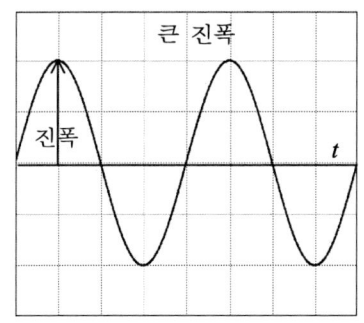 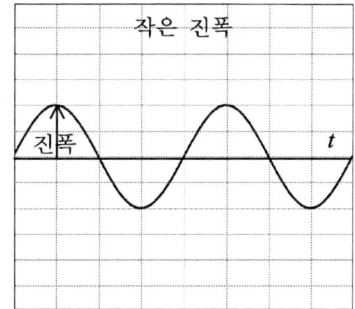

그림 2.4 진폭이 다른 음파

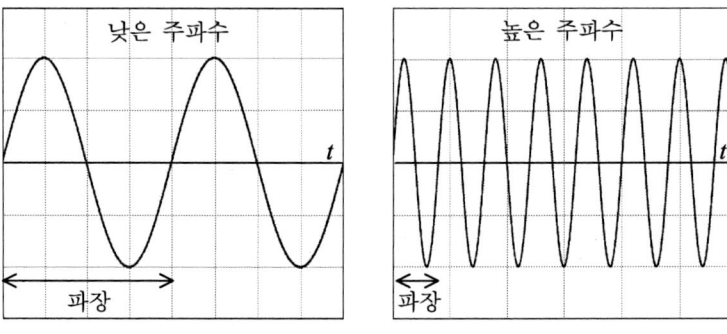

그림 2.5 주파수가 다른 음파

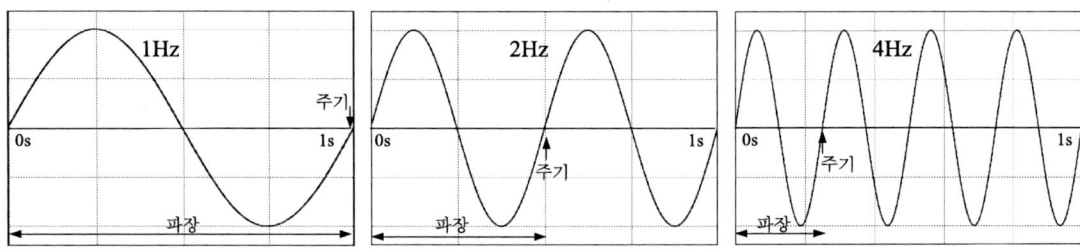

그림 2.6 음파의 주파수, 주기, 파장

그림 2.7(a)에는 1kHz의 시간 파형을 나타낸다. 1kHz의 주기는 1ms(=1/1000s)이다. 시간 영역에서의 파형의 주기의 역수는 주파수이다. 이 예에서 주기가 1ms인 파형의 주파수는 1kHz이다. 이와 같이 신호를 시간 영역의 데이터(그림 2.7a)를 주파수 영역으로 나타낼 수도 있고, 주파수 영역(그림 2.7b)의 데이터를 시간 영역의 데이터로 나타낼 수도 있다. 이 내용은 13장 주파수 분석에서 설명한다.

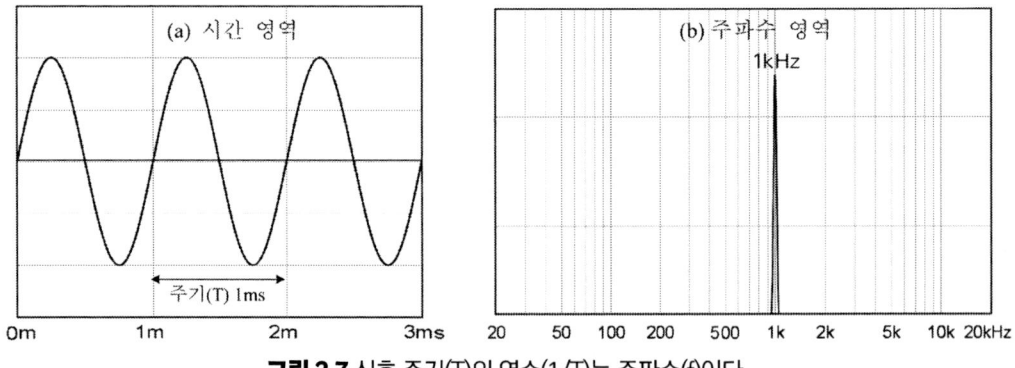

그림 2.7 신호 주기(T)의 역수(1/T)는 주파수(f)이다.

그리고 1 주기의 진행 길이를 파장(wavelength)이라고 하고(그림 2.6), 음속을 주파수로 나누어 구한다. 예를 들면, 100Hz 음파의 파장은 3.4m(=340m÷100Hz)이다. 주파수(f), 파장(λ), 주기(T), 음속(c)과의 관계는 (2.1) 식과 같다.

$$f = c / \lambda \ [Hz], \quad \lambda = c / f \ (m), \quad T = 1 / f \ (s) \quad (2.1)$$

그림 2.8과 같이 저주파수는 파장이 길고 저음으로 들린다. 그리고 고주파수에서는 파장이 짧고 고음으로 들린다. 사람이 들을 수 있는 주파수는 20Hz에서 20000Hz이다. 실제로는 개인 차는 있지만, 30Hz~15000Hz 정도이다. 20~100Hz는 저음, 100~1000Hz는 중음, 1000Hz 이상을 고음으로 분류한다.

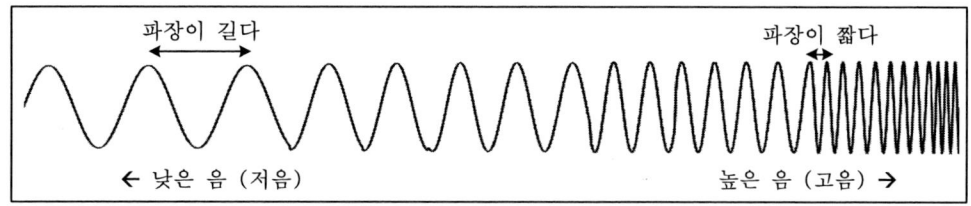

그림 2.8 주파수가 낮으면 파장이 길고, 높으면 짧아진다.

sin 파 형태의 음파는 (2.2) 식과 같이 나타낸다. 이 식에서 A는 음파의 진폭(크기), ω(=2πf)는 각 주파수를 의미한다. 그림 2.9에는 진폭이 다른 파형(a)과 주파수가 다른 파형(b)을 나타낸다.

$$y(t) = A\sin 2\pi ft = A\sin \omega t \quad (2.2)$$

또, 두 음파가 있을 때 위상 차(시간 차)가 있으면 (2.3) 식으로 나타낸다. θ는 두 음파의 위상 차를 나타낸다. 그림 2.10에는 y_2 신호는 y_1 신호보다 위상이 45도 지연된 것을 나타낸다. 위상에 대한 상세한 내용은 11장을 참조한다.

$$y(t) = A\sin(2\pi ft \pm \theta) = A\sin(\omega t \pm \theta) \quad (2.3)$$

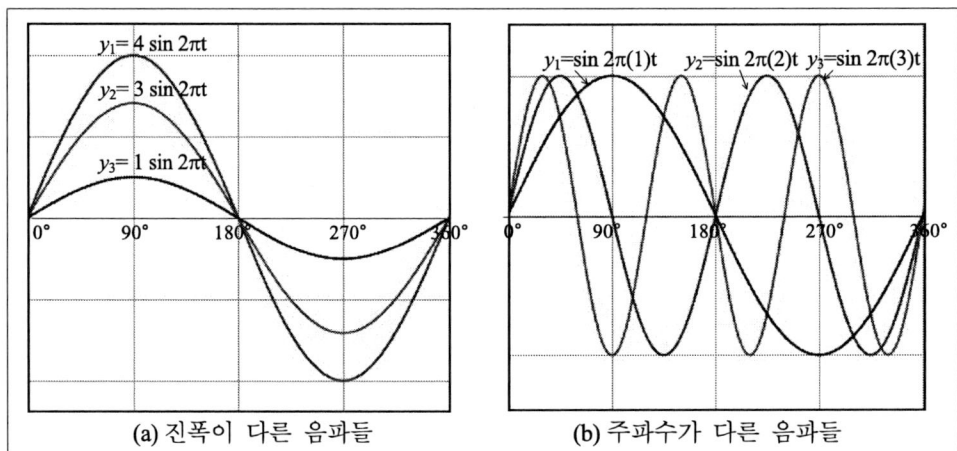

그림 2.9 진폭과 주파수가 다른 파형들

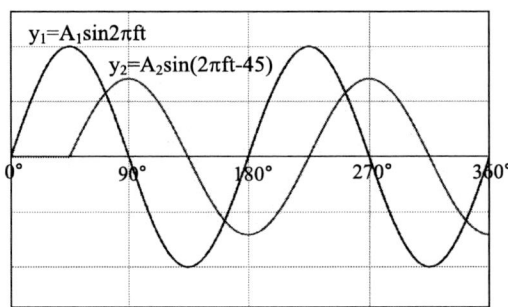

그림 2.10 두 음파가 위상 차가 있는 경우

제3장
로그와 데시벨

아무리 맛있는 음식도 처음에 먹었을 때의 맛과 계속해서 먹었을 때의 맛이 같지 않은 것은 누구나 경험하고 있는 일이다. 음식이 아무리 맛이 있어도 같은 것을 계속해서 먹으면 질리게 되고 맛도 떨어진다. 즉, 같은 맛을 계속해서 먹으면 처음에 느꼈던 맛과 같은 느낌이 들지 않고 맛이 더 없어진다. 이것이 인간의 감각 특성이다. 로그를 사용하는 이유는 이러한 인간의 감각 특성 때문이다. 즉, 인간의 감각은 물리량의 로그 변화에 따라서 느끼는 것이다.

어떤 물리량 X에 로그를 취하고 10을 곱한 것(10logX)을 데시벨(deciBel, dB)이라고 한다. 음향 기술에서 사용하는 단위는 dB, Hz, Ω, V 등이 있지만, 이 중에서 가장 많이 사용하는 단위는 dB일 것이다. 로그가 어렵다고 생각하는 경향이 많지만, 아주 간단하고 계산기로 쉽게 계산할 수 있다.

음향 기술과 수학
Sound Engineering and Math

1. 로그의 정의

10의 0승($=10^0$)은 1이다. 반대로 10을 몇 승하면 1이 되는가? 답은 0이다. 이것을 로그로 나타내면 $\log_{10}1=0$이 된다. 그리고 10의 1승($=10^1$)은 10이고, $\log_{10}10=1$로 나타낸다. 이러한 관계를 설명하기 위하여 log라는 기호를 도입하였고(그림 3.1), 이것을 상용 로그(common logarithm)라고 한다. 1000이나 10000과 같은 3 자리나 4 자리 수자를 로그로 나타내면, 그림 3.1과 같이 1 자리 수자로 나타낼 수 있는 것을 알 수 있다.

$$\begin{aligned}\log_{10} 1 &= 0\\ \log_{10} 10 &= 1\\ \log_{10} 100 &= 2\\ \log_{10} 1000 &= 3\end{aligned}$$

그림 3.1 로그의 정의

그림 3.2는 선형 함수 그래프이고, 그림 3.3은 로그 함수 그래프이다. 그림 3.4는 지수와 로그 함수와의 관계를 나타내고, 서로 역 함수이다.

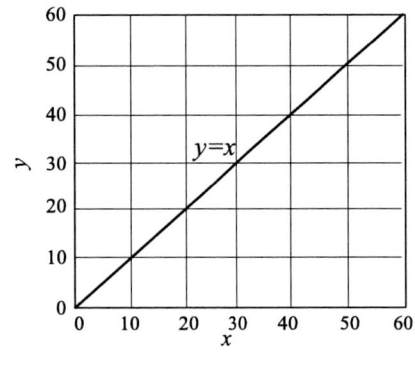

그림 3.2 선형 함수

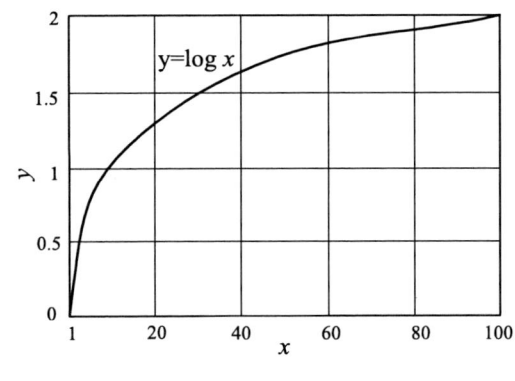

그림 3.3 로그 함수

$$a^x = y \leftrightarrow \log_a y = x$$

지수		로그
$10^0 = 1$	$\leftrightarrow$	$\log_{10} 1 = 0$
$10^1 = 10$	$\leftrightarrow$	$\log_{10} 10 = 1$
$10^2 = 100$	$\leftrightarrow$	$\log_{10} 100 = 2$
$10^3 = 1000$	$\leftrightarrow$	$\log_{10} 1000 = 3$

그림 3.4 지수와 로그 함수와의 관계

로그의 연산 법칙은 다음과 같다.

(1) $\log XY = \log X + \log Y$

예) $\log(100) = \log(10 \times 10) = \log 10 + \log 10 = 1 + 1 = 2$

(2) $\log(X/Y) = \log X - \log Y$

예) $\log(10) = \log(100/10) = \log 100 - \log 10 = 2 - 1 = 1$

(3) $\log X^n = n \log X$

예) $\log 100 = \log 10^2 = 2 \log 10 = 2 \times 1 = 2$

2. 왜 로그를 사용하는가

KTX가 출현하기 전에 고속 열차는 새마을호이었고, 시속 100km로 주행하였다. KTX가 출현하여 300km/h로 주행하였다. 그런데 KTX를 처음 타본 사람들의 반응은 생각보다 빠르지 않다고 했다. 100km/h로 주행한 것이 300km/h로 주행하면 3배로 빨라진 느낌이 들 것이라고 생각했는데 조금 더 빨라진 느낌이 든 것이다. 100km/h보다 2배로 빨라진 것으로 느끼기 위해서는 200km/h가 아니고 1000km/h로 주행해야 한다. 즉, 물리적으로 속도가 10배 빨라져야 인간은 2배로 빨라졌다고 느끼는 것이다. 이것이 인간의 감각 특성이고, 이러한 특성을 고려하기 위해서 로그가 도입되었다.

음향 기술과 수학
Sound Engineering and Math

아래 글은 음식의 가격에 따른 맛 평가에 대한 내용이다. 음식의 가격이 3배가 된다고 맛도 3배가 좋아지는 것이 아니다. 이와 같이 물리적인 양과 감각적인 양은 선형 비례 관계가 아니다. 이것은 청각도 마찬가지이다.

> 한 네티즌은 SNS에 "가격은 일반 라면의 3배인데, 맛은 3배 더 맛있지 않다"고 썼다. 다른 네티즌은 "눈이 튀어나올 정도로 차별화된 맛은 아닌 것 같다"며 "이 돈 주고 사 먹기엔 비싸다는 생각이 든다"고 밝혔다.

인간의 청각은 그림 3.5(a)와 같이 음의 세기를 2배, 3배, 4배 증가시켜도 감각적으로는 2배, 3배, 4배 크기로 느끼지 않는다. 그림 3.5(b)와 같이 2배, 4배, 8배, 16배…와 같이 2배씩 증가시켜야 같은 크기 변화로 느낀다. 앰프의 출력을 10W에서 20W로 2배 증가시켰을 때 느끼는 음량의 변화와 100W를 200W로 2배 증가시켰을 때 음량 변화의 느낌이 같은 것이다. 이와 같이 청각은 음량 변화를 절대량으로 느끼는 것이 아니고, 변화의 비율에 비례(대수 비례적)하여 느끼는 것이다.

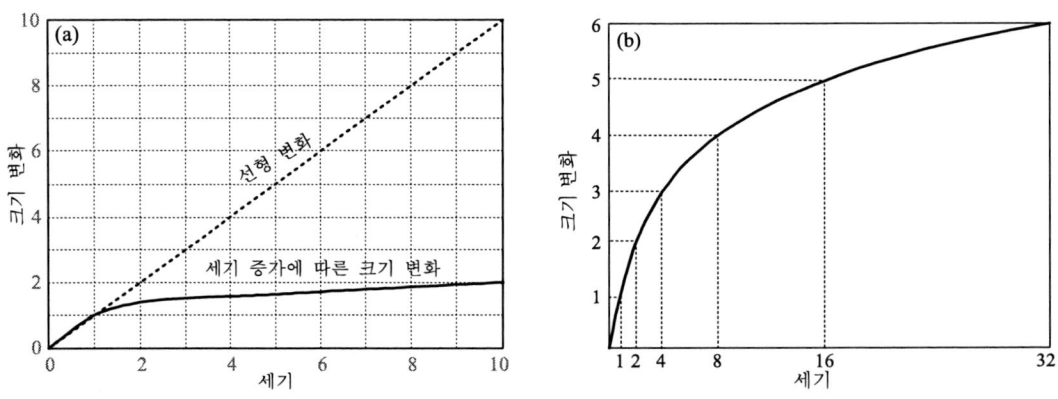

그림 3.5 음의 세기 증가와 지각하는 크기와의 관계

레벨 10의 음량이 스피커로부터 나온다고 하자. 그리고 스피커 레벨을 5로 하면 음량은 절반이 되고, 반대로 레벨을 20으로 하면 음량은 2배가 된다. 이때 5와 10의 레벨 차이는 5

이고, 비로 표현하면 2배가 된다. 또, 10과 20의 차이는 10이고 비는 2배가 된다. 10과 5의 차이와 10과 20의 차이는 다르지만, 이 차이의 비는 2이고, 대수(로그, logarithm)로 나타내면 둘 다 0.3(=log2)이다. 이 두 경우는 대수 값이 같으므로 같은 변화의 크기로 느낀다.

또, 100을 200으로 크게 하였을 때의 차이와 1000을 1100으로 하였을 때의 100의 차이를 같은 변화로 느끼지 않는다. 100에서 200이 되었을 때의 변화와 같은 변화로 느끼기 위해서는 1000이 2000이 되어야 같은 변화로 느끼는 것이다(그림 3.6a).

이와 같이 청각은 음량 변화를 절대량으로 느끼는 것이 아니고, 변화의 비율에 비례(대수 비례)하여 느끼는 것이다.

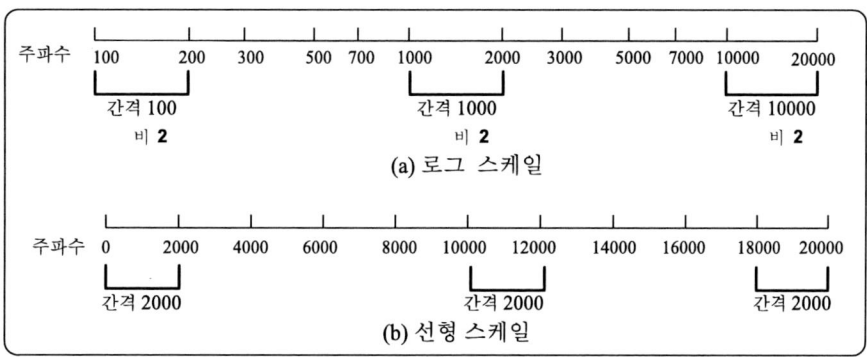

그림 3.6 로그 스케일과 선형 스케일

주파수 변화도 마찬가지이다. 그림 3.7(a)의 주파수 특성 그래프에서 10Hz→100Hz, 100Hz→1000Hz, 1000→10000Hz의 변화는 전부 같은 크기의 변화로 느끼는 것이다. 따라서 주파수 특성 그래프는 선형 그래프(그림 3.7b)를 사용하지 않고, 로그 그래프를 사용하는 것이다.

또, 피아노 건반도 그림 3.8과 같이 로그 스케일로 구성되어 있다. 만약 피아노 건반이 선형 스케일로 만들어져 있으면, 건반 배열의 길이가 얼마가 될지 상상해 보자. 아마도 피아노를 10명이 연주해야 하지 않을까?

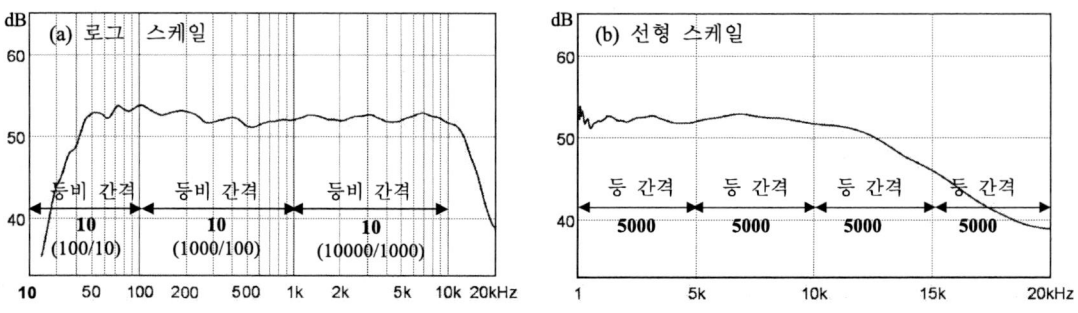

그림 3.7 스피커 특성을 로그 스케일과 선형 스케일로 나타낸 예

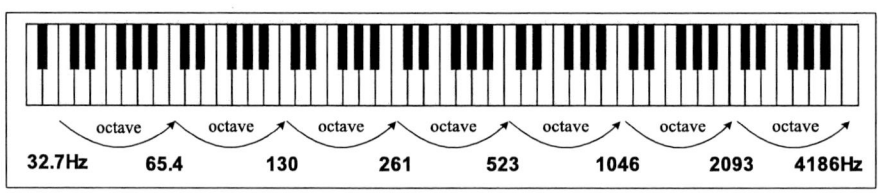

그림 3.8 피아노 건반은 로그 스케일이다.

3. 데시벨

음향 기기의 사양서에 dB(decibel, 데시벨)라는 단어가 수도 없이 많이 나온다. 앰프의 증폭도는 50dB, 스피커의 감도는 90dB, S/N 비 86dB, 왜곡률 −40dB와 같은 용어를 음향 기기의 사양이나 카탈로그에서 흔히 볼 수 있다. 데시벨은 음향 분야에서만 사용하는 것이 아니고, 전력, 전압, 전류, 전파 등 여러 분야에서 사용하는 단위이다.

몇 dB가 아니고 몇 배라고 표현하면 누구나 알기 쉬울 것 같은데, 왜 dB를 사용하는가? 음향 기술에서 dB를 사용하는 이유는 인간의 청각 특성 때문이다. 인간의 감각적 지각 변화와 비슷한 에너지 변화를 표현하는 단위가 데시벨이다. 앰프의 볼륨과 믹서 페이더도 인간의 변화 감각과 일치하도록 로그 볼륨을 사용하고 있다.

Bel은 (3.1) 식과 같이 두 파워의 비에 log를 취한 것이다.

$$\text{Bel} = \log(P_2/P_1) \ [B] \qquad (3.1)$$

(P_2/P_1)가 10이면 1 Bel, 100이면 2 Bel이 된다. 이것은 그림 3.9~10과 같이 파워가 10배씩 증가되면, 감각적으로는 배씩 증가되는 것이다. 파워가 10배 증가되면 음량의 크기도 2배로 커진 느낌이 든다.

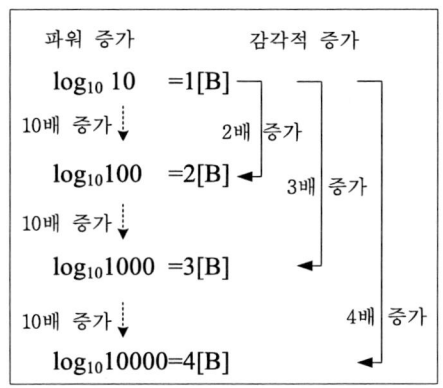

그림 3.9 파워 증가와 감각적 증가

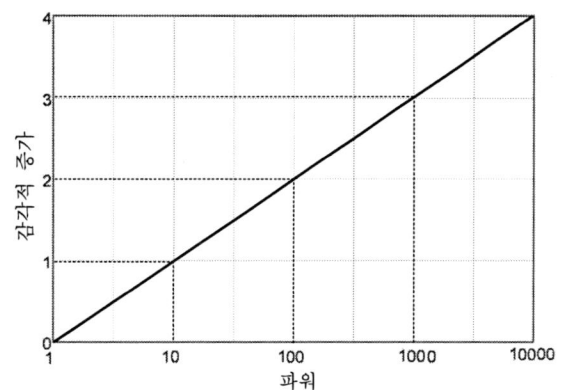

그림 3.10 파워 증가와 감각적 증가와의 관계

Bel은 단위가 작아서 사용하기 불편하여 deciBel(dB)을 사용한다. deciBel은 Bel에 1/10 배를 의미하는 접두 기호 deci(d)를 붙인 것이고, Bel은 전화 발명자 이름을 따른 것이다. 기준 파워를 P_1, 비교하고자 하는 파워는 P_2라고 하면, 데시벨은 다음과 같이 정의된다.

$$\text{deciBel} = 10\log(P_2/P_1) \ [\text{dB}] \qquad (3.2)$$

데시벨은 기본적으로 파워의 비이지만, 전압이나 전류의 비도 사용할 수 있다. 파워는 전압이나 전류의 제곱에 비례하므로 전압과 전류의 데시벨은 그림 3.11과 같이 20log을 곱한다.

$$\begin{aligned}
&\text{파워 데시벨} \rightarrow 10\log(P_2/P_1) \ [\text{dB}] \\
&\text{전압 데시벨} \rightarrow 20\log(V_2/V_1) \ [\text{dB}] \\
&\text{전류 데시벨} \rightarrow 20\log(I_2/I_1) \ [\text{dB}]
\end{aligned}$$

그림 3.11 데시벨의 공식

데시벨을 사용하면 다음과 같이 편리한 점들이 있다.

① 숫자가 수 천 또는 수만 배 이어도 dB로 나타내면, 2 자리나 3 자릿수로 나타낼 수 있다.

② 증폭도나 감소도를 계산할 때, 증폭도는 곱하고 감소도는 나누지만, dB로 계산하면 더하기와 빼기로 계산하므로 간편하다.

$$산술\ 계산 \quad a \times b \div c = x$$
$$dB\ 계산 \quad A + B - C = X[dB]$$

파워가 2배가 되면 3dB, 3배가 되면 4.7dB, 4배가 되면 6dB, 5배가 되면 7dB, 10배가 되면 10dB가 된다. 50배는 5×10이므로 7dB+10dB =17dB가 된다. 그리고 200배는 2×10×10이므로 3dB+10dB+10dB =23dB가 된다. 또, 0.1은 -10dB, 0.01은 -20dB가 된다. 0.2는 2/10이므로 3dB-10dB = -7dB가 된다.

```
50배 = 5  ×  10        200배 = 2  ×  10  ×  10        0.2배 = 2  ÷  10
       ↓     ↓                 ↓     ↓      ↓                ↓     ↓
17dB = 7dB + 10dB      23dB = 3dB + 10dB + 10dB       -7dB = 3dB - 10dB
```

③ 주파수 특성을 그림 3.7(a)와 같이 로그 그래프에 나타내면, 작은 값에서 큰 값까지 한 번에 비교하여 작은 용지에 표현할 수 있으므로 편리하다.

④ 인간의 청각 특성과 일치한다.

그림 3.12(a)와 같이 선형 페이더를 중간에 놓으면 파워는 1/2(= -3dB)로 감소되고, 페이더를 절반으로 줄였는데도 음량이 약간 줄어든 느낌이 든다. 이것은 페이더의 위치와 음량의 감각적인 변화 정도가 일치하지 않는다. 그러나 그림 3.12(b)와 같이 로그 페이더를 중간에 놓으면 파워가 1/10(= -10dB)로 감소되고, 음량이 절반으로 작아진 느낌이 들므로 페이더의 위치와 음량의 감각적인 변화 정도가 일치한다.

이것은 음압 레벨이 3dB 낮아지면 약간 줄어든 느낌이 들고, 10dB 낮아지면 1/2로 줄어든 느낌이 들기 때문이다. 이 내용은 4장 데시벨의 합 계산 표 4.3을 참조한다.

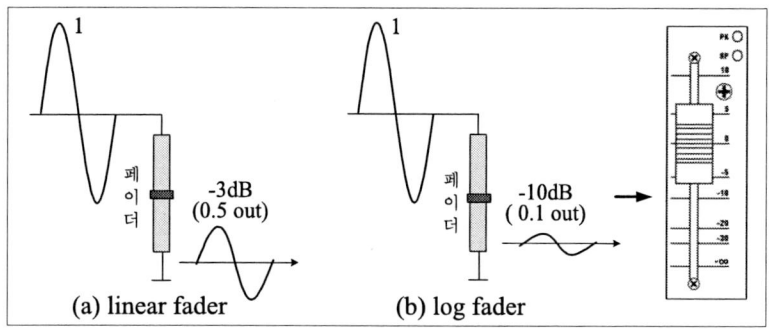

그림 3.12 선형 페이더와 로그 페이더

데시벨을 이용한 계산 식은 다음과 같은 것들이 있다.

1) 음원으로부터의 거리 감쇠
☞ 점음원; SPL= SPL1 − 20logr
☞ 선음원; SPL = SPL1 − 10logr
SPL1은 1m 지점에서의 음압 레벨이고, r은 음원으로부터 거리(m)이다.

2) 100W 앰프로 스피커를 구동한 경우에 90dB가 재생되면, 200W로 구동하면 몇 dB가 재생되는가?

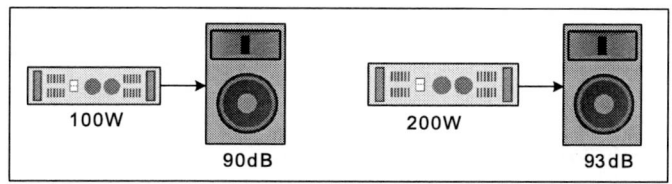

☞ SPL=90dB+10log(200W/100W)=90dB+10log2=93dB+3dB=93dB

3) 스피커에 1W를 입력하여 1m 지점에서 측정한 음압 레벨을 감도라고 한다. 감도가 90dB이고, 10W를 입력하면 스피커의 음압 레벨은 다음과 같다.
☞ SPL = SPL(1W/1m)+10logW = 90+10log10 = 90+10 = 100dB

4) 감도(sensitivity)가 90dB인 스피커가 있다. 102dB의 음압 레벨을 재생하기 위해서는 몇 대의 스피커가 필요한가?

☞ 102dB = 90dB(감도) + 20logX(대수)

20logX = 102−90 =12 → logX=12/20

X = $10^{12/20}$ = $10^{0.6}$ = 4대

4. 절대 데시벨

지금까지 설명한 상대 데시벨은 기준 값은 없다. 그러나 절대 데시벨은 기준 값이 정해져 있고, 측정 파워와 기준 파워와의 비에 10log를 곱하고, 전압은 20log를 곱한 것이다. 음향 기술 분야에서 사용되는 절대 데시벨은 다음과 같은 것들이 있다.

① dBm; 1mW를 기준으로 하는 데시벨

끝의 m은 기준이 1mW라는 것을 의미한다. 임피던스가 600Ω인 경우에 사용한다.

예) 1W=1,000mW → 10log1000=30dBm

② dBW; 1W를 기준으로 하는 데시벨

예) 1W → 10log1=0dBW

③ dBV; 1V를 기준으로 하는 데시벨

가정용 오디오 기기에서 사용되는 단위이다. 끝의 V는 기준이 1V라는 것을 의미한다.

예) 10V → 20log10=20dBV

−10dBV(=0.316V)는 가정용 오디오 기기의 표준 레벨이다.

④ dBu; 0.775V를 기준으로 하는 데시벨

임피던스에 상관없이 사용하는 단위이다. 여기에서 u는 undetermined의 의미이고, 임피

던스와 무관하다. +4dBu(=1.23Vrms)는 PA 음향 기기의 표준 레벨이다.

⑤ 0dBFS

0dBFS(full scale)는 디지털 리코딩에서 A/D converter가 클리핑 되지 않고 받아 들일 수 있는 최대 입력 레벨이다. 즉, 0dBFS 레벨의 신호는 디지털로 변환된 모든 디지트가 1이 되는 레벨이다. 16 비트의 디지털 시스템에서 dBFS는 다음 식으로 계산한다.

$$dBFS = 20\log\left(\frac{max - min}{65536}\right)[dB]$$

표 3.1에 절대 데시벨을 요약하여 나타낸다.

표 3.1 절대 데시벨의 종류

기호	0dB 기준	비고
dBm	1mW	부하 600Ω. 고출력 레벨을 표기할 때 사용
dBW	1W	파워 앰프의 출력 레벨을 표기할 때 사용
dBV	1V	가정용 오디오 기기의 기준 레벨 −10dBV(=0.316V)
dBu	0.775V	PA 음향 기기의 기준 레벨 +4dBu(=1.23V)

제4장

데시벨의 합 계산

음압 레벨은 음의 크기를 정량적으로 나타내는 것이고, 단위는 데시벨(deciBel; dB)이다. 공연장에서는 음압 레벨을 크게 하기 위해서 여러 사람이 연주를 한다. 그리고 여러 대의 스피커로 재생하여 음압 레벨을 크게 하기도 한다. 이와 같이 여러 사람이 연주하거나 여러 대의 스피커로 재생하면 데시벨이 몇 dB 증가되는가?

여러 개 음원의 데시벨 합을 구할 때, 음원 간의 상관도나 위상 차에 따라서 계산하는 방법이 다르다.

1. 음압 레벨

음파가 없으면 그림 4.1(a)와 같이 대기압의 상태와 같고, 음파가 발생하면 그림 4.1(b)와 같이 대기압이 변동한다. 음파는 대기압이 변동하는 것이고, 대기압의 변동분을 음압(sound pressure)이라고 한다. 그리고 이 음압의 변동이 고막을 진동시켜 음으로서 듣는 것이다. 음압은 압력이므로 압력의 단위인 Pa(Pascal, 파스칼)을 사용한다.

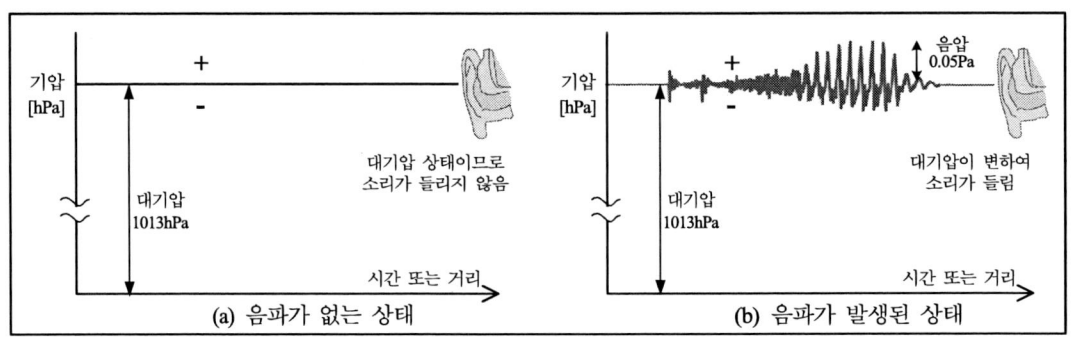

그림 4.1 음압의 변동

대기압은 약 십만Pa(100,000파스칼, 1 기압)이다. 우리가 들을 수 있는 가장 작은 음압 변동은 0.00002Pa(20μPa, 1 기압의 50억 분의 1)이고, 가장 큰 음압 변동은 20Pa(1 기압의 5천 분의 1)이다. 20Pa의 음압 변동은 제트기 부근에서 듣는 엄청나게 커서 견디기 어려운 정도의 크기이지만, 1기압의 5천분의 1 정도의 극히 작은 음압 변동에 불과하다.

사람이 들을 수 있는 가장 작은 음압(20μPa)과 가장 큰 음압(20Pa)의 차이는 100만 배의 차이이고(그림 4.2), 이렇게 큰 범위의 음압 차이를 느낄 수 있다. 음압을 나타낼 때 A 음은 7,345μPa, B 음은 596,874μPa로 표시하면 얼마나 불편할지 생각해 보자.

이와 같이 아주 작은 음과 아주 큰 음의 음압 범위가 너무 넓어서 사용하기 불편하다. 따라서 가까스로 들을 수 있는 음압과 통증이 느껴지는 큰 음압의 비에 20log를 곱하여 음압 레벨로 나타내고, 단위는 데시벨(deciBel)이다. 우리가 들을 수 있는 가장 작은 음압과 가장 큰 음압을 데시벨로 나타내면, 그림 4.2와 같이 120의 숫자로 나타낼 수 있으므로 사용하기 편리하다.

또, 3장 로그와 데시벨에서 설명한 바와 같이 인간의 청각 특성 때문에 dB를 사용한다. 인간의 감각적 지각 변화와 비슷한 에너지 변화를 표현하는 단위가 데시벨이다.

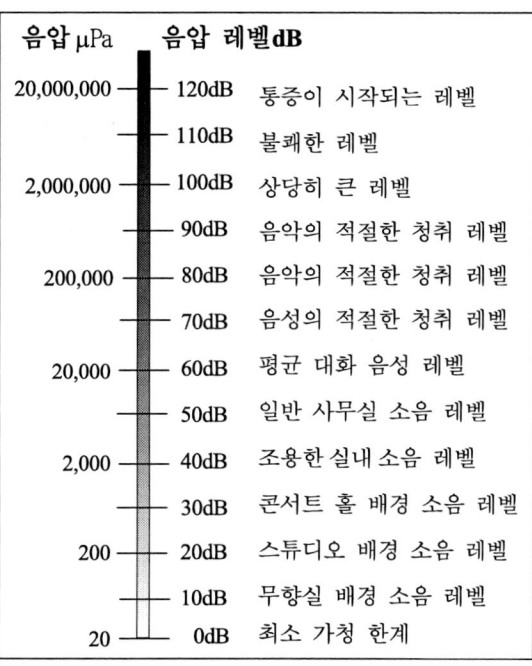

그림 4.2 사람이 들을 수 있는 음압과 음압 레벨의 범위

음압을 데시벨로 나타낸 것이 음압 레벨이다. 음압 레벨(sound pressure level; SPL)은 (4.1) 식으로 나타낸다. 여기에서 p는 음파의 순간 음압의 실효 값(p_{rms})이고, p_0는 기준 음압 20 μPa이다.

$$SPL = 10\log\frac{p^2}{p_0^2} = 20\log\frac{p}{p_0} [dB] \quad \text{또는} \quad (4.1)$$

$$SPL = 20\log p - 20\log p_0$$

$$= 20\log p - 20\log 20 \times 10^{-6}$$

$$= 20\log p + 94 [dB] \quad (4.2)$$

p가 20μPa이면 음압 레벨은 0dB가 되고, p가 0.1Pa이면 74dB, p가 1Pa이면 94dB가 된다. 20대 성인이 들을 수 있는 가장 작은 음은 1kHz에서 20μPa이고, 최소 가청 한계라고 한다.

$$20\mu Pa \rightarrow 20\log\frac{20\mu Pa}{20\mu Pa} = 0dB$$

$$0.1Pa \rightarrow 20\log\frac{0.1Pa}{20\mu Pa} = 74dB$$

$$1Pa \rightarrow 20\log\frac{1Pa}{20\mu Pa} = 94dB$$

음파의 크기를 정량적으로 나타내는 것이 음압 레벨이고, 사운드 레벨 미터(sound level meter)를 사용하여 측정한다(그림 4.3).

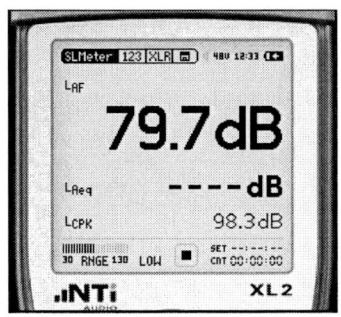

그림 4.3 사운드 레벨 미터

2. 데시벨의 합 계산

60dB+60dB는 얼마인가? 데시벨의 합은 두 신호의 위상 차에 따라서 표 4.1과 같이 달라진다.

표 4.1 두 신호의 위상 차에 따른 데시벨의 합

60dB+60dB =120dB	틀림
60dB+60dB = 66dB	두 신호가 동 위상인 경우의 합은 6dB 증가
60dB+60dB = 63dB	두 신호의 위상 차가 90도인 경우의 합은 3dB 증가
60dB+60dB = 60dB	두 신호의 위상 차가 120도인 경우의 합은 0dB 증가
60dB+60dB = 0dB	두 신호가 역 위상인 경우의 합은 상쇄됨

오케스트라에서 같은 악기를 많은 연주자들이 연주한다. 이것은 1대의 악기로는 음량이 작으므로 여러 대의 악기로 연주하여 음량을 크게 하고, 코러스 효과로 풍부한 음색을 얻기 위한 것이다. 또, 콘서트 홀의 음향 시스템을 설계할 때, 음압 레벨을 크게 하고 커버리지를 넓히기 위해서 여러 대의 스피커를 조합하여 사용하는 경우가 많다.

여러 대의 악기를 연주하는 경우나 여러 대의 스피커를 사용하는 경우에 음압 레벨이 얼마나 증가되는가? 여기에서는 스피커나 악기가 여러 대인 경우에 음원의 레벨(dB)을 더하는 방법에 대해서 설명한다.

1대의 바이올린을 연주할 때 60dB인 경우에 2대가 연주하면 120dB(=60dB+60dB)가 되는가? 120dB는 청각에 통증이 오고 고막이 파손되는 엄청나게 큰 음압 레벨이다. 2대의 바이올린을 연주하면, 음압 레벨은 3dB가 증가되어 63dB가 된다(그림 4.4).

65+65=120이지만, 60dB+60dB=120dB가 아니다. 데시벨의 합은 산술적으로 더하면 안 된다. 또, 1대의 스피커의 음압 레벨이 60dB이면, 2대이면 6dB가 증가되어 66dB가 된다. 이와 같이 음원의 종류에 따라서 데시벨의 합 계산 방법이 달라진다.

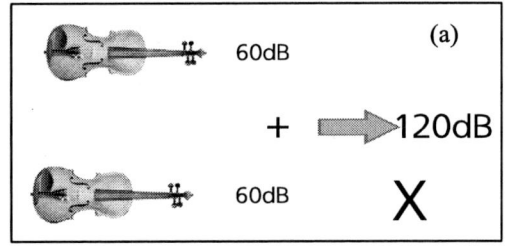 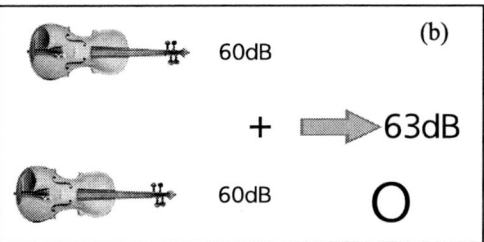

그림 4.4 데시벨의 합은 산술적으로 더하면 안 된다.

2.1 벡터도를 이용한 두 신호의 합 계산

1+1은 두 신호의 위상 차에 따라서 두 신호의 합의 크기가 달라진다. 그림 4.5에는 위상 차에 따른 두 신호의 합을 벡터도로 나타낸다. 두 신호의 위상 차가 0도이면 합은 2(20log2=6dB)가 되고, 위상 차가 90도이면 합은 1.4(20log√2=3dB), 위상 차가 120도이면 합은 1(20log1=0dB), 위상 차가 180도이면(방향이 반대) 합은 0이 된다. 이 내용은 1장 9절 위상을 참조한다.

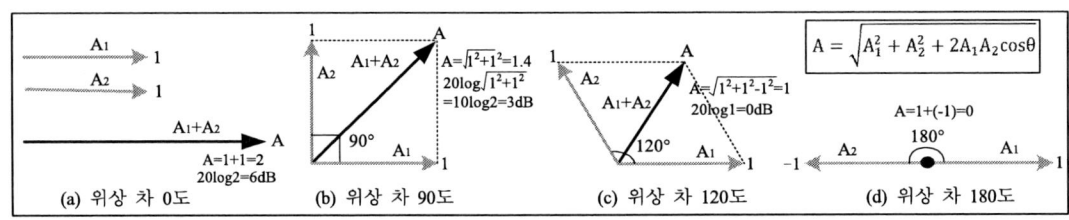

그림 4.5 두 신호의 위상 차에 따른 합의 크기

2.2 음원들 간의 위상 차에 따른 데시벨의 합

먼저 음원이 2개 있는 상황에 대해서 설명한다. 두 음원이란 두 사람이 바이올린을 연주하거나 2대의 기계 소음일 수도 있고, 2대의 스피커일 수도 있다. 두 사람이 같은 악기를 연주할 때나 2대의 기계에서 소음이 발생되는 경우에는 두 음원의 파형은 완전히 다르다. 반면에 2대의 스피커에서 재생되는 음의 파형들은 완전히 똑같다.

두 신호의 파형이 완전히 다르면, 두 신호의 위상 차는 90도이고 상관도는 0이 된다. 이것을 무상관 음원(uncorrelated signals)이라고 한다. 또, 두 신호의 파형이 완전히 같으면, 두 신호의 위상 차는 0도이고 상관도는 1이 된다. 이것을 상관 음원(correlated signals)이라고 한다. 이것은 두 신호가 직교 함수인 것이다(1장 22절 함수의 직교성, 23절 리사주 도형 참조).

그림 4.6(a)와 같이 두 신호의 위상 차가 90도이면 무상관 음원이고, 리사주 도형은 원형으로 나타난다(1장 23절 리사주 도형 참조). 그리고 두 신호의 합은 1.4(20log√2=3dB)가 된다. 또, 그림 4.6(b)와 같이 두 신호의 위상 차가 0도이면 완전 상관 음원이고, 리사주 도형은 직선으로 나타난다. 그리고 두 신호의 합은 2(20log2=6dB)가 된다.

그림 4.7(a)에는 90도 위상 차가 있는 잡음 신호(무상관 신호)의 합을 나타내고, 그림 4.7(b)에는 동 위상 잡음 신호(상관 신호)의 합을 나타낸다.

두 신호의 위상 차가 120도이면 부분 상관이고, 두 신호의 합은 1(20log1=0dB)이 된다. 그리고 두 신호의 위상 차가 180도이면, 두 신호의 합은 0이 된다(1장 그림 1.21b 참조). 이와 같이 두 신호의 레벨 합은 두 신호들의 위상 차에 따라서 달라진다.

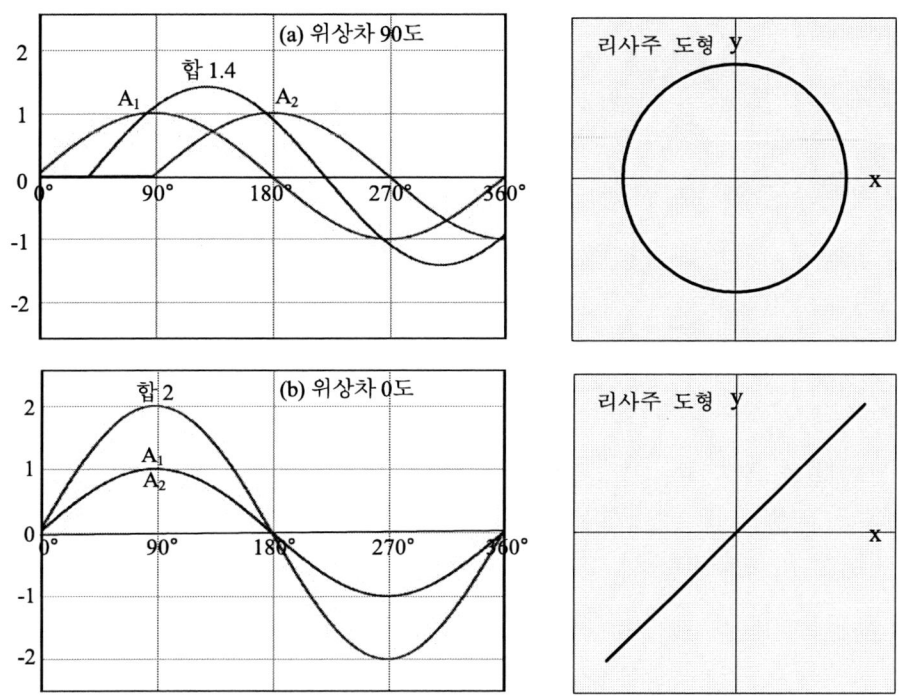

그림 4.6 A_1과 A_2 두 신호의 위상 차에 따른 합의 크기와 리사주 도형

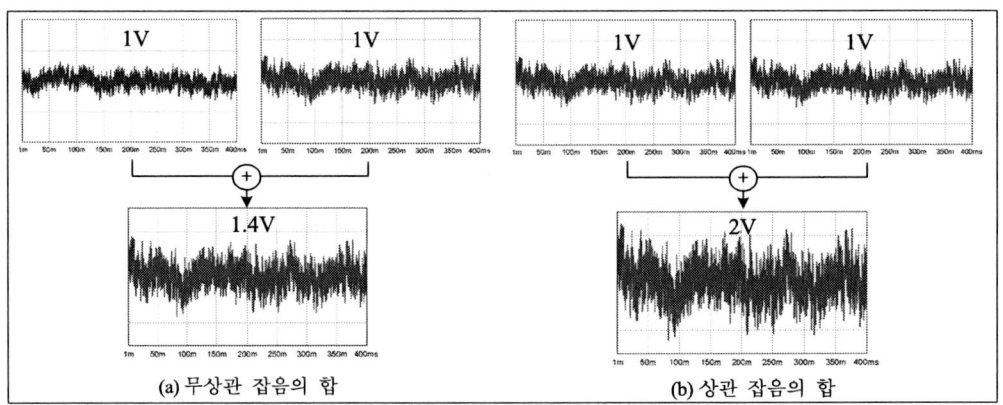

그림 4.7 상관 잡음과 무상관 잡음의 합

(1) 무상관 음원들의 데시벨 합

1대의 악기 음 레벨이 60dB이고, 2대가 연주하면 몇 dB인가? 60+60=120이지만, 60dB+60dB=120dB가 아니다. 60dB는 $10\log_{10}X$이므로 X(=1000000) 값을 구하여 더하고, 이 두 값을 더한 것(1000000+1000000=2000000)에 다시 $10\log$를 곱하여 계산해야 하고, 그러면 63dB(=10log2000000)가 된다.

$$60dB = 10\log_{10}X \rightarrow \log_{10}X = 6 \rightarrow X = 10^6$$

60dB+60dB → 10^6+10^6을 데시벨로 계산하면, $10\log(10^6+10^6)=10\log2000000=63dB$가 된다. 또는 다음과 같이 계산한다.

$$60dB+60dB \rightarrow 10\log(10^{60/10}+10^{60/10}) = 63dB$$

무상관 음원들의 음압 레벨이 $L_1, L_2, \cdots, L_n$[dB]인 경우에 전체 음원의 음압 레벨의 합(L_T)은 (4.3) 식으로 구하고, n개 음원들의 레벨(L)이 전부 같으면 (4.4) 식으로 구한다.

$$L_T = 10\log(10^{L1/10}+10^{L2/10}+\cdots+10^{Ln/10})[dB] \quad (4.3)$$

$$L_T = 10\log(n \cdot 10^{L/10}) \ [dB] \quad (4.4)$$

예를 들어 1대의 바이올린 음압 레벨이 80dB이면 2대이면 83dB가 된다.

$$L_T = 10\log(10^{80/10}+10^{80/10}) = 10\log(2 \cdot 10^{80/10}) = 83dB$$

이와 같이 악기의 대수가 2배로 증가되면, 그림 4.8과 같이 음압 레벨의 합은 3dB 증가된다. 이것은 음원 간의 상관이 전혀 없는 악기 음 이외에 소음원도 마찬가지로 음원이 2배씩 증가되면 음압 레벨은 3dB씩 증가된다.

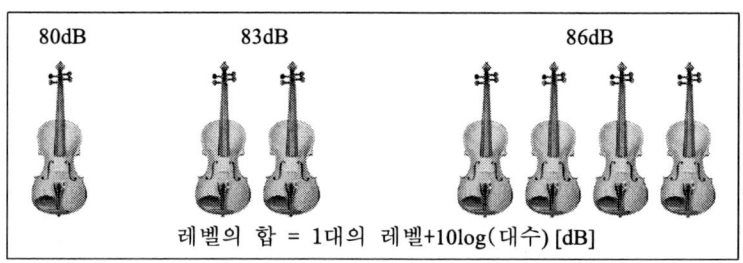

그림 4.8 무상관인 음원이 2배로 증가될 때마다 음압 레벨은 3dB씩 증가된다.

음압 레벨의 합 계산을 간단히 하는 방법은 표 4.2를 사용하는 것이다. 예를 들면, 표에서 L_1-L_2의 보정치 a[dB]를 구하고, 이 값을 큰 값인 L_1에 더해 주면 된다. 3개 이상의 합은 그림 4.9와 같이 큰 값부터 차례로 두 개씩 더해 가면 된다.

표 4.2 L_1[dB]과 L_2[dB] 합의 보정치. $L_1 > L_2$ 일 때

L_1-L_2[dB]	0	1	2	3	4	5	6	7	8	9	10	11~12	13~14	15~19	20
a[dB]	3.0	2.5	2.1	1.8	1.5	1.2	1.0	0.8	0.6	0.5	0.4	0.3	0.2	0.1	0
암산용[dB]	3		2			1					0				

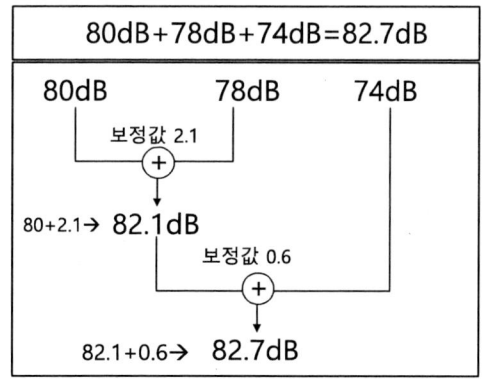

그림 4.9 데시벨의 합을 계산하는 간편 방법

그리고 두 음원의 합성 레벨을 구할 때, 두 음원의 레벨 차가 10dB이면 레벨이 큰 음원에 0.4dB 더하면 합의 레벨이 되고, 레벨 차가 20dB이면 두 음원의 합 레벨은 큰 음원의 음압 레벨과 같다. 소음이 있는 환경에서 측정하고자 하는 신호의 음압 레벨이 소음 레벨보다 20dB 이상이어야 하는 것은 이러한 이유 때문이다.

(2) 상관 음원들의 데시벨 합

1대의 스피커 레벨이 80dB이면, 2대를 재생하면 몇 dB인가? 80dB는 $20\log_{10}X$이므로 X(=10000) 값을 구하여 더하고, 이 두 값을 더한 것(10000+10000=20000)에 다시 20log를 곱하여 계산해야 하고, 그러면 86dB (=20log20000)가 된다.

$80dB = 20\log_{10}X \rightarrow \log_{10}X = 4 \rightarrow X = 10^4$

$80dB+80dB \rightarrow 10^4+10^4$를 데시벨로 계산하면, $20\log(10^4+10^4)=20\log20000=86dB$가 된다.

그림 4.10과 같이 스피커가 여러 대 붙어 있고, 스피커에 주파수와 위상이 같은 음원(상관 음원)을 입력하여 재생하면 합성 음압 레벨은 (4.5) 식으로 계산하고, 스피커 레벨(L)이 전부 같으면 (4.6) 식으로 계산한다.

$$L_T = 20\log(10^{L1/20}+10^{L2/20}+\cdots+10^{Ln/20})[dB] \quad (4.5)$$

$$L_T = 20\log(n \cdot 10^{L/20})[dB] \quad (4.6)$$

음원들이 완전 상관인 경우에는 음원이 2배가 되면, 그림 4.10과 같이 음압 레벨이 6dB 증가된다. 그러나 두 스피커에 무상관 음원을 따로 따로 입력하면 3dB 증가된다. 또한, 그림 4.11과 같이 2대의 서브우퍼가 붙어 있는 경우에는 상관 음원이므로 6dB 증가되지만, 떨어져 있으면 두 스피커의 음이 무상관이 되어 3dB 증가된다.

그리고 홀에서 무대 좌우에 2대의 스피커가 설치된 경우에는 무상관 음원이 되므로 음압 레벨이 3dB 증가된다.

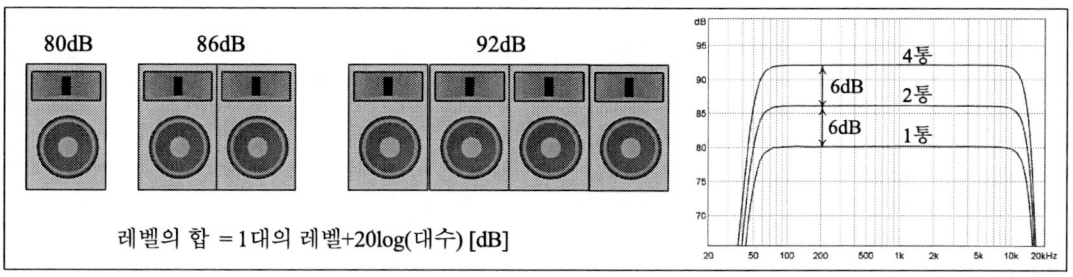

그림 4.10 완전 상관인 음원이 2배가 되면 6dB 증가된다.

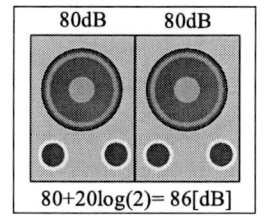
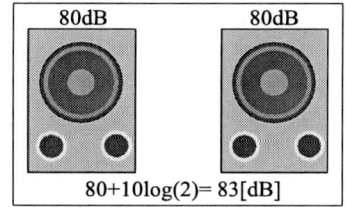

그림 4.11 서브우퍼가 붙어 있을 때와 떨어져 있을 때 음압 레벨의 합

그림 4.10과 같이 스피커를 여러 대 붙여서 사용하는 것은 음량을 크게 하기 위한 것이다. 그러나 대부분 스피커는 여러 대 붙여서 사용하면 간섭이 생겨서 음압 레벨이 이론대로 증가되지 않는다.

그림 4.12에는 2대의 스피커를 스태킹한 경우의 주파수 특성과 1대의 특성을 비교하여 나타낸다. 그림 4.12(a)는 고음 스피커를 가깝게 배치한 것으로서 20~20000Hz 대역에서 간섭이 없고 6dB 증가된다. 그림 4.12(b)는 고음 스피커를 멀리 배치한 것이며, 2kHz 이상에서 콤필터 왜곡이 생겨서 주파수 특성에 피크 딥이 생긴다.

이와 같이 여러 대의 스피커를 스태킹 하는 방법에 따라서 간섭이 생기기도 하고, 생기지 않기도 한다. 만약 간섭이 생기면 주파수 특성이 불규칙해지고, 이론대로 음압 레벨이 증가되지 않는다. 그리고 간섭에 의해서 불규칙하게 변한 주파수 특성을 이퀄라이저로 평탄하게 보정해도 음질은 좋아지지 않는다.

이러한 스피커 간의 간섭을 없애기 위한 것이 라인 어레이 스피커이다. 이 내용은 음향기술총론 9장 스피커 시스템을 참조한다.

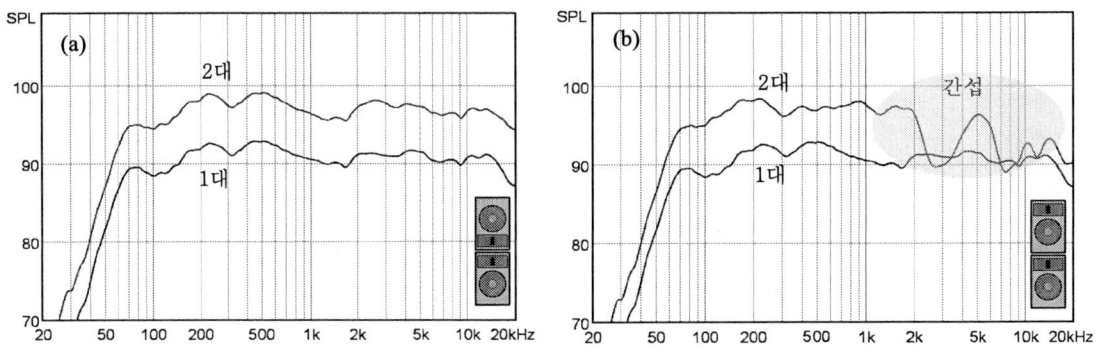

그림 4.12 2대의 스피커를 상하로 스태킹한 경우에 배치 방법에 따른 주파수 특성

3. 음압 레벨 변화에 대한 음의 크기 변화

음원의 개수가 많아지면 음압 레벨이 증가된다. 음압 레벨 변화와 음량 변화의 지각 정도와의 관계에 대해서 알아 본다.

음압 레벨이 1dB 커지면 음량이 커진 것을 거의 느끼지 못한다. 음량이 커진 것을 약간 느끼기 위해서는 음압 레벨을 3dB 증가시켜야 한다. 이것은 1대의 악기와 2대의 악기의 음압 레벨 차에 해당된다. 또, 그림 4.13과 같이 스피커를 100W 앰프로 구동하던 것을 200W로 구동하면 3dB(=10log2)가 증가된다. 따라서 100W 앰프를 200W 앰프로 바꾸는 것은 음량이 약간 커진 느낌이 들므로 현실적으로 의미가 없다.

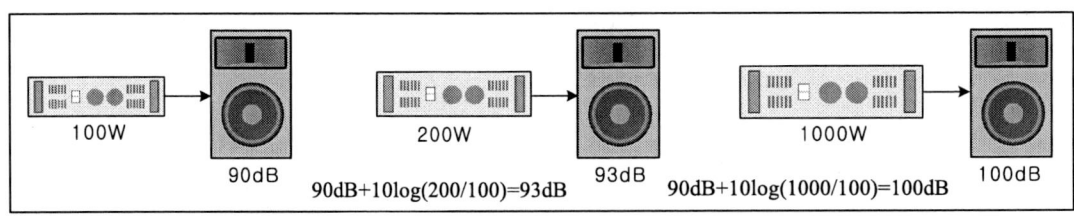

그림 4.13 앰프의 파워 증가에 따른 스피커 출력 음압 레벨의 변화

음압 레벨이 6dB 커지면 음량이 확실하게 커진 것을 느낄 수 있다. 그리고 그림 4.14와 같이 음압 레벨이 10dB 증가하면 2배, 20dB 증가하면 4배, 30dB 증가하면 8배, 40dB 증가하면 16배가 커진 느낌이 든다

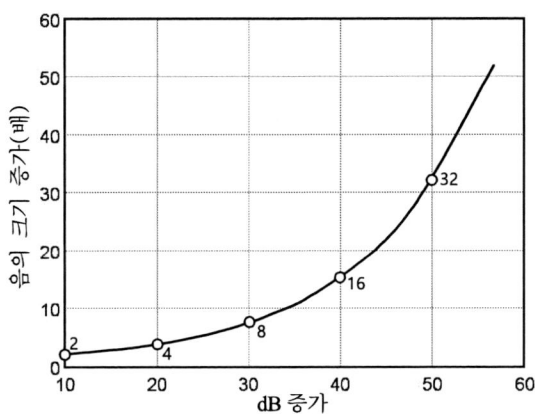

그림 4.14 데시벨의 증가와 음의 크기 증가

반대로 음압 레벨이 3dB 낮아지면 음량이 약간 작아진 느낌이 들고, 6dB 낮아져야 확실하게 작아진 느낌이 든다. 그리고 음압 레벨이 10dB 낮아지면 음량이 절반으로 줄어든 느낌이 든다. 이러한 이유 때문에 앰프와 믹서에서 로그 볼륨이나 로그 페이더를 사용하는 것이다. 이 내용은 3장 그림 3.12를 참조한다.

표 4.3에 음압 레벨의 변화에 따른 음량 변화 지각의 정도를 정리하여 나타낸다.

표 4.3 음압 레벨의 변화에 따른 음량 변화 지각의 정도

음압 레벨 변화	음량 변화 지각의 정도	파워 증가	전압 증가
20dB	4배로 커진 느낌	100배	10배
10dB	2배로 커진 느낌	10배	3.16배
6dB	확실하게 커진 느낌	4배	2배
3dB	약간 커진 느낌	2배	1.4배
1dB	커진 느낌이 없음	1.26배	1.12배
0dB	기준	1	1
-1dB	작아진 느낌이 없음	0.8배	0.89배
-3dB	약간 작아진 느낌	0.5배	0.707배
-6dB	확실하게 작아진 느낌	0.25배	0.5배
-10dB	1/2로 작아진 느낌	0.1배	0.316배
-20dB	1/4로 작아진 느낌	0.01배	0.1배

제5장
옴의 법칙과 전압 분배 법칙

옴의 법칙은 전기 회로에서 전압, 전류, 저항과의 관계를 나타낸 것으로서 회로 해석의 가장 기본이 되는 법칙이다. 전기 회로에서 전압은 전류와 저항의 곱이고, 3개 변수 중 2개를 알면 나머지 변수를 구할 수 있다.

그리고 대부분의 회로는 저항의 직병렬 회로로 구성되어 있고, 이러한 회로의 합성 저항을 구해야 회로를 해석할 수 있다. 또, 전압원과 직렬로 연결된 저항은 전압 분배기 역할을 하고, 출력 단자에서의 전압을 계산하는 것이 전압 분배 법칙이다.

건전지를 이용하여 전구를 밝히기 위해서는 그림 5.1(a)와 같이 건전지와 전구를 선으로 연결한다. 그림 5.1(a)는 그림 5.1(b)와 같이 전기 회로로 나타낸다. 전지와 전기 저항의 기호는 규격으로 표준화되어 있다.

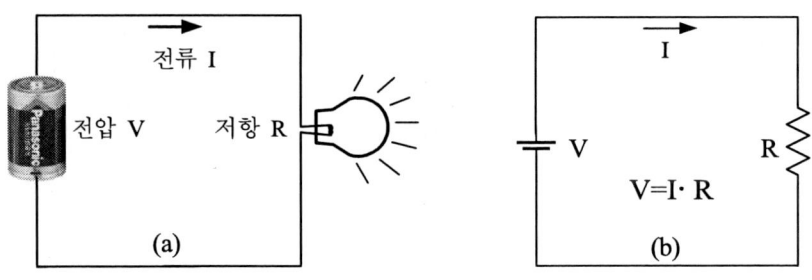

그림 5.1 옴의 법칙

전구를 오랫동안 밝히기 위해서는 전구에 전류를 천천히 흐르게 해야 한다. 전류를 천천히 흐르게 하는 성질을 가지고 있는 것을 저항(resistor)이라고 하고, 단위는 옴(Ohm; Ω)이다. 일정 시간 동안 흐르는 전기 양을 전류(current)라고 한다. 단위는 Ampere이고, I 기호를 사용한다. 전류에 흐르는 시간을 곱하면, 그 시간 동안에 흐른 전기 양이 된다. 전기 회로에서는 이것을 전하(charge)량이라고 한다. 단위는 Coulomb, 기호는 Q로 나타낸다.

전지나 발전기는 전위 차를 만드는 것이고, 만들어진 전위 차를 기전력(electromotive force)이라고 한다. 전지의 기전력은 +극과 -극 간의 전위 차로서 외부로 방출된다. 전기 회로의 두 지점 간의 전위 차를 전압(voltage)이라고 하고, 기호는 V로 나타낸다.

1. 옴의 법칙

전기 회로에는 수 많은 법칙이 있다. 그 중에서 가장 기본이 되고, 음향 기술에서 가장 많이 활용되는 것이 옴의 법칙(Ohm's law)이다.

그림 5.1과 같이 전구에 전지가 연결되어 있는 전기 회로에서 전지의 전압이 달라지면 전구의 밝기가 달라진다. 또, 전압은 같아도 전구의 저항에 따라 밝기가 달라진다. 이것은 전류는 전압에 비례하고, 저항은 전류의 흐름을 방해하기 때문이다. 이와 같은 전압, 전류,

저항 사이의 관계를 설명하는 것이 옴의 법칙이다.

옴의 법칙은 어떤 전기 회로에 흐르는 전류는 그 회로에 가해진 전압에 정비례하는 법칙이다(그림 5.1). 전압을 V[V], 전류를 I[A], 저항을 R[Ω]이라고 하면, 이것들의 사이에는 (5.1) 식이 성립된다. 파워 P[W]는 (5.2) 식으로 구한다.

$$V = I \cdot R \;[V], \quad I = V/R \;[A], \quad R = V/I \;[Ω] \qquad (5.1)$$

$$P = V \cdot I = V^2 / R = I^2 \cdot R \;[W] \qquad (5.2)$$

예를 들어 전압이 1.5V이고, 저항이 15Ω이면 전류는 0.1A가 흐르고, 파워 P는 0.15W가 된다.

$$I = V/R = 1.5/15 = 0.1A$$
$$P = V \cdot I = 1.5 \cdot 0.1 = 0.15W$$

저항 값은 일정하므로 저항에 걸리는 전압이 변하면 저항에 흐르는 전류도 같은 비율로 변화된다. 이 관계를 그림 5.2에 나타낸다. 전압 값이 최대가 되면 전류도 최대가 되고, 전압 값이 최소가 되면 전류도 최소가 된다. 이것은 저항에서는 전압과 전류가 동위상이라는 것을 의미한다. 그러나 인덕터나 커패시터에 걸리는 전압과 전류는 동위상이 아니고 위상차가 생긴다(6장 임피던스 그림 6.1 참조).

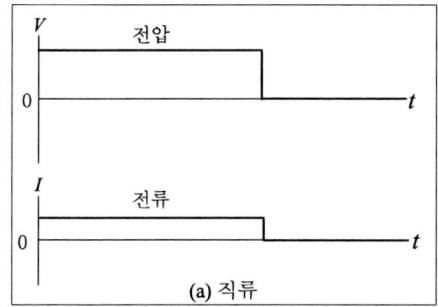 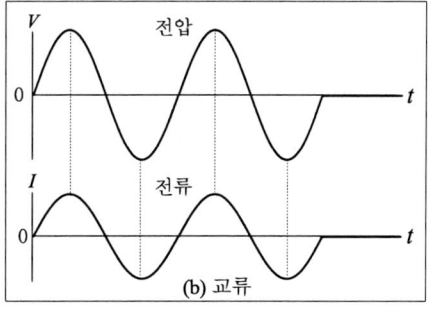

그림 5.2 저항에 걸리는 전압과 전류

100W 전구와 10W 전구 중 어느 쪽의 저항이 큰가? 100V에 100W 전구를 연결하면 1A 흐르므로 저항은 100Ω이고, 10W 전구를 연결하면 0.1A가 흐르므로 저항은 1kΩ이다. 이와 같이 전압이 같은 경우에 저항이 작으면 에너지를 더 많이 소비한다.

옴의 법칙은 음향 시스템에 필요한 전기 용량을 계산할 때도 필요하다. 예를 들어 소비 전력이 500W인 파워 앰프와 160W인 믹서를 220V에 연결하여 사용하면, 전체 소비 전력은 660W가 되고 3A의 용량이 필요하다.

앰프에서 스피커로 공급하는 파워를 구하는데도 옴의 법칙을 사용한다. 앰프의 파워는 스피커의 공칭 임피던스에 특정 파워를 공급하는 것으로 규정되어 있다. 스피커의 임피던스가 2배가 되면 앰프의 파워 공급은 1/2이 되고, 임피던스가 1/2이 되면 파워 공급은 2배가 된다. 예를 들면, 8Ω의 스피커에 100W를 공급할 수 있는 앰프에 4Ω의 스피커를 연결하면 200W가 공급되고, 16Ω의 스피커를 연결하면 50W가 공급된다(그림 5.3).

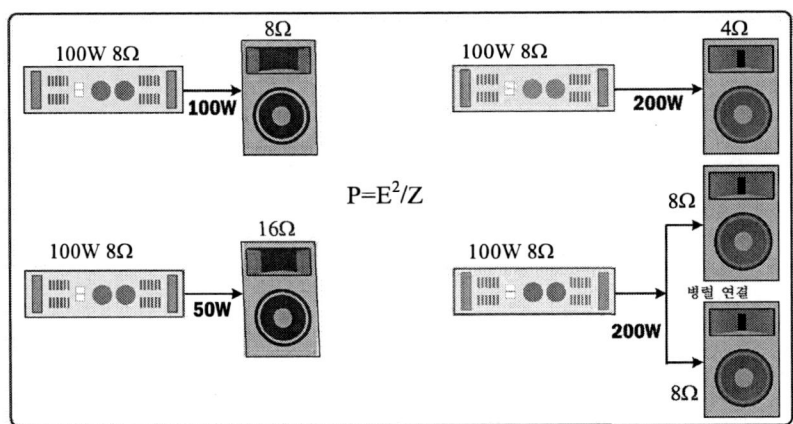

그림 5.3 100W 앰프에 임피던스가 다른 스피커를 연결한 경우 파워의 변화

2. 저항의 직병렬 연결 회로의 합성 저항

여러 개의 저항을 그림 5.4와 같이 연결하는 것을 직렬 연결(serial connection)이라고 하고, 그림 5.5와 같이 연결하는 것을 병렬 연결(parallel connection)이라고 한다. 또, 그림 5.6(a)와 같이 직렬 연결과 병렬 연결을 조합한 것을 직병렬 연결이라고 한다.

직렬 연결인 경우의 합성 저항은 (5.3) 식으로 구한다.

$$R_T = R_1 + R_2 + R_3 + \cdots + R_N [\Omega] \qquad (5.3)$$

병렬 연결인 경우의 합성 저항은 (5.4) 식으로 구한다.

$$\frac{1}{R_T} = \frac{1}{R_1} + \frac{1}{R_2} + \frac{1}{R_3} + \cdots + \frac{1}{R_N} [\Omega] \qquad (5.4)$$

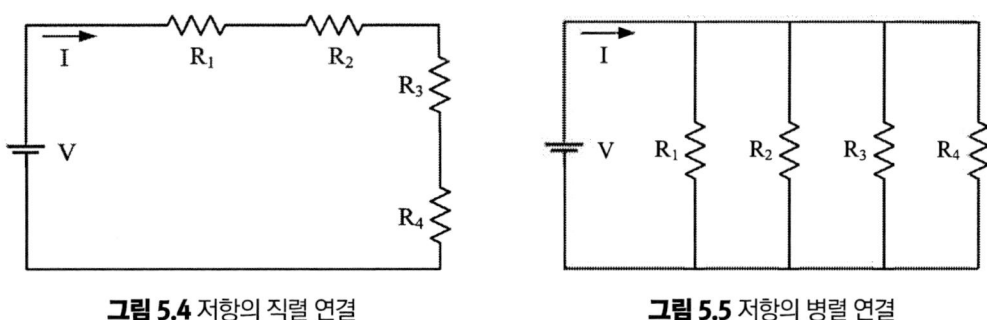

그림 5.4 저항의 직렬 연결　　　　　**그림 5.5** 저항의 병렬 연결

예를 들어 8Ω 저항이 4개가 직렬로 연결되어 있으면 다음과 같이 합성 저항을 구한다.

$$R_T = 4 + 4 + 4 + 4 = 32 [\Omega]$$

또, 8Ω 저항이 4개가 병렬로 연결되어 있으면, 다음과 같이 합성 저항을 구한다.

$$\frac{1}{R_T} = \frac{1}{8} + \frac{1}{8} + \frac{1}{8} + \frac{1}{8} = \frac{4}{8} [\Omega] \qquad \therefore R_T = 2 [\Omega]$$

다음에 그림 5.6과 같이 직병렬 연결인 경우의 합성 저항을 구해 본다. 직병렬 연결의 합성 저항을 오른쪽부터 왼쪽으로 구해 간다. 먼저 R_3와 R_4는 직렬이므로 합성 저항은 20Ω(=10Ω +10Ω)이 된다. 그리고 이 20Ω은 R_2와 병렬로 연결되어 있으므로 $R_2 // (R_3 + R_4)$는 10Ω이 된다. 여기에서 +는 직렬 연결, //은 병렬 연결을 의미한다. 이 합성 저항 값과 R_1은 직렬 연결이므로 전체 합성 저항 R_T는 그림 (b)와 같이 20Ω이 된다.

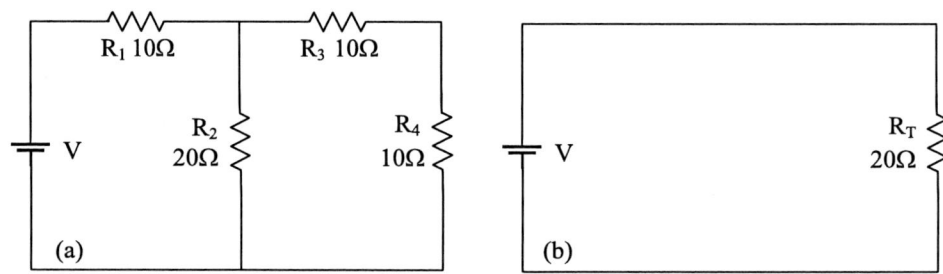

그림 5.6 저항의 직병렬 회로의 합성 저항

(5.3) 식과 (5.4) 식은 저항뿐만이 아니라 합성 임피던스를 구할 때도 똑같이 적용된다. 따라서 그림 5.7과 같이 스피커의 직렬 연결과 병렬 연결 시에도 합성 임피던스는 각각 (5.5) 식과 (5.6) 식으로 구하면 된다.

$$Z_T = Z_1 + Z_2 + Z_3 + \cdots + Z_N [\Omega] \quad (5.5)$$

$$\frac{1}{Z_T} = \frac{1}{Z_1} + \frac{1}{Z_2} + \frac{1}{Z_3} + \cdots + \frac{1}{Z_N} [\Omega] \quad (5.6)$$

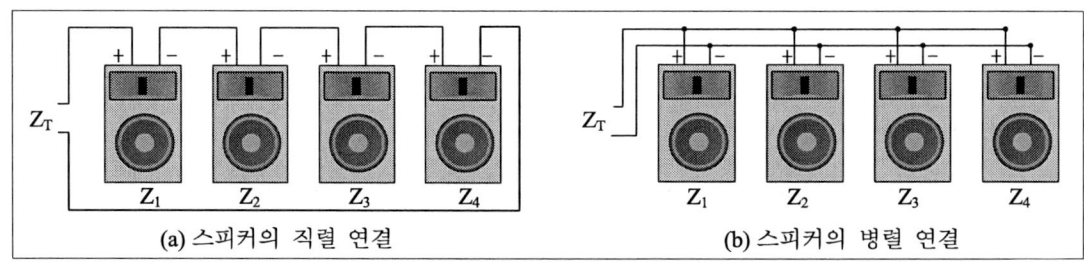

그림 5.7 스피커의 직병렬 연결

3. 전압 분배 법칙

전압원과 직렬로 연결된 저항은 전압 분배기 역할을 한다. 그림 5.8(a)와 같이 두 개의 저항이 직렬로 연결된 회로에서 저항 R_1과 R_2 양단에서 전압 강하가 발생되고, 각각 V_1, V_2이다. 각 저항에 흐르는 전류는 같으므로 전압 강하의 크기는 저항의 크기에 비례한다. 그리고 직렬로 연결된 저항들의 전압 강하의 크기는 각각의 저항 값에 비례하여 분배된다.

$$R_T = R_1 + R_2$$

$$I = \frac{V_T}{R_1 + R_2}$$

$$V_1 = I \times R_1 = \frac{V_T}{R_1 + R_2} R_1 = \frac{R_1}{R_1 + R_2} V_T$$

$$V_2 = I \times R_2 = \frac{V_T}{R_1 + R_2} R_2 = \frac{R_2}{R_1 + R_2} V_T$$

두 저항에서의 전압 강하 합은 전체 전압(V_T)과 같다.

$$V_1 + V_2 = \frac{R_1}{R_1 + R_2} V_T + \frac{R_2}{R_1 + R_2} V_T = \frac{R_1 + R_2}{R_1 + R_2} V_T = V_T$$

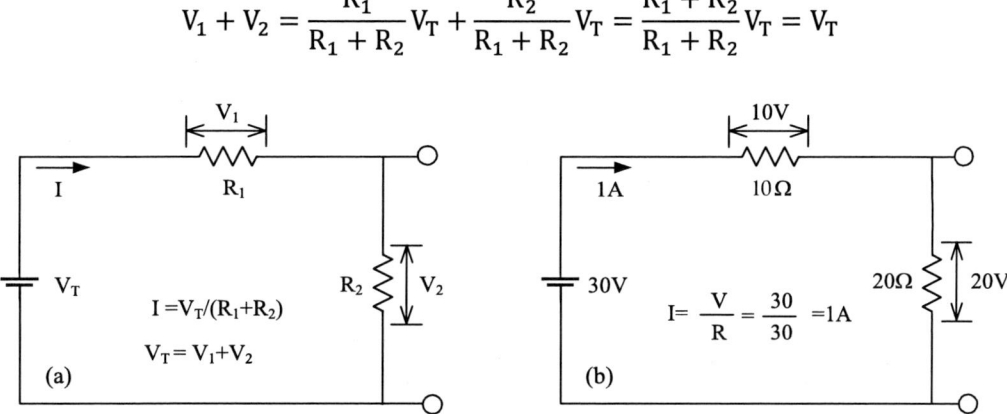

그림 5.8 전압원의 전압 분배

그림 5.8(b)에서 합성 저항은 30Ω이고, 전압원이 30V이므로 전류는 1A가 흐른다. 그리고 10Ω에서 전압 강하는 10V가 되고, 출력단 20Ω에서 전압 강하는 20V가 된다. 그러므로 그림 5.8과 같은 전압원이 30V인 회로에서 출력 단자에 20V 전압이 출력된다.

그림 5.9와 같이 두 저항 값이 100Ω이면, 출력 전압은 입력 전압의 1/2(5V)이 출력되고, 진폭 특성은 그림 5.10(a)와 같이 주파수와 관계 없이 평탄하다. 그리고 위상 특성도 전체 주파수 대역에서 그림 5.10(b)와 같이 0도로 평탄하다. 그러나 R_2 대신에 인덕터나 커패시

터로 구성된 회로에서는 주파수에 따라서 출력 전압이 변하고 위상도 변이(phase shift)된다. 이 내용은 제10장 필터의 특성과 위상 변이를 참조한다.

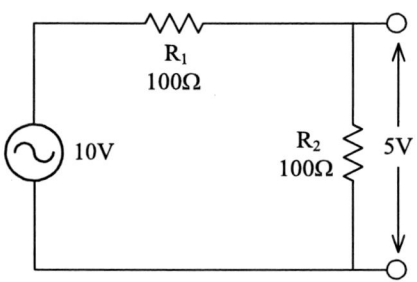

그림 5.9 저항 회로에서 출력 전압

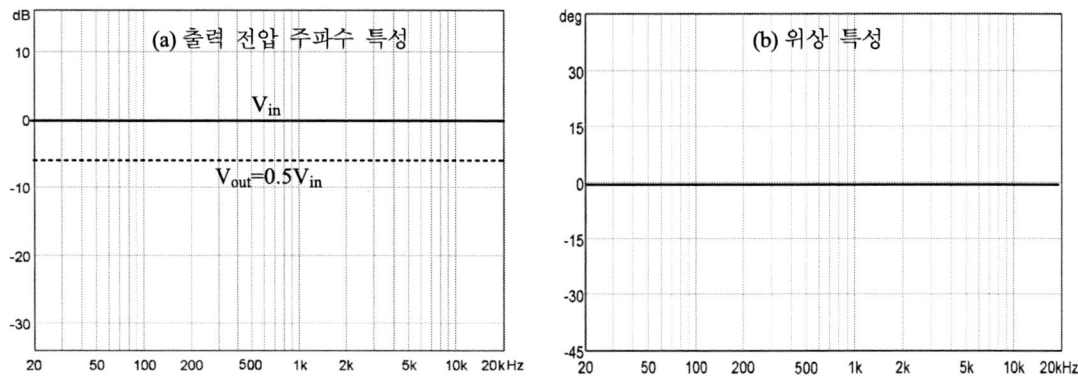

그림 5.10 그림 5.9의 저항 회로에서 출력 전압 주파수 특성과 위상 특성

제 6 장
임피던스

직류 회로와 교류 회로에서 저항은 전압과 전류의 비이고, 저항 양단의 전압과 전류는 동 위상이다. 따라서 저항 값은 주파수에 따라서 달라지지 않고 일정하다. 인덕터나 커패시터가 있는 교류 회로에서 저항도 전압과 전류의 비이지만, 주파수에 따라서 전압과 전류의 위상 차가 달라지고, 저항 값을 리액턴스(reactance)라고 한다.

리액턴스는 인덕터의 유도성 리액턴스와 커패시터의 용량성 리액턴스가 있다. 유도성 리액턴스는 인덕터에 의한 전류의 흐름을 방해하는 저항이고, 용량성 리액턴스는 커패시터에 의한 전류의 흐름을 방해하는 저항이다.

임피던스(impedance)는 저항, 유도성 리액턴스, 용량성 리액턴스로 구성되어 있다. 교류 회로에서 임피던스는 전압과 전류의 비이고, 주파수에 따라서 값이 달라진다.

음향 기술과 수학
Sound Engineering and Math

믹서, 앰프, 마이크 등 음향 기기들의 스펙을 보면 임피던스(impedance)라는 용어가 자주 나온다. 입력 임피던스(input impedance), 출력 임피던스(output impedance), 임피던스 매칭(impedance matching), 임피던스 브리징(impedance bridging) 등 많은 용어들이 있다.

건전지와 저항만 있는 회로에서(5장 그림 5.1 참조) 건전지는 전압을 발생시켜 회로에 전류를 흘리게 되고, 저항 값이 크면 전류는 적게 흐르게 된다. 이렇게 전류의 흐름을 방해하면서 저항의 양단에 전압 차가 발생된다. 그리고 전압과 전류는 동 위상이므로 주파수가 변해도 저항 값은 일정하다.

인덕터(inductor)와 커패시터(capacitor)가 있는 교류 회로에서 이것들도 저항과 같은 역할을 한다. 그러나 인덕터와 커패시터 양단에서는 주파수에 따라서 전압과 전류의 위상 차가 달라지므로 저항 값이 변하고, 이것을 리액턴스(reactance)라고 한다.

음향 기기의 회로는 저항, 커패시터, 인덕터가 조합되어 설계되어 있고, 트랜지스터와 IC와 같은 능동 소자들이 같이 들어 있다. 저항과 리액턴스가 포함된 회로의 저항을 임피던스(impedance)라고 한다. 임피던스는 Z로 표시하고, 단위는 저항과 같이 Ω(Ohm)을 사용한다. 그리고 신호의 주파수에 따라 전압과 전류의 위상 차가 달라지므로 임피던스 값도 달라진다.

1. 저항과 임피던스

저항만 있는 회로에서는 그림 6.1(a)와 같이 전압과 전류가 동 위상이므로 전압과 전류 비가 저항 값이 된다. 그러나 그림 6.1(b), (c)와 같이 인덕터(L)와 커패시터(C)가 포함되어 있는 회로에서는 주파수에 따라서 전압과 전류의 위상 차가 달라지므로 저항 값이 변하고, 이것을 리액턴스라고 한다.

리액턴스(X)는 인덕터의 유도성 리액턴스(X_L)와 커패시터의 용량성 리액턴스(X_C)가 있다. 임피던스는 저항과 리액턴스로 구성되어 있다(그림 6.2). Impede는 '방해하다'는 의미이다. 직류 회로에서는 저항이 전류의 흐름을 방해하고, 인덕터와 커패시터가 포함된 교류 회로에서는 임피던스가 전류의 흐름을 방해한다.

임피던스에서 실수 축에 해당하는 것이 저항(R)이고, 허수 축에 해당하는 것이 리액턴스(X)이다(그림 6.3). 따라서 임피던스를 이해하기 위해서는 복소수(1장 11절 참조)를 이해해야 한다.

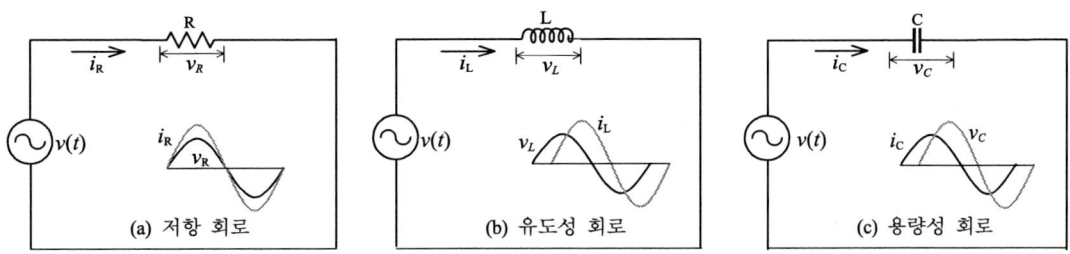

그림 6.1 저항 회로(a), 유도성 회로(b), 용량성 회로(c)에서 전압과 전류의 위상 차

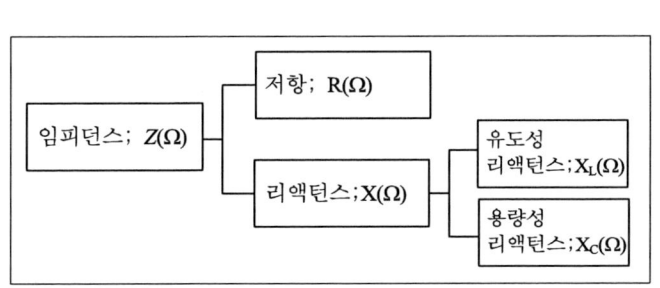

그림 6.2 임피던스의 요소

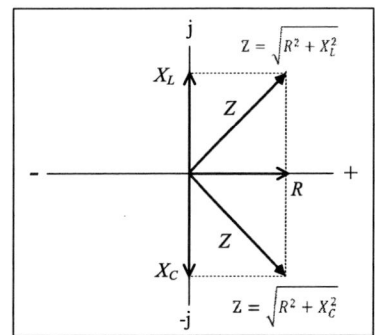

그림 6.3 복소 평면에서 저항과 리액턴스

2. 유도성 리액턴스

1) 인덕터의 특성

그림 6.4와 같이 도선을 감아서 코일을 만들면 인덕터(inductor)가 된다. 인덕터에 전류가 흐르면 자기장이 생기고, 전류가 변하면 자기장도 변화된다. 전류가 증가하면 자기장이 확장되고, 전류가 감소하면 자기장은 축소된다. 또한 자기장이 변하면 전류의 변화를 방해하는 방향으로 인덕터 양단에 유도 전압(induced voltage)이 발생된다.

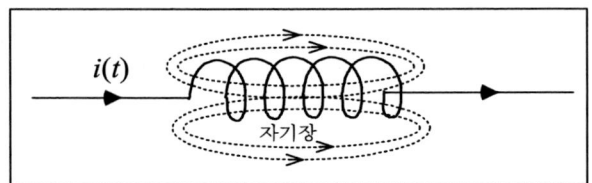

그림 6.4 도선을 감은 코일은 인덕터가 된다.

인덕터가 가지고 있는 고유의 성질을 인덕턴스(inductance)라고 하며, 전류의 변화에 따라 유도 전압을 만들어 내는 인덕터의 능력을 말한다. 기호는 L로 나타내고, 단위는 H(Henry)이다.

인덕터에 흐르는 전류가 1초당 1암페어의 비율로 변화하고, 1볼트의 전압이 유도될 때의 인덕턴스를 1H로 정의한다. 1H는 아주 큰 단위이고, 실제로는 mH 또는 μH의 인덕턴스를 사용한다.

인덕턴스는 저항과 같이 전류의 흐름을 방해하는 것이다. 전선을 10회 감은 코일보다 100회 감은 코일이 전압 변화에 대한 전류의 변화가 느리므로 같은 전류를 흘리는데 높은 전압이 필요하고, 인덕턴스가 큰 것이다.

전류가 변하면 자기장이 변하여 인덕터 양단 간에 전류의 변화를 방해하는 방향으로 유도 전압이 발생되고, 유도성 회로라고 한다. 인덕터의 유도 전압(v_L)은 그림 6.5와 같이 인덕턴스(L)와 전류 i(t)의 시간 변화율(di(t)/dt)에 따라서 달라지고, (6.1) 식과 같다.

$$v_L = L \frac{d}{dt} i(t) \qquad (6.1)$$

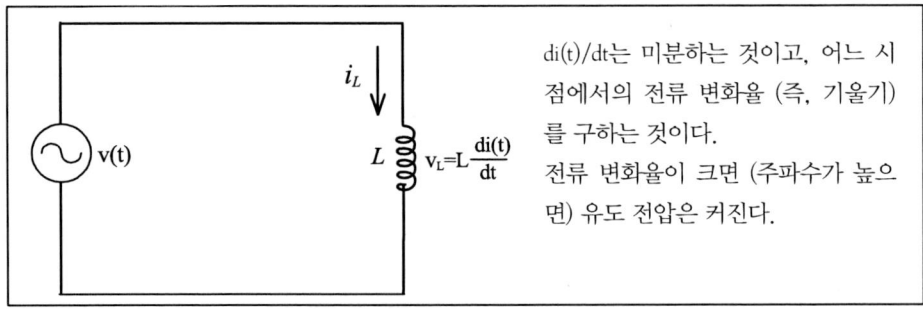

그림 6.5 인덕터에 유도되는 전압

유도 전압은 인덕터에 흐르는 전류 변화가 빠를수록(즉, 주파수가 높을수록) 그림 6.6(a)와 같이 전류 변화가 급격하고 유도 전압도 커진다. 그림 6.6(b)와 같이 di/dt가 + 방향으로 최대가 되면 유도 전압은 + 최대가 되고, di/dt가 - 방향으로 최대가 되면 유도 전압은 - 최대가 된다. 그리고 전류의 변화율이 0이면 유도 전압은 0이 된다.

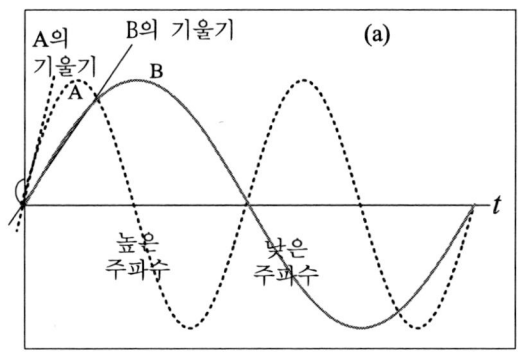 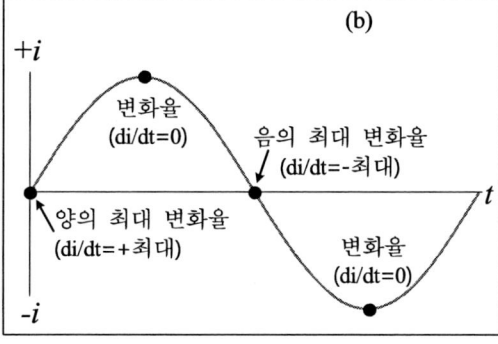

그림 6.6 인덕터에서 전류의 변화율

결과적으로 sin 파의 기울기를 구하면(미분하는 것과 같음) cos 파가 얻어진다(1장 그림 1.46, 1.47 참조). 이와 같이 인덕터에 sin 파 전류를 가하면, 그림 6.7과 같이 cos 파 전압이 유도된다. 그림 6.7(a), (b)는 유도성 회로에서 sin 파 전류와 cos 파 전압 파형을 나타내고, 전류가 전압보다 위상이 90도 늦는 것을 알 수 있다. 그림 (c)는 전압과 전류의 위상 관계를 페이저로 나타낸 것이다. 전류와 전압의 위상 차가 90도인 것은 순수 유도성 회로의 경우이고, 저항도 같이 있는 회로에서는 소자 값에 따라서 위상 차가 달라진다(예제 6.2 참조).

2) 유도성 리액턴스

유도성 리액턴스(inductive reactance)는 전류의 흐름을 방해하는 것이며, 단위는 옴(Ω ; Ohm)이고, 기호는 X_L로 표기한다. X_L은 $v_L=L(di/dt)$로부터 전류의 변화율은 주파수와 관계가 있고, 전류 변화가 빠르다는 것은 주파수가 높은 것을 의미한다. 주파수가 높으면 영 교차점에서 기울기가 급격하다. 즉, 영 교차점에서 di/dt가 가장 크다. 따라서 주파수가 증가하면 di/dt가 증가하고 v_L이 증가한다. 주파수가 낮아지면 di/dt가 감소되고, v_L도 감소된다.

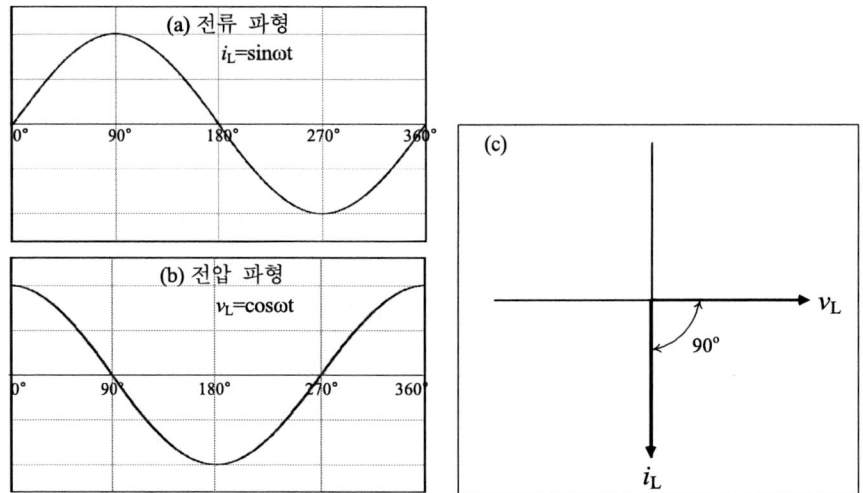

그림 6.7 유도성 회로에서 전류와 전압의 위상 관계

유도 전압이 증가하는 것은 저항(X_L)이 커지는 것을 의미한다. 그러므로 X_L은 유도 전압의 주파수에 비례한다. 그리고 di/dt가 일정하고 인덕턴스가 변하는 경우에 L이 증가하면 유도 전압도 증가되고, L이 감소되면 유도 전압이 감소된다.

이와 같이 X_L은 (6.2) 식과 같이 주파수와 인덕턴스에 비례한다. (6.2) 식에서 2π는 비례 상수이고, sin 파의 회전 운동과 관계된다.

$$X_L = 2\pi f L [\Omega] \qquad (6.2)$$

X_L은 그림 6.8과 같이 주파수가 낮아지면 작아지고, 주파수가 높아지면 커진다. 주파수가 높아지면 저항이 증가하여 전류가 적게 흐르고, 주파수가 낮아지면 저항이 감소하여 전류가 많이 흐르는 특성이므로 저역 통과 필터 소자로 사용된다(10장 필터의 특성과 위상 변이 참조).

그림 6.8에서 전류 변화는 점선으로 나타낸다. 따라서 그림 6.9와 같이 인덕터에 DC를 가하면 X_L은 0Ω(short 상태)이 되고, 주파수가 아주 높은 신호를 가하면 X_L은 $\infty\Omega$(open 상태)이 된다.

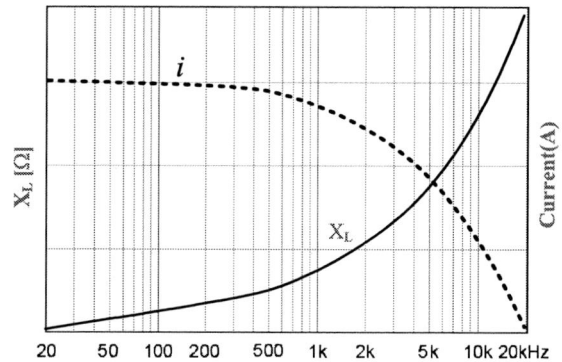

그림 6.8 X_L은 주파수가 높아지면 커지고, 전류는 감소된다.

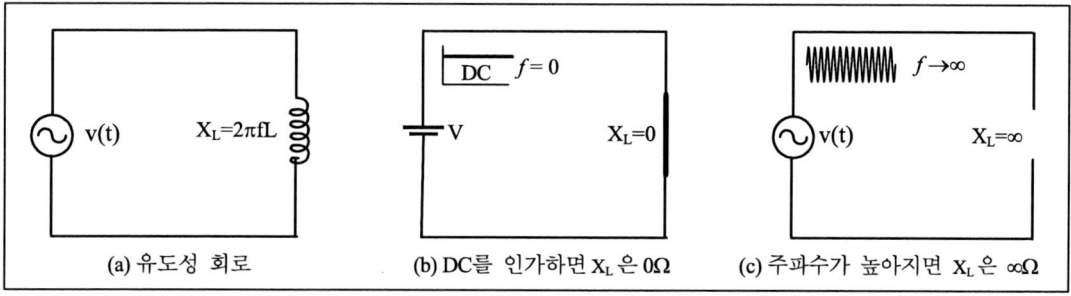

그림 6.9 인덕터에 DC를 가하면 오픈 상태(b), 주파수가 높은 신호를 가하면 short(c)가 된다.

유도성 리액턴스의 유도

인덕터에 sin 파 전류($i_L sinωt$)가 흐를 때, 전압 $v_L(t)$는 다음 식으로 구할 수 있다.

$$v_L(t) = L\frac{d}{dt}i(t) = L\frac{d}{dt}i_L sinωt = Li_L ωcosωt = ωLi_L sin(ωt + 90°) = jωLi_L sinωt$$

전류 앞의 j는 전압이 전류보다 90도 앞서는 것을 의미한다.

$$v_L = jωLi_L sinωt$$

$$\frac{v_L}{i_L sinωt} = jωL = X_L$$

$$∴ X_L = jωL = j2πfL [Ω]$$

> [예제 6.1] 100mH 코일에 1kHz와 10kHz를 인가한 경우에 각각의 유도성 리액턴스는 얼마인가?
>
> 1kHz를 인가한 경우; $X_L = 2\pi f L = 2\pi \cdot 1000 \cdot 100 \cdot 10^{-3} = 628[\Omega]$
>
> 10kHz를 인가한 경우; $X_L = 2\pi f L = 2\pi \cdot 10000 \cdot 100 \cdot 10^{-3} = 6280[\Omega]$
>
> 주파수가 높아지면 그림 6.8과 같이 X_L이 커진다.

그림 6.10(a)의 R L 직렬 회로에서 임피던스는 저항과 유도성 리액턴스 합으로 구한다. 유도성 리액턴스는 jωL이므로 복소 평면에 나타내면 그림 6.10(b)와 같이 jX_L이 된다.

따라서 임피던스는 (6.3) 식과 같이 나타낸다. 또, 전압과 전류의 위상 차는 (6.4) 식으로 계산한다.

$$Z = R + jX_L = \sqrt{R^2 + X_L^2}\,[\Omega] \qquad (6.3)$$

$$\theta = \tan^{-1}\left(\frac{X_L}{R}\right)° \qquad (6.4)$$

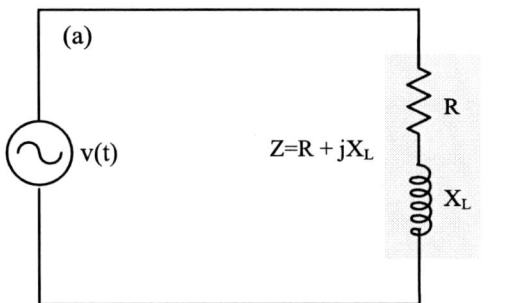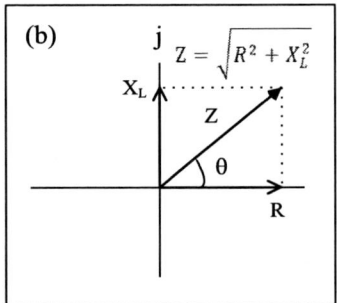

그림 6.10 R L 회로의 임피던스

[예제 6.2] 그림 6.11(a) 회로의 임피던스와 전압과 전류의 위상 차는 얼마인가?

$$Z = \sqrt{R^2 + X_L^2} = \sqrt{4^2 + 3^2} = \sqrt{25} = 5[\Omega]$$

$$\theta = \tan^{-1}\left(\frac{3}{4}\right) = 36.9°$$

임피던스를 페이저 형태로 나타내면 다음과 같다.

$$Z = 5\angle 36.9°$$

그림 6.11(c)의 저항 회로의 합성 저항은 7Ω이고, 전압과 전류는 동 위상이다.

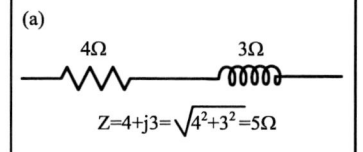
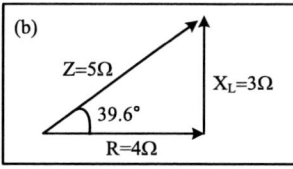
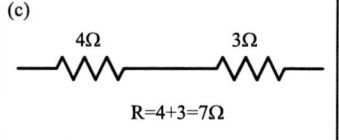

그림 6.11 R L 회로와 저항 회로의 임피던스

3. 용량성 리액턴스

1) 커패시터의 특성

그림 6.12와 같이 두 장의 금속 판 사이에 절연체로 만들어진 유전체를 끼워 넣은 소자를 커패시터(capacitor)라고 한다.

커패시터 양극에 전압을 가하면 한 쪽은 +, 다른 쪽은 - 전하가 서서히 축척되면서 전압이 발생되고, 양단을 전선으로 단락시키면 전류가 역방향으로 흘러 전하가 줄어들고 전압도 떨어진다.

역방향으로 전류를 흘리면 전하가 없어지고 나서 +, - 역의 전하가 축척된다. 전류를 흘리면 전압이 점차 증가되므로 커패시터는 전하를 모으게 된다.

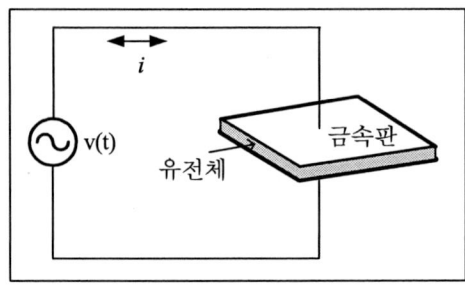

그림 6.12 커패시터

커패시터가 단위 전압당 도체판 양단에 저장할 수 있는 전하의 양을 커패시턴스 (capacitance)라고 한다. 커패시턴스는 전하를 저장하는 커패시터의 능력을 나타내고, 단위는 F(Farad)이다. 커패시터가 저장할 수 있는 단위 전압당 전하가 많을수록 커패시턴스는 커진다. Q는 전하(Coulomb), C는 커패시턴스(F), V는 전압(V)이다.

$$Q = CV \ [C] \quad\quad (6.5)$$

커패시터에 흐르는 전류 i_C는 커패시터 양단에 걸리는 전압의 순시 변화율에 커패시턴스를 곱한 것이고, (6.6) 식과 같다. 그림 6.13과 같이 커패시터 양단에 걸리는 전압이 빠르게 변할수록 전류가 커지는 것이다.

$$i_C = C\frac{d}{dt}v(t) \quad\quad (6.6)$$

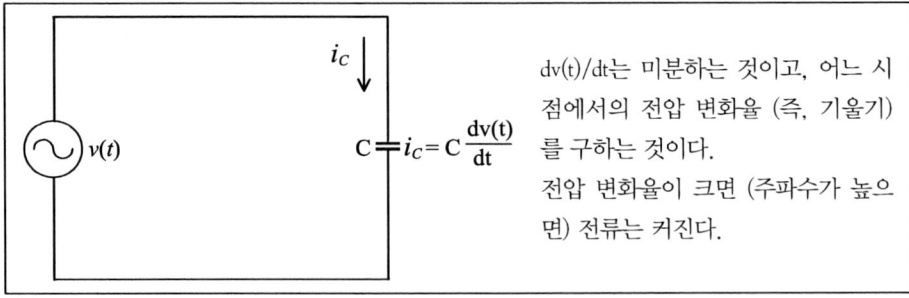

그림 6.13 커패시터에 유도되는 전류

커패시터 양단에 sin 파 전압 v(t)를 인가하면, 그림 6.14와 같이 전압 파형은 영 교차점에서 변화율(dv/dt)이 최대가 되고, 피크 점에서 변화율은 0이 된다. 그리고 dv/dt가 + 방향으로 최대가 될 때 i(t)는 + 최대가 되며, dv/dt가 - 방향으로 최대가 될 때 i(t)는 - 최대가 된다. 따라서 그림 6.15와 같이 커패시터에 sin 파 전압을 인가하면 cos 파 전류가 유도된다. 결과적으로 sin 파 전압의 기울기를 구하면(미분하는 것과 같음) cos 파 전류가 얻어진다(1장 그림 1.46, 1.47 참조).

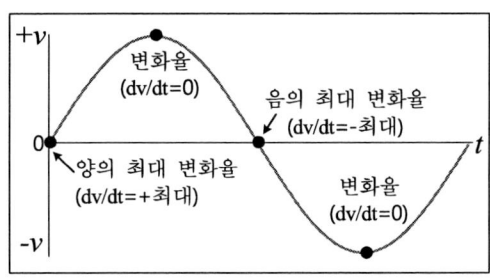

그림 6.14 커패시터에서 전압의 변화율

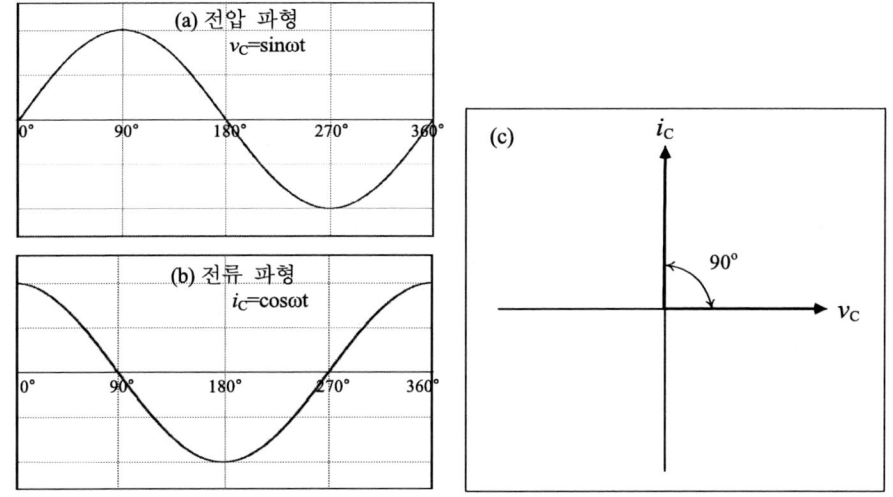

그림 6.15 용량성 회로에서 전압과 전류의 위상 관계

이와 같이 커패시터에 sin 파 전압을 가하면 cos 파 전류가 유도된다. 그림 6.15(a), (b)는 커패시터에서 sin 파 전압과 cos 파 전류 파형을 나타내고, 전류가 전압보다 위상이 90도 빠

른 것을 알 수 있다. 그림 (c)는 전압과 전류의 위상 관계를 페이저로 나타낸 것이다. 전압과 전류의 위상 차가 90도인 것은 순수 용량성 회로의 경우이고, 저항도 같이 있는 회로에서는 소자 값에 따라서 위상 차가 달라진다(예제 6.4 참조).

2) 용량성 리액턴스

용량성 리액턴스(capacitive reactance)는 전류의 흐름을 방해하는 것이며, 단위는 옴(Ω)이고 기호는 X_C로 나타낸다.

전압의 변화율은 주파수와 관계가 있다. $i_C = C(dv/dt)$ 식과 같이 전압의 변화율이 클수록 주파수의 변화가 크다. 즉, 주파수가 높을수록 전압의 변화율이 크다. 따라서 주파수가 증가하면 dv/dt도 증가하여 i_C도 증가된다.

또한 주파수가 낮아지면 dv/dt가 감소하여 i_C도 감소된다. i_C가 증가하는 것은 X_C가 작아지는 것을 의미하고, i_C가 감소한다는 것은 X_C가 커지는 것을 의미한다. 즉, X_C는 주파수에 반비례하는 것이다.

그리고 $i_C = C(dv/dt)$에서 (dv/dt)가 일정하고 C가 변하는 경우에 C가 증가하면 i_C는 증가되고(X_C는 감소), C가 감소되면 i_C도 감소(X_C는 증가)된다.

즉, 용량성 리액턴스 X_C는 f와 C에 반비례하는 것이다. 따라서 X_C는 1/fC와 비례 관계가 있고, (6.7) 식과 같다. (6.7) 식에서 2π는 비례 상수이고, sin 파의 회전 운동과 관계된다.

$$X_C = \frac{1}{2\pi fC} [\Omega] \quad (6.7)$$

그림 6.16과 같이 주파수가 낮아지면 X_C는 커지고, 주파수가 높아지면 X_C는 작아진다. 즉, 주파수가 높아지면 저항이 감소되므로 전류가 잘 흐르고, 주파수가 낮아지면 저항이 증가하여 전류가 잘 흐르지 않은 특성이므로 고역 통과 필터 소자로 사용된다(10장 필터의 특성과 위상 변이 참조).

그림 6.16에서 전류 변화는 점선으로 나타낸다. 그림 6.17과 같이 커패시터에 DC를 가하면 X_C는 ∞Ω(오픈 상태)이 되고, 주파수가 아주 높은 신호를 가하면 X_C는 0Ω(short 상태)이 된다.

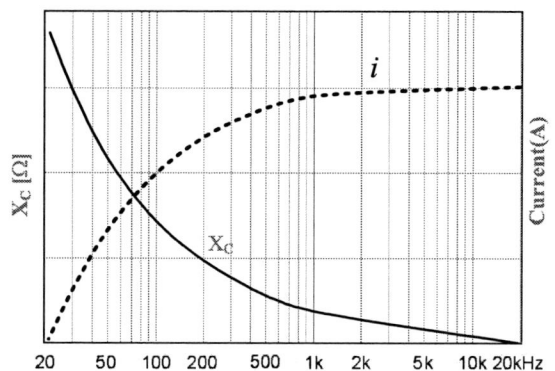

그림 6.16 Xc는 주파수가 높아지면 작아지고, 전류는 증가된다.

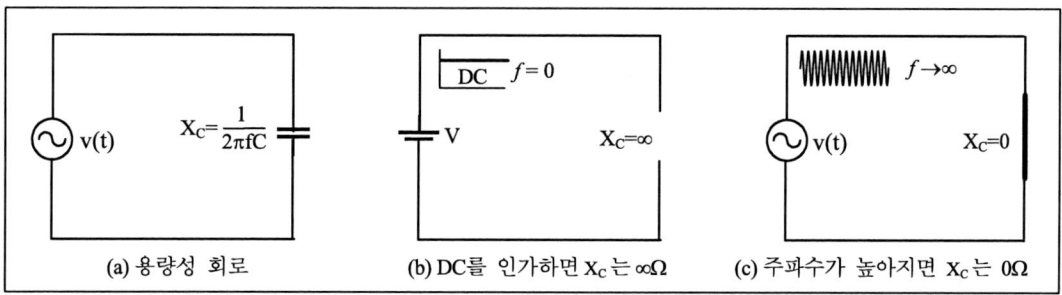

그림 6.17 커패시터에 DC를 가하면 오픈 상태(b), 주파수가 높은 신호를 가하면 short(c) 상태가 된다.

용량성 리액턴스의 유도

커패시터에 sin 파 전압($v_c sin\omega t$)을 인가하면 흐르는 전류 $i(t)$는 다음 식으로 구할 수 있다.

$$i(t) = C\frac{d}{dt}v(t) = C\frac{d}{dt}v_c sin\omega t = \omega C v_c cos\omega t = \omega C v_c \sin(\omega t + 90°) = j\omega C v_c \sin\omega t$$

전류가 전압보다 90도 앞선다.

$$\frac{v_c sin\omega t}{i} = \frac{1}{j\omega C} = X_C$$

$$X_C = \frac{1}{j\omega C} = \frac{1}{j2\pi fC} = \frac{-j}{2\pi fC}[\Omega]$$

* 참조; $sin\omega t$의 미분 $\omega cos\omega t$, $cos\omega t = sin(\omega t + 90°)$

[예제 6.3] 0.47μF 커패시터에 100Hz와 1kHz의 sin파가 각각 입력되었을 때 용량성 리액턴스는 얼마인가?

100Hz가 입력된 경우; $X_C = \frac{1}{2\pi f C} = \frac{1}{2\pi \cdot 100 \cdot 0.47 \times 10^{-6}} = 3388\Omega$

1000Hz가 입력된 경우; $X_C = \frac{1}{2\pi f C} = \frac{1}{2\pi \cdot 1000 \cdot 0.47 \times 10^{-6}} = 339\Omega$

주파수가 높아지면 그림 6.16과 같이 X_C가 감소된다.

그림 6.18의 R C 직렬 회로에서 임피던스는 저항 값과 용량성 리액턴스의 합으로 구한다. 용량성 리액턴스는 $1/j\omega C$이므로 복소 평면에 나타내면 그림 6.18(b)와 같이 $-jX_C$가 되고, 임피던스는 (6.8) 식으로 나타낸다. 그리고 전압과 전류의 위상 차는 (6.9) 식으로 구한다.

$$Z = R - jX_C = \sqrt{R^2 + X_C^2} \ [\Omega] \quad (6.8)$$

$$\theta = -\tan^{-1}\left(\frac{X_C}{R}\right)° \quad (6.9)$$

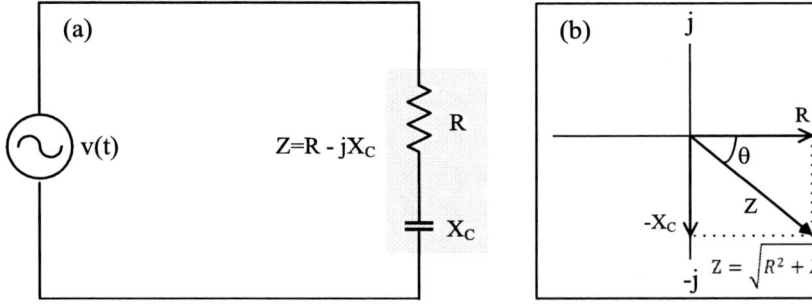

그림 6.18 R C 회로의 임피던스

[예제 6.4] 그림 16. 19(a) 회로의 임피던스와 전압과 전류의 위상 차는 얼마인가?

$$Z = \sqrt{R^2 + X_C^2} = \sqrt{4^2 + (-3)^2} = \sqrt{25} = 5[\Omega]$$

$$\theta = -\tan^{-1}\left(\frac{3}{4}\right) = -36.9°$$

임피던스를 페이저 형태로 나타내면 다음과 같다.

$$Z = 5\angle-36.9°$$

그림 6.19(c)의 저항 회로의 합성 저항은 7Ω이고, 전압과 전류는 동 위상이다.

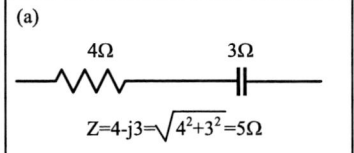
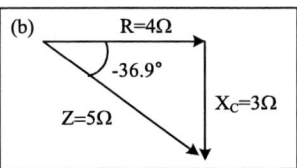
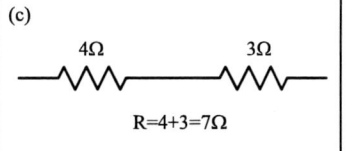

그림 6.19 R C 회로와 저항 회로의 임피던스

4. 임피던스

그림 6.20은 저항과 인덕터, 커패시터로 구성되어 있는 R L C 회로이다. X_L이 X_C보다 크면 유도성 회로이고, X_L이 X_C보다 작으면 용량성 회로이다. 유도성 리액턴스와 용량성 리액턴스는 위상 각이 서로 정반대(역 위상)이므로 두 리액턴스를 합한 전체 리액턴스 값은 각각의 리액턴스 값보다 작아진다. 임피던스의 크기와 위상 차는 각각 (6.10) 식과 (6.11) 식과 같다. 위상 각은 회로가 유도성이면 + 값이 되고, 용량성이면 − 값이 된다.

$$Z = R + j(X_L - X_C) = \sqrt{R^2 + (X_L - X_C)^2} = \sqrt{R^2 + X^2}[\Omega] \quad (6.10)$$

$$\theta = \pm\tan^{-1}\left(\frac{X}{R}\right)° \quad (6.11)$$

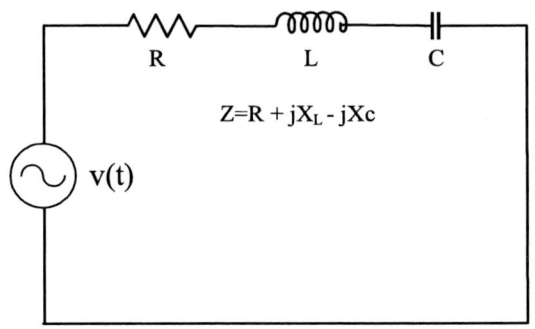 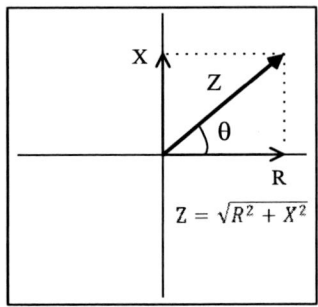

그림 6.20 R L C 회로

[예제 6.5] 그림 6.21 회로에서 임피던스와 전압과 전류의 위상 차는 얼마인가?

$$Z = R + j(X_L - X_C) = 75 + j(25 - 60) = \sqrt{75^2 + (-35)^2} = 82.8[\Omega]$$

$$\theta = -\tan^{-1}\left(\frac{35}{75}\right) = -25°$$

회로가 용량성이므로 위상 각은 −가 된다. 임피던스를 페이저 형태로 나타내면 다음과 같다.

$$Z = 82.8 \angle -25°$$

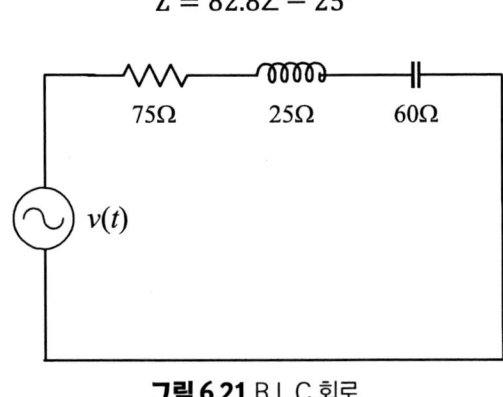

그림 6.21 R L C 회로

그림 6.22에는 소자별 전압과 전류와의 관계, 임피던스, 위상을 정리하여 나타낸다. 그림 6.23에는 회로별 임피던스를 나타낸다.

소자	심볼	전류와 전압	임피던스	위상	교류 특성	직류 특성
저항	 ─/\/\/─	$v = iR$	R	v와 i 동위상	전대역 통과	전대역 통과
인덕터	 ─⌒⌒⌒─	$i = L\dfrac{dv}{dt}$	$X_L = 2\pi f L$	v가 i보다 90도 빠름	저주파 통과	short
커패시터	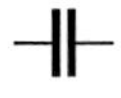 ─┤├─	$v = C\dfrac{di}{dt}$	$X_C = \dfrac{1}{2\pi f C}$	i가 v보다 90도 빠름	고주파 통과	open

그림 6.22 소자의 전압과 전류와의 관계, 임피던스, 위상

회로		임피던스
R L 회로	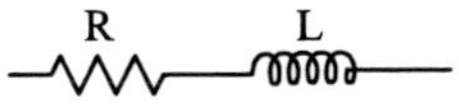 R ─/\/\/─ L ─⌒⌒⌒─	$Z = R + jX_L$
R C 회로	 R ─/\/\/─ C ─┤├─	$Z = R - jX_C$
R L C 회로	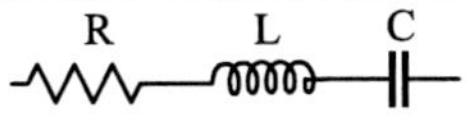 R ─/\/\/─ L ─⌒⌒⌒─ C ─┤├─	$Z = R + jX_L - jX_C$

그림 6.23 회로별 임피던스

5. 스피커의 임피던스

스피커 시스템은 아주 복잡한 전기 기계적인 소자(electromechanical device)이며, 그 동작을 정량화 하는 것은 간단하지 않다. 실제 스피커 임피던스는 저항 성분 이외에 유도성과 용량성 성분을 가지고 있다.

신호가 처음에 스피커에 가해지면 콘이 진동하기 전에 시간 지연이 생긴다. 이것은 콘이 무게를 가지고 있기 때문이다. 그리고 콘이 움직이기 시작하면 콘은 운동의 변화에 저항하게 된다. 따라서 앰프는 콘을 움직이기 위해서 더 많은 전류를 공급해야 한다. 앰프가 스피커를 진동시키면, 스피커에서는 역기전력 신호를 발생시켜 앰프의 전류 흐름을 방해하게 된다.

스피커는 질량과 스프링으로 구성된 시스템으로서 어떤 주파수에서는 질량 효과가 크고 (유도성 부하), 어떤 주파수에서는 스프링 효과가 크다(용량성 부하). 그리고 어떤 주파수

에서는 두 효과가 상쇄되어 저항성 부하가 되기도 한다. 이와 같이 스피커의 임피던스는 순수 저항이 아니고, 리액티브성 저항이다. 따라서 스피커의 임피던스 특성은 주파수에 따라서 저항성이 되기도 하고, 유도성 또는 용량성이 되기도 한다. 유도성과 용량성 성분이 같으면 순수 저항성이 된다. 표 6.1에는 스피커와 전기계의 대응 파라미터를 나타낸다. 그림 6.24에는 스피커의 등가 회로를 나타낸다.

표 6.1 스피커와 전기계의 대응 파라미터

스피커		전기계	
F	힘	V	전압
V	속도	I	전류
M	질량	L	인덕턴스
Cm	컴프라이언스	C	커패시턴스
Rm	기계 저항	R	전기 저항

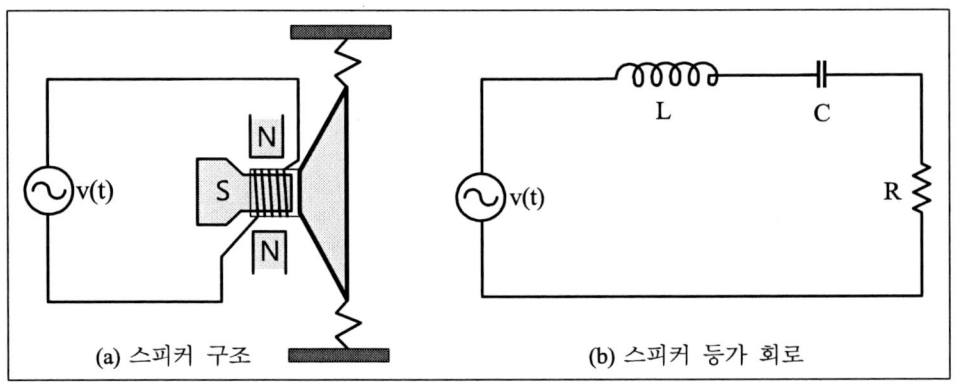

(a) 스피커 구조   (b) 스피커 등가 회로

그림 6.24 스피커의 등가 회로

이와 같이 스피커는 저항, 인덕터, 커패시터 특성을 다 가지고 있으므로 임피던스는 그림 6.25와 같다. 기계 저항은 저항, 진동판의 질량은 인덕터, 에지와 댐퍼의 컴플라이언스(compliance)는 커패시터에 대응된다.

$$Z = \sqrt{R^2 + (\omega L - 1/\omega C)^2} \qquad Z = R + \frac{(Bl)^2}{\sqrt{R_m^2 + (\omega M - 1/\omega C_m)^2}}$$

저항 유도성 용량성   코일 기계   진동판 에지와 댐퍼
      리액턴스 리액턴스   저항 저항   질량   컴프라이언스

(a) 전기 임피던스   (b) 스피커 임피던스

그림 6.25 전기 임피던스와 스피커 임피던스

일반적으로 스피커 임피던스의 주파수 특성은 그림 6.26과 같이 공진 주파수(resonance frequency, f_0)에서 피크가 생긴다. 진동판을 손으로 가볍게 두드릴 때 나는 '퐁퐁' 하고 울리는 소리의 주파수가 이것이다. 이 공진 주파수는 스피커가 재생할 수 있는 저음의 한계이다.

공진 주파수에서 임피던스가 상승하는 것은 보이스 코일에 낮은 주파수의 신호 전류가 흐르면, 공진 현상에 의해 진동판이 크게 움직이기 때문이다. 그리고 코일 주변에는 강력한 자계가 있으므로 코일이 움직이면 역기전력이 신호 전류를 방해하는 방향으로 발생하므로 임피던스가 상승한다.

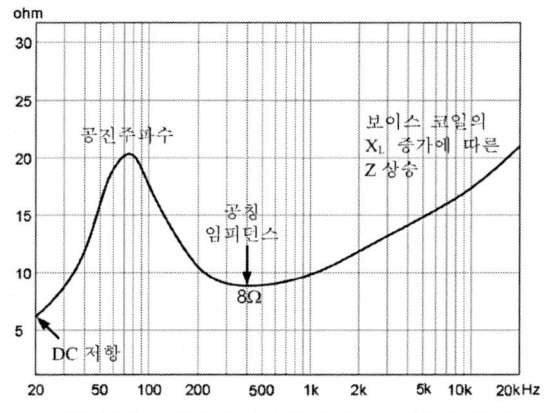

그림 6.26 스피커 유닛의 임피던스 주파수 특성 예

f_0 이상에서는 임피던스는 점점 낮아지고, 그림 6.26와 같이 공진 주파수 이상에서 최초로 임피던스가 극소가 될 때의 값을 공칭 임피던스(nominal impedance or rating impedance)라고 정의한다.

그리고 주파수가 증가하면 보이스 코일의 리액턴스($X_L=2\pi fL$)가 증가되므로 임피던스가 상승하게 된다. 그림 6.26의 임피던스 특성은 유닛의 특성이며, 인클로저와 네트워크 필터의 특성이 포함되면 더 복잡한 형태가 된다.

이와 같이 임피던스는 주파수에 따라서 값이 변하므로 하나의 수치로 나타낼 수 없지만, 공칭 임피던스는 스피커 시스템과 앰프의 매칭을 위해서 제조자에 의해서 결정되는 입력 임피던스 값이다. 공칭 임피던스는 앰프에서 본 가장 손실이 작은 전력을 끄집어 내기 위한 값이며, 대부분의 스피커 공칭 임피던스는 4, 8, 16Ω이다.

앰프의 출력 전압이 10V이고 스피커 임피던스가 8Ω이면, 파워는 12.5W($=10^2/8$)가 된다. 이것은 스피커 임피던스를 8Ω으로 앰프의 파워를 계산하였지만, 실제로 스피커의 임피던스는 주파수에 따라서 변한다.

고역에서는 임피던스가 커지므로 파워가 떨어지고 음압 레벨도 저하될 것이다. 그런데도 불구하고 스피커에서 발생되는 음압 레벨은 어떻게 평탄한 주파수 특성이 얻어지는가?

앰프는 정전압(constant voltage) 회로이므로 출력 전압은 그림 6.27과 같이 모든 주파수에서 부하 저항 값에 따라서 달라지지 않고 일정하다. 따라서 음압 레벨 주파수 특성도 평탄하게 나타난다. 정전압 회로에 대한 내용은 9장 3절을 참조한다.

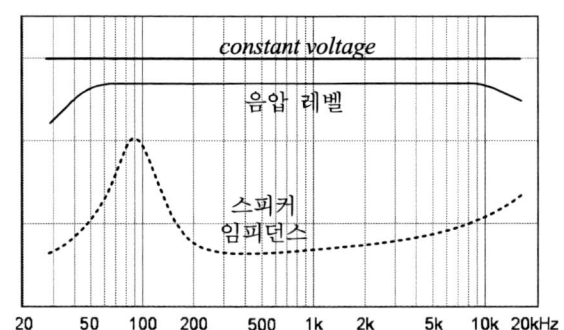

그림 6.27 앰프의 정전압 출력, 음압 레벨, 임피던스와의 관계

6. 앰프의 출력 임피던스

앰프의 출력 임피던스는 보통 명시되지 않지만, 댐핑 팩터(damping factor) 값으로 알 수 있다. 댐핑 팩터는 (6.12) 식과 같이 스피커 임피던스(Z_L)를 앰프의 출력 임피던스(Z_O)로 나눈 값이다.

$$DF = \frac{Z_L}{Z_O} \qquad (6.12)$$

스피커의 임피던스가 8Ω이고 앰프의 댐핑 팩터가 100이면, 앰프의 출력 임피던스는 0.08Ω이 된다. 또, 앰프의 출력 임피던스는 주파수에 따라서 다르므로 그림 6.28과 같이 댐핑 팩터의 주파수 특성으로 표기한다. 앰프의 출력 임피던스는 주파수가 높아지면 커지므로 그림 6.28과 같이 댐핑 팩터는 작아진다(출력 임피던스 측정 방법은 7장 참조).

대부분의 앰프 사양에서는 댐핑 팩터의 주파수 특성 대신에 그림 6.29와 같이 저음의 댐핑 팩터나 또는 저음과 고음에서의 댐핑 팩터만 표기한 경우가 많다. 그림 6.29의 예에서 250Hz 이하에서는 출력 임피던스는 0.02Ω(=8/400)이고, 주파수가 높아지면 임피던스가 상승하여 250Hz에서 10kHz까지는 0.16Ω(=8/50)이다.

그림 6.30에는 여러 종류의 앰프의 사양에서 댐핑 팩터를 표기한 예이다. 대부분의 앰프에서 저역의 DF만 표기한 경우가 많고, 이것은 저음(10~400Hz)의 댐핑 팩터가 음질에 영향을 많이 주기 때문이다.

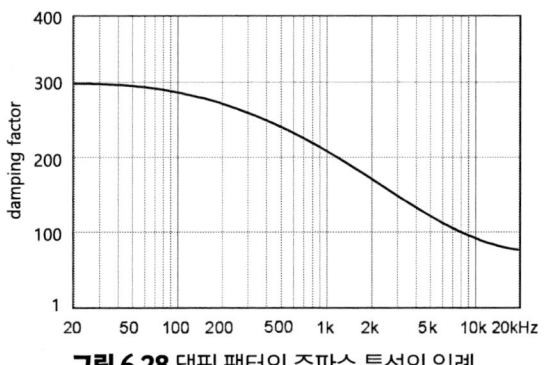

그림 6.28 댐핑 팩터의 주파수 특성의 일례

```
Damping Factor(8Ω  load)
400 minimum below 250Hz
50 minimum below 10kHz
```

그림 6.29 앰프의 댐핑 팩터 표기

- 앰프 1 **Damping Factor (8ohms), 10 Hz-400 Hz: > 200**
- 앰프 2 **Damping Factor (20Hz – 1 kHz): 330**
- 앰프 3 **Damping factor (100 Hz @ 4Ω): 100**
- 앰프 4 **Damping Factor: >18**

그림 6.30 앰프 제조사별 댐핑 팩터의 표기

또, 스피커 케이블의 저항 값은 앰프의 출력 임피던스에 더해져서 댐핑 팩터가 작아지는 원인이 되고, 음질에 많은 영향을 준다. 예를 들어 앰프의 출력 임피던스가 0.1Ω이고, 스피커 임피던스가 8Ω이면 댐핑 팩터는 80(=8/0.1)이다. 그런데 케이블의 저항 값이 0.3Ω이면 댐핑 팩터는 20{=8/(0.1+0.3)}으로 작아진다. 따라서 스피커 케이블은 저항 값이 낮은 것을 사용하고, 길이도 짧게 사용해야 한다.

7. 스피커 레벨의 임피던스와 라인 레벨의 임피던스

스피커는 라인 레벨 기기보다 낮은 임피던스로 설계하는 이유는 무엇일까? 이것은 전류가 주요 원인이다. 임피던스가 클수록 전류가 적게 흐르고, 임피던스가 작을수록 전류가 많이 흐른다. 음향 기기에서 사용하는 부품들은 작은 전류에서 동작한다.

전류가 많이 흐르면 민감한 전자 제품이 파손될 수 있다. 믹서, 이퀄라이저, 리코더 등의 음향 기기는 임피던스를 높게 해서 작은 전류로 동작하도록 하여 회로의 안전성을 좋게 하고, 비용도 절감하는 것이다.

반면에 스피커는 음향 기기의 출력 신호를 음으로 변환하기 위해 앞뒤로 진동해야 한다. 모터(보이스 코일과 자기 구조로 구성)는 음파로 변환하기 위해 상당한 전기 에너지를 가진 레벨의 신호가 필요하다. 상대적으로 견고하게 만들어진 스피커는 더 많은 전류가 필요하므로 임피던스를 낮게 만든 것이다.

스피커 레벨은 라인 레벨보다 전류가 많이 흐르므로 스피커 케이블은 라인 레벨(또는 마이크 레벨) 케이블보다 상대적으로 굵다.

라인 레벨 기기 간의 신호 전송은 신호 레벨이 낮고 임피던스가 크므로 외부 잡음이 유도되기 쉽다. 따라서 기기 간을 실드 선으로 연결하여 외부 잡음의 유도를 최소화 해야 한다. 실드 선은 케이블에 외부의 유도 잡음을 방지하기 위하여 내부의 전선을 원통형 정전 실드로 둘러싸고 있다.

유도를 방지하기 위해서는 송신 측과 수신 측 사이에 실드 선을 사용하여 유도된 잡음을 어스 라인으로 흐르도록 한다. 이와 같이 라인 레벨 기기 간의 연결은 실드 선을 사용하여 유도된 잡음을 제거하는 것이다.

그러나 앰프와 스피커를 연결하는 스피커 케이블은 실드 선을 사용하지 않는다. 이것은 앰프 출력 신호는 고 레벨(high level, 수 십V 단위)이고, 케이블에 잡음이 유도되어도 증폭되지 않고 신호에 영향을 주지 않기 때문이다.

스피커 케이블에도 잡음이 유도되지만, 앰프의 출력 임피던스가 낮으므로(0.1Ω 이하) 잡음이 거의 유도되지 않는다. 만약 스피커 선 대신에 실드 선을 사용하면, 그림 6.31(b) (c)와 같이 저항과 콘덴서 회로로 구성된 저역 통과 필터가 형성되므로(10장 그림 10.7 참조) 고역이 감쇠되어 음질이 열화된다. 또, 실드 선이 길어지면 정전 용량(C)이 커지므로 차단 주파수도 낮아지고, 고역 감쇠가 많아진다.

그림 6.32에는 시스템 구성에서 신호 레벨에 따라서 사용하는 케이블 종류를 나타낸다. 마이크 레벨(mic level, mV 단위)과 라인 레벨(line level, 1V 전후) 기기는 잡음이 음향 기기로 유입되지 않도록 실드 선을 사용한다.

이상을 정리하면, 신호 레벨이 낮고 임피던스가 큰 기기(마이크, 믹서, 음향 효과기 등)들을 연결할 때에는 실드 선을 사용하여 외부 유도 잡음을 차단한다. 그리고 레벨이 높고 임피던스가 작은 기기(앰프)를 연결할 때에는 스피커 케이블을 사용한다.

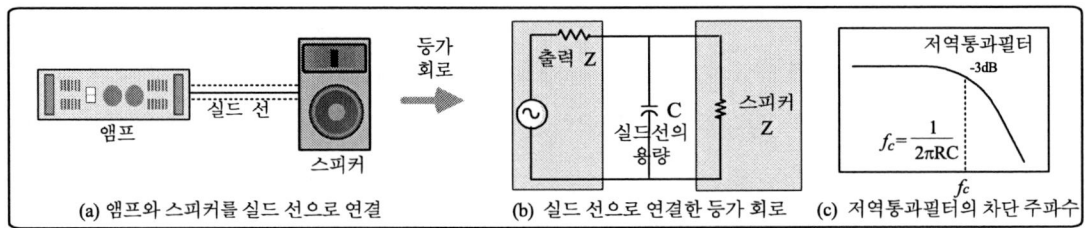

그림 6.31 앰프와 스피커를 실드 선으로 연결하면 저역 통과 필터가 형성된다.

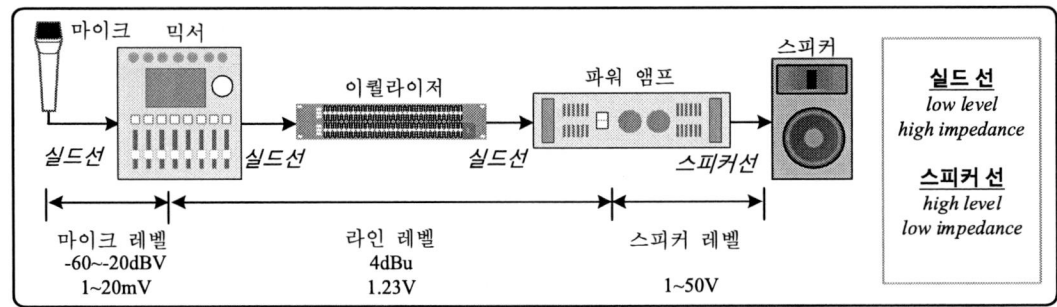

그림 6.32 신호 레벨과 임피던스에 따라서 사용하는 케이블 종류

제 7 장
등가 회로와 임피던스 측정

    음향 기기들을 연결하는 경우에 임피던스 매칭이나 임피던스 브리징을 해야 한다. 이러한 경우에 기기의 세부적인 회로는 알 필요가 없지만, 기기의 입력 임피던스와 출력 임피던스는 알아야 한다. 음향 기기의 입출력 임피던스를 구하기 위해서는 입력과 출력의 전압을 측정하여 등가 회로를 구해야 한다. 등가 회로는 어느 특정 지점에서 복잡한 회로를 간략하게 그린 것을 말한다.

    출력 임피던스는 뒤 단에 연결된 기기로 얼마나 많은 신호를 내보낼 수 있는가를 나타내는 척도이다. 그리고 입력 임피던스는 앞 단에 연결된 기기로부터 얼마나 많은 신호를 받아들일 수 있는가를 나타내는 척도이다.

회로 해석을 하는 경우에 회로 내의 모든 소자에 걸리는 전압이나 전류를 구하지 않고, 특정 저항에서의 전압이나 전류를 구해야 하는 경우가 많다.

그림 7.1(a)와 같이 복잡한 회로에서 적절한 변환 과정을 거치면, 부하 임피던스 Z_L에 흐르는 전류를 구할 수 있다. 즉, 전압원을 포함한 단자 A B 왼쪽 회로는 그림 7.1(b)와 같이 전압원 V_O와 출력 임피던스 Z_O가 직렬로 연결된 등가 회로로 변환할 수 있다. 이 등가 회로는 A B 단자에서만 등가이며, 회로의 다른 단자에서의 등가 회로는 다시 구해야 한다. 즉, 등가 회로는 어느 특정 지점에서 복잡한 회로를 간단하게 그린 것을 말한다.

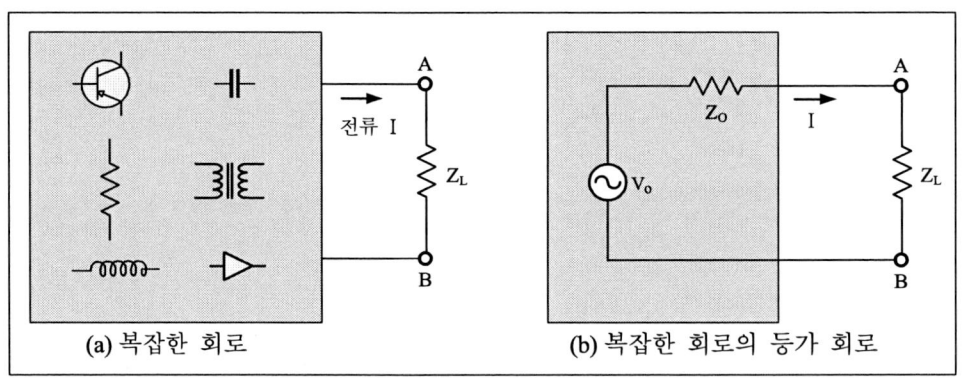

그림 7.1 복잡한 회로를 간단한 등가 회로로 변환

1. 등가 회로

등가 회로(equivalent circuit) 변환 방법으로는 테브난 등가 회로(Thevenin equivalent circuit)가 있다. 이 방법은 복잡한 회로를 전압원과 직렬로 연결되는 저항 회로로 변환하는 것이다. 등가 회로는 회로의 출력 전압과 합성 저항 값을 구하는 것이다.

그림 7.2(a) 회로의 등가 회로를 구해 본다. 먼저 전압원은 단락(short)시키고, 저항만 남은 상태에서 합성 저항을 구한다. short는 전류가 어떠한 저항없이 흐르는 것을 의미하므로 그림 7.2(b)와 같이 전선으로 연결되어 있는 것과 같다. 이 상태에서 합성 저항을 구한다. R_1과 R_2는 직렬 연결이고, 이것은 R_3와 병렬로 연결되어 있으므로 이것들을 합성 저항은 100Ω이 된다. 또, 이것과 R_4는 직렬로 연결되어 있으므로 전체 합성 저항은 200Ω이 되고,

이것이 기기의 출력 임피던스이다.

다음에 그림 7.3(a) 회로의 출력 단에서의 전압을 구한다. 출력 단자가 open 상태이므로 R_4 100Ω에는 전류가 흐르지 않으므로 무시한다. 그러면 전압원에 R_1, R_2, R_3가 직렬로 연결된 회로가 된다. 따라서 전압 분배 법칙에 따라 R_3와 R_1, R_2에 각각 같은 비율로 전압이 분배되어 5V의 전압 강하가 생기므로 출력 단에서 전압은 5V가 된다. 그 결과 등가 회로는 그림 7.3(b)와 같이 된다. 이와 같이 복잡한 회로를 전압원과 저항으로 구성된 간단한 등가 회로로 나타낼 수 있다.

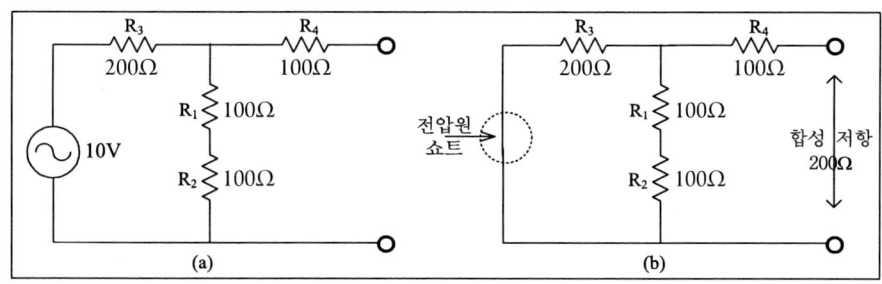

그림 7.2 (b)는 (a)의 전원을 단락(short)시킨 회로이다.

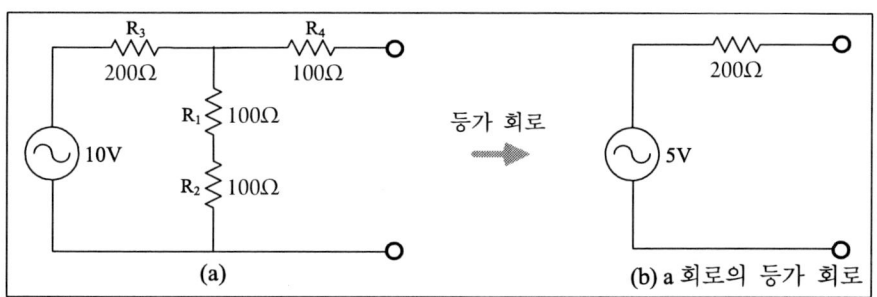

그림 7.3 등가 회로

이와 같이 등가 회로는 어떤 요소(이 경우에는 출력 신호)에만 주목하여 회로의 여러가지 요소를 가장 간단한 형태로 나타낸 것이다. 등가라고 하는 것은 완전히 똑 같다는 의미이지만, 여기에서는 간략화 했다고 하는 것이 적절한 표현이다. 그림 7.4에는 앰프와 스피커를 연결한 경우의 등가 회로를 나타낸다. 등가 회로에는 앰프의 출력 전압(V_O)과 출력 임피던스(Z_O), 그리고 스피커의 입력 임피던스(Z_i)만 나타내고 있다.

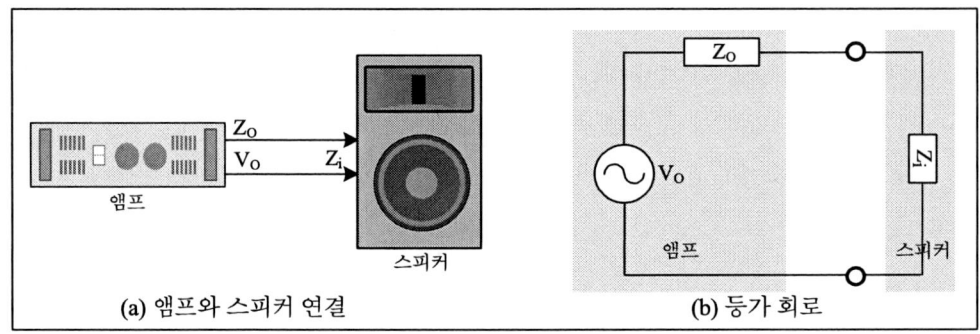

그림 7.4 앰프와 스피커 연결의 등가 회로

2. 출력 임피던스와 입력 임피던스

그림 7.5와 같이 A와 B 두 대의 음향 기기를 연결한 등가 회로에서 A 기기는 전압원 V_o와 내부 임피던스 Z_o로 나타내고, 부하인 B 기기는 Z_i로 나타내고 있다. 이와 같이 두 대의 음향 기기를 연결한 경우에 회로를 해석할 때, 등가 회로를 사용하면 간편하게 해석할 수 있다.

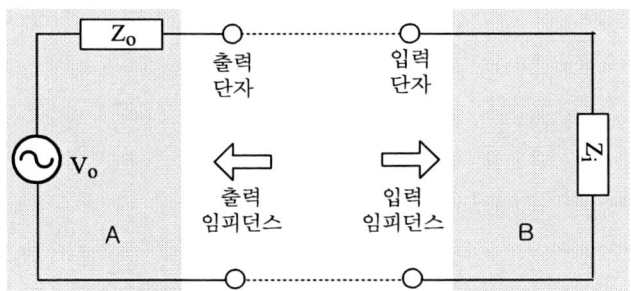

그림 7.5 기기의 출력 임피던스와 입력 임피던스

A 기기의 Z_o는 신호를 출력하는 측의 내부 저항으로서 출력 임피던스(Output Impedance)라고 한다. 이것은 단순한 저항이 아니라 전류 흐름을 방해하는 모든 요인들을 통틀어 나타낸 것이다. 신호의 주파수에 따라서 저항 값과 위상이 달라지므로 저항보다 넓은 의미의 출력 임피던스라고 한다.

B 기기의 Z_i는 신호를 받아들이는 측의 입력 단자 쪽에서 보았을 때 회로 내부의 저항적인 요소를 통틀어 나타낸 것이고, 입력 임피던스(Input Impedance)라고 한다.

출력 임피던스는 뒤 단에 연결된 기기로 얼마나 많은 신호를 내보낼 수 있는가를 나타내는 척도이다. 그리고 입력 임피던스는 앞 단에 연결된 기기로부터 얼마나 많은 신호를 받아들일 수 있는가를 나타내는 척도이다. 그림 7.6에는 앰프의 출력 임피던스와 스피커의 입력 임피던스를 나타낸다. 이 내용은 8장 임피던스 매칭과 9장 임피던스 브리징에서 필요한 내용이다.

임피던스는 주파수에 따라서 달라지지만, 음향 기기의 사양에서는 1kHz에서 임피던스 값만 표기하는 경우가 많다(9장 표 9.1 참조).

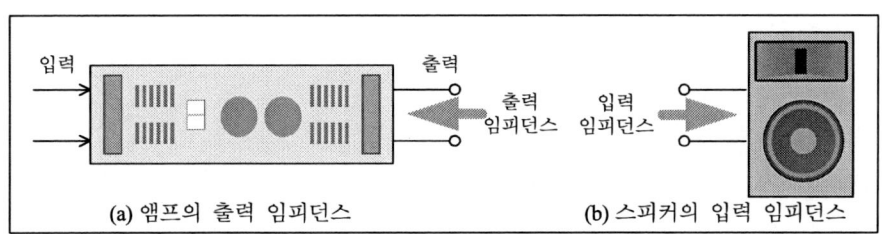

그림 7.6 앰프의 출력 임피던스와 스피커의 입력 임피던스

3. 출력 임피던스 측정

출력 임피던스는 그림 7.7에서 1kHz 전압원을 기기에 인가하여 부하 저항이 없는 상태에서 출력 단자에서의 전압(V_O)을 측정하고, 다음에 부하 저항 Z_i를 연결한 상태에서 Z_i 양단의 전압(V_i)을 측정하여 (7.1) 식으로 계산한다.

$$V_i = V_O \frac{Z_i}{Z_O + Z_i}$$

$$V_i Z_O + V_i Z_i = V_O Z_i$$

$$V_i Z_O = V_O Z_i - V_i Z_i = Z_i(V_O - V_i)$$

$$Z_O = Z_i \times \left(\frac{V_O - V_i}{V_i}\right) [\Omega] \qquad (7.1)$$

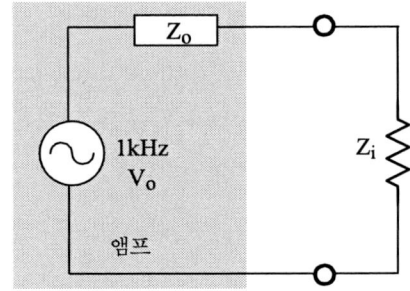

그림 7.7 출력 임피던스의 측정

Z_O; 출력 임피던스
V_O; 부하 저항이 없는 상태에서 출력 단자에서 측정한 개방 회로 전압
V_i; 부하 저항을 연결한 상태에서 출력 단자에서 측정한 전압
Z_i; 부하 저항

가변 저항기를 사용하는 경우에는 다음과 같이 측정한다. 먼저 부하를 연결하지 않은 상태에서 전압을 측정한다. 그리고 가변 저항기를 연결하여 아주 높은 저항 값으로 설정하고, 저항기의 값을 점점 낮추어 가면서 출력 전압을 측정한다. 측정 전압이 저항기를 연결하지 않았을 때의 값과 같은 값이 나오면, 그때 저항기의 저항 값이 출력 임피던스이다.

4. 입력 임피던스 측정

입력 임피던스는 그림 7.8과 같이 1kHz 전압원을 기기에 인가하고 테스트 저항(R_S)이 없는 상태에서 출력 단자에서의 전압(V_O)을 측정한다. 다음에 R_S을 연결한 상태에서 R_S 양단의 전압(V_i)을 측정하여 (7.2) 식으로 계산한다.

$$Z_i = R_S \times \left(\frac{V_i}{V_O - V_i}\right) [\Omega] \qquad (7.2)$$

Z_i: 입력 임피던스
R_S: 테스트 직렬 저항

V_O: R_S가 0일때, 제너레이터의 출력 전압

V_i: R_S 양단의 전압

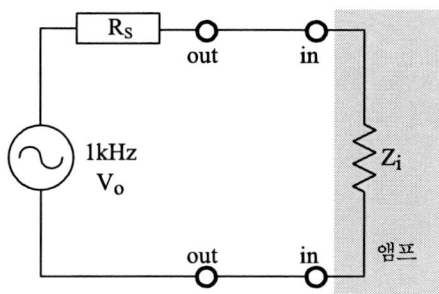

그림 7.8 입력 임피던스의 측정

제8장
임피던스 매칭

    음향 기기들을 연결하는 경우에 앞 단 기기의 출력 임피던스와 뒤 단 기기의 입력 임피던스를 같게 하면, 앞 단 기기의 파워를 뒤 단 기기로 최대한 전달할 수 있고, 이것을 임피던스 매칭이라고 한다.

    그러나 임피던스를 매칭시키면 파워는 최대로 전달되지만, 효율이 50%로 낮다. 통신이나 초고주파수 대역에서는 임피던스 매칭을 하지만, 오디오 대역에서는 임피던스 매칭을 하지 않고, 임피던스 브리징을 한다.

1. 임피던스 매칭

그림 8.1과 같이 A와 B 두 음향 기기를 연결할 때, A 기기로부터 B 기기로 파워가 최대로 전송(maximum power transfer)되는 조건에 대해서 알아본다.

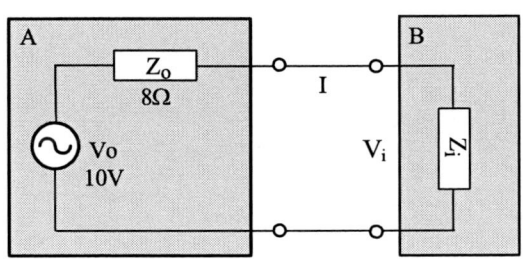

그림 8.1 기기 간의 파워 전송

그림 8.1에서 A 기기의 전압원이 V_o, 출력 임피던스가 Z_o이고, B 기기의 입력 임피던스가 Z_i일 때 회로에 흐르는 전류는 다음과 같다.

$$I = \frac{V_o}{Z_o + Z_i} \, [A] \qquad (8.1)$$

B 기기의 입력 전압 V_i는 다음과 같다.

$$V_i = Z_i \cdot I = Z_i \frac{V_o}{Z_o + Z_i} \, [V] \qquad (8.2)$$

Z_i에서 소비되는 파워는 $P = V_i \cdot I$이다.

$$P = V_i \cdot I = V_o^2 \frac{Z_i}{(Z_o + Z_i)^2} = \frac{V_o^2 Z_i}{Z_0^2 + 2Z_0 Z_i + Z_i^2} = \frac{V_o^2}{Z_0^2/Z_i + 2Z_0 + Z_i} \, [W] \qquad (8.3)$$

V_o와 Z_o가 고정된 조건에서 Z_i가 얼마일 때 Z_i에 파워가 최대로 전달되는지 구해 본다. (8.3) 식에서 분모가 최소가 되면 파워가 최대가 되므로 분모를 Z_i로 미분하면 된다.

$$\frac{d}{dZ_i}\left(\frac{Z_0^2}{Z_i} + 2Z_0 + Z_i\right) = -\frac{Z_0^2}{Z_i^2} + 1$$

미분한 결과, $-Z_o^2/Z_i^2+1$이 0이 되는 조건은 $Z_o^2/Z_i^2=1$이다. 따라서 출력 임피던스와 입력 임피던스가 같을 때($Z_o=Z_i$), 뒤 단 기기로 파워가 최대로 전달된다. 이 때 최대 파워 값은 (8.4) 식과 같다.

$$P_{max} = V_i \cdot I = V_o^2 \frac{Z_i}{(Z_o+Z_i)^2} = V_o^2 \frac{Z_i}{(Z_i+Z_i)^2} = \frac{V_o^2 Z_i}{4Z_i^2} = \frac{V_o^2}{4Z_i}[W] \quad (8.4)$$

이와 같이 두 기기의 출력 임피던스와 입력 임피던스를 같게 하여 음향 기기를 연결하는 것을 임피던스 매칭(impedance matching)이라고 한다. 그림 8.1에서 Z_o와 같은 입력 임피던스, 즉 Z_i가 8Ω일 때 파워가 최대로 전달되고, 이 조건에서 최대 파워는 (8.4) 식으로 계산하면 다음과 같이 3.1W가 된다.

$$P = \frac{V_o^2}{4Z_i} = \frac{10^2}{4 \times 8} = 3.1[W]$$

표 8.1에는 입력 임피던스 Z_i에 따라서 다음 단 기기로 전달되는 파워를 계산한 것을 나타낸다. 앰프의 출력 임피던스가 8Ω일 때, Z_i가 0Ω이면 파워 전송은 0W가 되고, Z_i가 8Ω에서 파워가 최대가 된다. 그리고 Z_i가 더 커지면 파워는 점점 감소된다(그림 8.2).

표 8.1 입력 임피던스 Zi에 따른 전송되는 파워 값

입력 임피던스	전류 {I=V_o/(Z_o+Z_i)}	파워 (P=I^2Z)
Z_i = 0Ω	I=10/8=1.25A	P=$1.25^2 \times 0$=0W
Z_i = 4Ω	I=10/12=0.83A	P=$0.83^2 \times 4$=2.76W
Z_i = 8Ω	I=10/16=0.625A	P=$0.625^2 \times 8$=3.1W
Z_i = 16Ω	I=10/24=0.417A	P=$0.417^2 \times 16$=2.8W
Z_i = 32Ω	I=10/40=0.25A	P=$0.25^2 \times 32$=2W

전압원의 크기나 내부 저항을 변화시킬 수 없는 상태에서 부하 임피던스로 최대 파워를 전달하려면, 부하 임피던스를 전압원의 내부 임피던스와 같게 하면 된다. 그러나 최대 파워 전달은 최대 효율을 얻는 것과 같은 의미가 아니다. 효율은 유효한 출력 파워를 입력 파워로 나눈 값이고, 최대 효율은 100%이다.

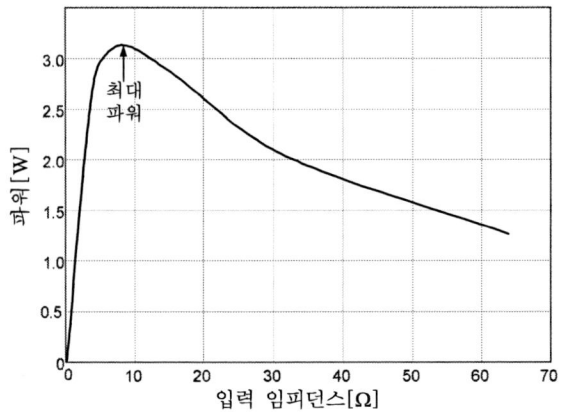

그림 8.2 출력 임피던스와 입력 임피던스가 같을 때 뒤 단으로 파워가 최대로 전달된다.

최대 파워를 전달하면 부하에서 소비된 파워가 전체 파워의 절반밖에 되지 않으므로 효율은 50%가 된다. 임피던스 매칭을 하면 $Z_o = Z_i$이므로 Z_o에서의 소비 파워와 Z_i에서의 소비 파워가 같다. 따라서 부하에 걸리는 전압은 전압 분배 법칙에 따라 그림 8.3과 같이 전압원의 0.5배가 되므로 $-6dB(=20\log 0.5)$가 손실된다.

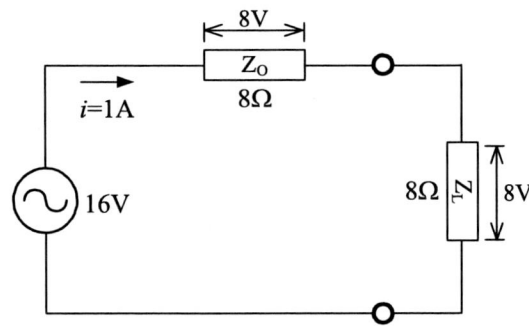

그림 8.3 임피던스 매칭 시 부하 임피던스에서의 전압은 전압원의 0.5배가 된다.

예를 들어 앰프와 스피커를 임피던스 매칭시키면, 스피커에서 소비된 것과 같은 파워가 앰프 내부에서도 소비된다. 예를 들어 50W 파워의 스피커인 경우에 앰프 내부에서도 50W가 소비되므로 총 100W가 소비되는 것이다.

실제로 앰프의 출력 임피던스가 8Ω인 것은 존재하지 않는다. 앰프와 스피커를 임피던스 매칭시키면 효율은 50%밖에 되지 않는 문제점도 있지만, 댐핑 팩터(damping factor)가 아주 작다. 댐핑 팩터는 스피커 임피던스를 앰프의 출력 임피던스로 나눈 것이고, 클수록 좋다(6장 임피던스 6절 참조). 앰프와 스피커를 임피던스 매칭시키면 댐핑 팩터가 1이 되고, 음질이 좋지 않다. 댐핑 팩터는 특히 저음의 음질에 미치는 영향이 크고, 값이 클수록 타이트하고 힘이 있는 저음이 재생된다. 댐핑 팩터가 작으면 과도 특성이 나쁘고, 저음은 힘이 없으며 부드러운 음으로 들린다. 앰프의 출력 임피던스가 작을수록 댐핑 팩터는 커진다.

따라서 임피던스 매칭이 항상 필요한 것이 아니다. 음향 시스템에서는 기기 간의 최대 파워 전달보다 전압 전송 효율이 더 중요하다. 앰프는 상당한 파워가 필요하고 효율이 높아야 하므로 출력 임피던스를 스피커 임피던스에 비해서 아주 작게(0.1Ω 이하) 설계하여 정전압 전송을 한다. 앰프의 출력 임피던스가 작을수록 스피커에 전달되는 전압이 커지고, 이것을 임피던스 브리징(impedance bridging)이라고 한다. 이것은 기기 간의 전압 전송 효율을 높이기 위해서는 앞 단의 출력 임피던스보다 뒤 단의 입력 임피던스를 크게 하는 것이다. 이 내용은 9장 임피던스 브리징을 참조한다.

진공관 앰프는 출력 임피던스가 크기 때문에 스피커와 연결할 때에는 매칭 트랜스를 사용하여 반드시 임피던스 매칭을 해야 한다. 그러나 앰프는 정전압 회로이고(9장 3절 정전압 회로 참조), 출력 임피던스를 아주 작게 설계하여 임피던스 브리징을 한다.

그러나 초고주파 대역(전파)에서는 임피던스 매칭이 반드시 필요하다. 그 이유는 전송 도중에 손실된 파워를 증폭하는 증폭기가 없기 때문에 파워가 최대로 전달되도록 임피던스 매칭을 해야 한다. 예를 들어 그림 8.4와 같이 안테나와 TV를 연결할 때, 기기 간의 매칭 트랜스를 삽입하여 임피던스를 매칭시켜 최대 파워가 전달되도록 한다.

초고주파 대역에서 임피던스 매칭이 필요한 또 다른 이유는 부하에서의 신호 반사를 최소화하기 위해서이다(그림 8.5). 신호원과 부하 임피던스가 각각 Z_O와 Z_L이면, 반사 계수 R은 (8.5) 식과 같다. 임피던스가 매칭되면, 즉 $Z_O=Z_L$이면 부하에서의 반사는 제로가 된다.

$$R = \left|\frac{Z_L - Z_O}{Z_L + Z_O}\right| \qquad (8.5)$$

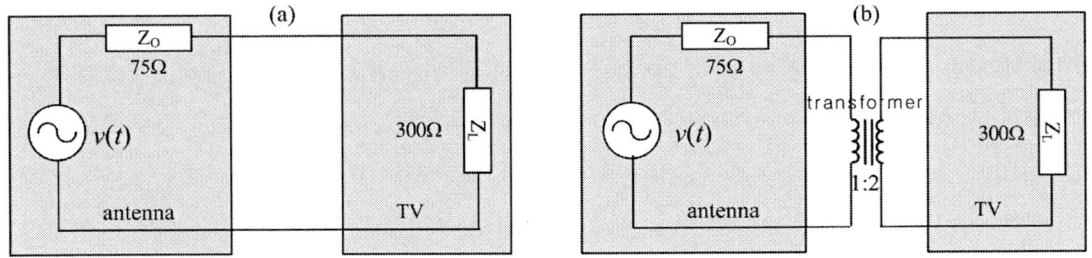

그림 8.4 안테나와 TV를 연결할 때에 매칭 트랜스를 삽입하여 임피던스를 매칭시킨다.

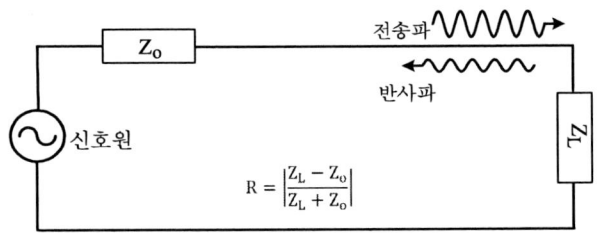

그림 8.5 전송 선로에서의 반사

이 반사는 초고주파나 고속의 펄스 신호를 전송하는 경우에 생기는 문제로서 고주파수에서는 부하에서의 반사를 최소화 하기 위해서 임피던스 매칭을 해야 한다. 고속 펄스 신호를 부하로 전송할 때, 신호원의 임피던스와 부하의 임피던스가 일치하지 않으면 부하까지 전달된 신호의 일부가 반사되어 신호원 쪽으로 반사되어 오고, 그 반사파가 다시 신호원 쪽에서 반사하여 부하 측으로 전달되어 파형이 왜곡된다. 만약 정현파와 같은 연속 신호를 전송하는 경우에는 반사가 일어나면 정재파가 발생되는 문제가 생긴다.

결론적으로 초고주파수 대역에서는 임피던스 매칭을 하고, 오디오 주파수 대역에서는 임피던스 브리징을 한다.

2. 매칭 트랜스를 이용한 임피던스 매칭

트랜스는 상호 인덕턴스를 이용한 소자로서 입력 전압을 승압시키거나 강압시키는 소자이다. 또, 2차측의 부하 임피던스를 1차측에 보여진 새로운 값으로 변환하여 임피던스 매칭에도 사용할 수 있고, 이것을 매칭 트랜스(matching transformer)라고 한다. 2차측 부하 임피던스는 1차측으로 역으로 영향을 주므로 반사 임피던스라고 한다. 2차측의 반사 임피던스는 트랜스 권선 비의 제곱에 따라서 (8.6) 식과 같이 증가되거나 감소된다. Z_P는 1차측 임피던스, Z_S는 2차측 임피던스이다. N_P는 1차측 권선 수, N_S는 2차측 권선 수이다.

$$Z_P = \left(\frac{N_P}{N_S}\right)^2 \times Z_S \qquad (8.6)$$

임피던스 비를 알고 매칭 트랜스의 권선 비를 구할 때는 (8.7) 식으로 구한다(그림 8.6).

$$\frac{N_P}{N_S} = \sqrt{\frac{Z_P}{Z_S}} \qquad (8.7)$$

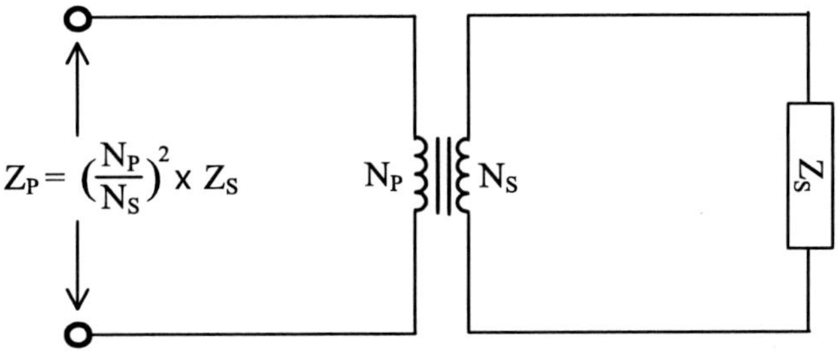

그림 8.6 2차측 부하 임피던스 Z_S는 권선 비의 제곱에 비례하는 새로운 값으로 1차측으로 반사되는 임피던스가 된다.

그림 8.7(a)와 같이 출력 임피던스가 200Ω인 기기에 8Ω의 부하 임피던스가 연결된 경우를 본다. 이 때 부하로 전달되는 파워는 1.85W가 된다.

$$P_S = \left(\frac{V_O}{Z_O + Z_S}\right)^2 \times Z_S = \left(\frac{100}{200 + 8}\right)^2 \times 8 = 1.85W$$

부하로 전달되는 파워를 크게 하기 위해서는 그림 8.7(b)와 같이 전압원과 부하 사이에 매칭 트랜스를 삽입한다. 전압원으로부터 부하에 최대 파워를 전달하기 위해서는 부하 임피던스가 200Ω의 1차측 임피던스와 일치하도록 변환해야 한다.

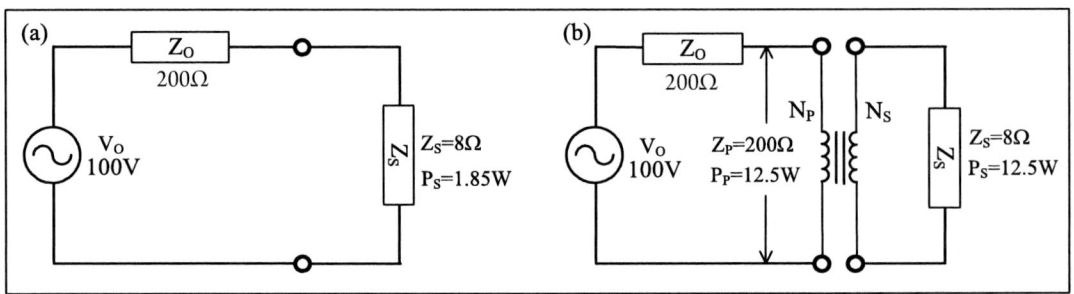

그림 8.7 전압원과 부하 사이에 트랜스를 삽입하여 임피던스 매칭

즉, Z_P가 Z_O가 같으면 전압원에서 부하로 최대 파워가 전달된다. 1차측 파워 P_P는 2차측 파워 P_S와 등가이고, 부하 양단에 최대 파워가 전달되는 권선비는 5:1이다.

$$\frac{N_P}{N_S} = \sqrt{\frac{Z_P}{Z_S}} = \sqrt{\frac{200}{8}} = \sqrt{25} = 5$$

그리고 1차측 임피던스는 200Ω이 된다.

$$Z_P = \left(\frac{N_P}{N_S}\right)^2 \times Z_S = 5^2 \times 8 = 200\Omega$$

Z_S와 Z_P가 일치하면 1차측에 전달되는 파워는 12.5W가 되고, 2차측에 전달되는 파워도 12.5W가 된다.

$$P_S = \left(\frac{V_O}{Z_O + Z_P}\right)^2 \times Z_P = \left(\frac{100}{200 + 200}\right)^2 \times 200 = 12.5W$$

이와 같이 매칭 트랜스를 이용하여 임피던스를 변환시키는 것으로서 전기 기타와 같이 출력 임피던스가 아주 높은 것을 저 임피던스로 변환하여 믹서와 연결하는 DI 박스(direct injection box)가 있다(9장 2절 참조).

이 장에서는 전기적인 임피던스 매칭과 미스 매칭에 대해서 설명하였다. 그리고 음향 임피던스 매칭과 미스 매칭을 이용하는 경우가 있고, 이 내용은 부록 1 음향 임피던스를 참조한다.

제 9 장
임피던스 브리징

음향 기기들을 연결할 때 앞 단 기기의 출력 전압을 뒤 단 기기에 최대로 전달하기 위해서는 앞 단의 기기의 출력 임피던스는 작고, 뒤 단의 기기의 입력 임피던스를 크게 해야 한다. 이것을 임피던스 브리징(impedance bridging)이라고 한다. 임피던스 브리징은 앞 단 기기의 출력 임피던스보다 뒤 단 기기의 입력 임피던스가 10배 이상인 상태로 연결하는 것이다.

8장에서 설명한 바와 같이 음향 기기들을 연결할 때 임피던스 매칭을 하면 파워 전달은 최대가 되지만, 전압 전송 효율은 50%밖에 되지 않는다.

음향 기기들을 연결할 때 앞 단 기기의 출력 전압이 뒤 단 기기로 최대한 전달되도록 하기 위해서 출력 임피던스보다 입력 임피던스를 더 크게 하여 연결하는 것을 브리징 연결(bridging connection)이라고 한다. 즉, 브리징 연결은 앞 단 기기의 출력 임피던스를 가능한 작게 하고, 뒤 단 기기의 입력 임피던스를 아주 크게 하여 신호를 전송하는 것이다. 출력과 입력 임피던스 차이는 보통 10배 이상으로 한다.

1. 임피던스 브리징

앰프와 스피커를 연결한 경우의 입출력 임피던스에 대해서 살펴 본다. 앰프는 출력 임피던스를 아주 작게(0.1Ω 이하) 설계하여 정전압(constant voltage) 전송을 한다(정전압 전송은 3절을 참조). 따라서 앰프의 출력 전압은 그림 9.1과 같이 주파수에 따라서 스피커 임피던스가 변해도 전 주파수 대역에서 일정하다.

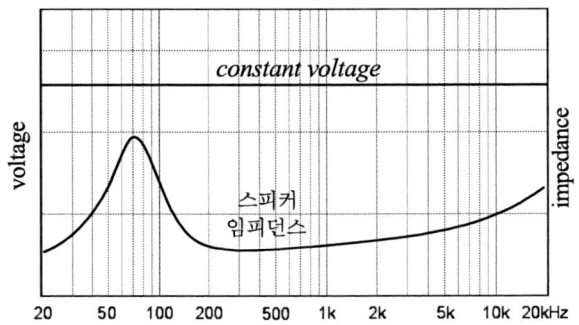

그림 9.1 정전압 회로의 부하 임피던스에 따른 출력 전압 주파수 특성

만약 출력 임피던스가 큰 앰프와 임피던스가 주파수에 따라서 변하는 스피커를 연결하면, 앰프의 출력 전압은 주파수에 따라서 달라진다. 그리고 앰프의 출력 임피던스가 크면 앰프에서 전압 강하가 크고, 스피커로 전달되는 전압이 적다. 앰프의 출력 임피던스가 작을수록 스피커로 전달되는 전압이 커진다. 즉, 작은 출력 임피던스와 큰 입력 임피던스 기

기를 연결하면, 앞 단의 출력 전압이 뒤 단에 연결된 기기에 대부분 전송된다. 이와 같이 상대적으로 매우 큰 임피던스를 가진 입력단을 브리지 입력(bridge input)이라고 한다.

음향 기기들을 연결할 때 기기 간의 전압 전송을 최대로 하기 위해서는 뒤 단의 기기의 입력 임피던스는 커야 한다. 출력 임피던스보다 10배 이상인 입력 임피던스로 기기들을 연결하는 것을 임피던스 브리징(impedance bridging)이라고 한다.

그림 9.2(a)에는 믹서와 앰프가 연결되어 있고, 등가 회로로 변환하면 그림 9.2(b)와 같이 된다. 믹서와 앰프를 연결할 때, 믹서의 출력 임피던스(Z_o)와 앰프의 입력 임피던스(Z_i)에 따라서 전압이 전송되는 정도가 얼마나 달라지는가 계산해 본다. 전압 분배 법칙에 따라서 Z_o보다 Z_i가 클수록 전달되는 전압이 커진다. 이것은 앰프에 입력되는 전압 V_i는 Z_i에 비례하기 때문이다.

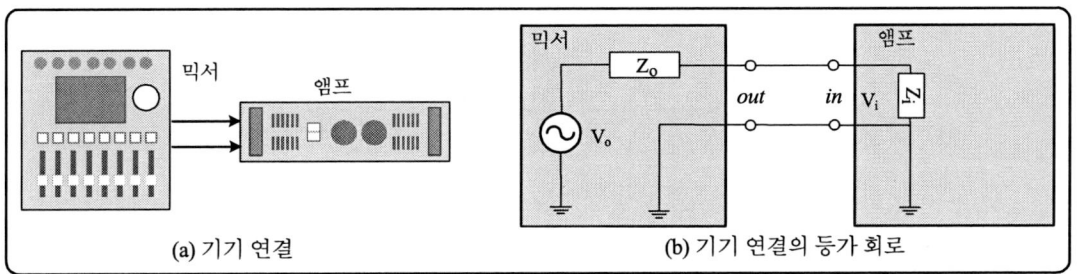

그림 9.2 음향 기기 연결 등가 회로

그림 9.2(b)의 회로에서 전압 분배 법칙(5장 3절 전압 분배 법칙 참조)에 의해 Z_i에서의 전압 강하, 즉 입력 전압 V_i는 (9.1) 식으로 구할 수 있다. 이 식으로부터 입력 전압 V_i는 Z_i에 비례하는 것을 알 수 있다.

$$V_i = \frac{Z_i}{Z_o + Z_i} V_o \qquad (9.1)$$

예를 들어 그림 9.3과 같이 10V 전압을 출력하는 기기와 입력 임피던스가 100Ω인 기기가 연결된 경우를 본다. 그림 (a)와 같이 출력 임피던스가 1Ω이고, 입력 임피던스가 100Ω이면 다음 단으로 전달되는 전압은 9.9V가 된다. 그리고 그림 (b)와 같이 출력 임피던스가 100Ω이면 다음 단으로 전달되는 전압은 5V가 된다.

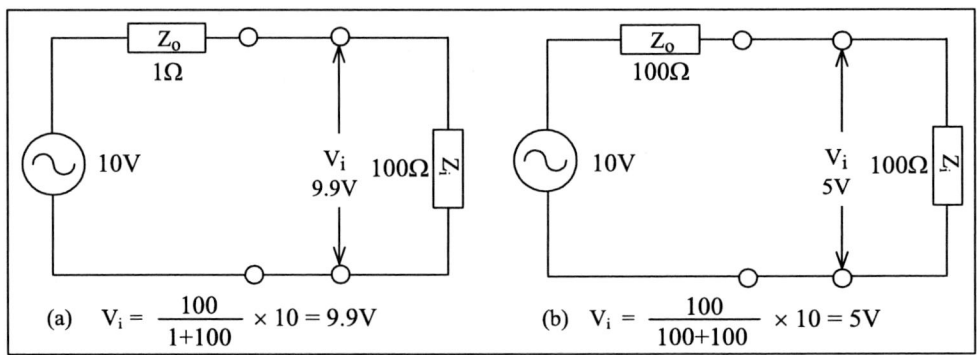

그림 9.3 전압원의 출력 임피던스에 따라 다음 단으로 전송되는 전압

이와 같이 앞 단 기기의 출력 임피던스가 작을수록 출력 임피던스에서의 전압 강하가 작아지고, 다음 단으로 전달되는 전압이 커지며, 그림 9.4와 같이 효율이 높아진다. 효율은 (9.2) 식으로 계산할 수 있다.

$$\eta = \frac{P_i}{P_{total}} = \frac{I^2 Z_i}{I^2 (Z_i + Z_o)} = \frac{Z_i}{Z_i + Z_o} = \frac{1}{1 + Z_o/Z_i} \quad (9.2)$$

· $Z_i/Z_o \to 0$이면 $\eta \to 0$이 된다. 부하 임피던스가 0이면 효율은 0%가 된다.
· $Z_i/Z_o = 1$이면 $\eta = 0.5$가 된다. 부하 임피던스와 출력 임피던스가 같으면 효율은 50%가 된다.
· $Z_i/Z_o \to \infty$이면 $\eta \to 1$이 된다. 부하 임피던스가 무한대가 되면 효율은 100%가 된다.

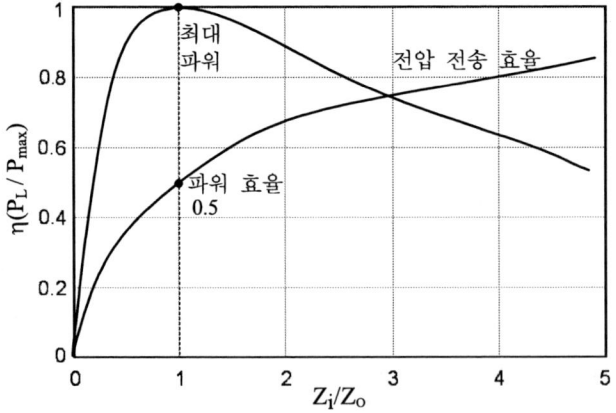

그림 9.4 부하 임피던스 값에 따른 파워 효율과 전압 전송 효율

이와 같이 음향 기기들을 연결할 때에는 전압 전송 효율을 높이기 위해서 그림 9.5와 같이 브리징 연결을 한다. 보통 믹서의 Z_O는 600Ω 정도이지만, 파워 앰프의 Zi는 10~20kΩ 이상으로서 믹서의 Z_O보다 큰 임피던스로 신호를 받는다.

또, 앰프의 출력 임피던스는 0.1Ω 이하이고, 스피커의 임피던스는 8Ω이다. 이와 같이 신호를 보내는 기기의 출력 임피던스를 작게 하고, 신호를 받는 기기의 입력 임피던스를 크게 하면 기기 간의 전압 전송 효율이 커진다.

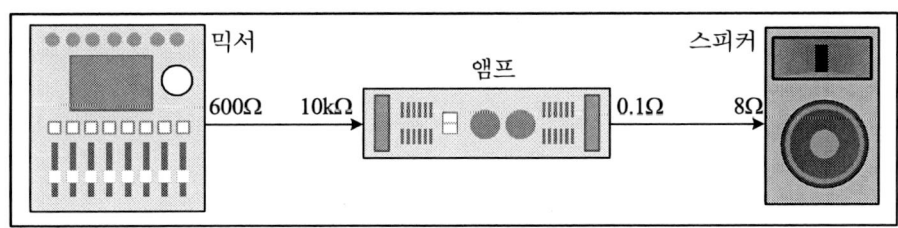

그림 9.5 음향 기기의 브리징 연결

또, 입력 임피던스가 아주 높거나 무한대 임피던스로 신호를 받으면 앞 단의 출력 전압이 뒤 단의 기기로 전부 전송되지만, 입력 임피던스가 아주 큰 것이 반드시 좋은 것은 아니다. 이것은 입력 임피던스가 아주 크면, 외부 잡음이 유입되기 쉽기 때문이다. 표 9.1에는 각종 음향 기기의 입출력 임피던스(@1kHz) 예를 나타낸다.

표 9.1 각종 음향 기기의 입출력 임피던스

기기	입력 임피던스	출력 임피던스
마이크	-	30~200Ω
믹서	10~20kΩ	600Ω
파워 앰프	10~20kΩ	0.01~0.1Ω
스피커	4~16Ω	-

2. 임피던스의 변환

일반적으로 마이크나 믹서 등의 라인 레벨 기기는 출력 임피던스가 작고 입력 임피던스는 크므로 기기 간의 전압 전송에 문제가 없다. 그러나 그림 9.6과 같이 전기 기타는 출력 임피던스는 아주 크고 믹서의 입력 임피던스는 기타의 출력 임피던스보다 아주 작다. 따라서 일반적인 믹서의 입력에 직접 기타를 연결하면, 잡음이 나거나 고역이 감쇠되어 정상적인 음이 나지 않는다. 이러한 문제를 해결하기 위한 것이 DI 박스(direct injection box, DI box)이다. DI 박스는 매칭 트랜스(8장 2절 참조)를 이용하여 기타의 출력 임피던스를 작게 변환하는 것이다(그림 9.7).

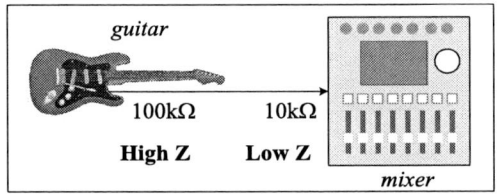

그림 9.6 출력 임피던스가 큰 기타를 입력 임피던스가 낮은 믹서에 연결하면 정상적인 음이 나오지 않는다.

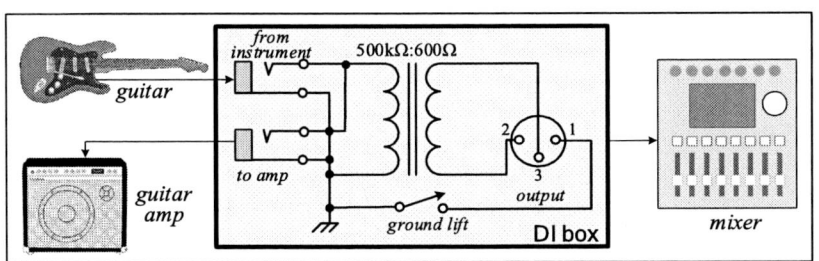

그림 9.7 DI box로 기타의 출력 임피던스를 작게 하여 믹서와 연결하는 브리징 연결

3. 정전압 회로

트랜지스터 앰프의 파워 규격에는 그림 9.8과 같이 150W(@8Ω), 225W(@4Ω), 400W(@2Ω)와 같이 나타나 있다. 이것은 스피커의 임피던스에 따라서 앰프의 파워가 달라지는 것을 의미한다. 스피커의 임피던스가 낮으면 앰프의 파워가 크고, 임피던스가 커지

면 파워가 작아진다. 왜 스피커 임피던스가 낮아지면 앰프의 파워가 커지는가? 이것은 트랜지스터 앰프는 정전압 동작을 하기 때문이다.

```
Continuous power
150W/ch @ 8ohms
225W/ch @ 4ohms
400W/ch @ 2ohms
```

그림 9.8 스피커 임피던스에 따른 앰프의 파워 변화

정전압(constant voltage) 동작이란 그림 9.1과 같이 부하 임피던스 값에 관계없이 항상 일정한 전압을 공급하는 것을 말한다. 앰프의 내부에는 그림 9.9(a)와 같이 아주 작은 임피던스(0.1Ω 이하)가 있고, 이것을 출력 임피던스라고 한다. 앰프의 출력 임피던스(Z_O)가 부하 임피던스(Z_L)보다 아주 작으면 정전압 동작을 하는 것이다.

정전압 회로는 부하 임피던스에 비하여 출력 임피던스가 1/10 이하인 것을 말한다. 가정의 전기도 항상 220V를 공급하는 정전압 전원이다. 부하(전등이나 냉장고 등)를 연결하지 않았을 때나 부하를 연결했을 때나 220V의 일정한 전압을 공급하는 정전압 전원이다.

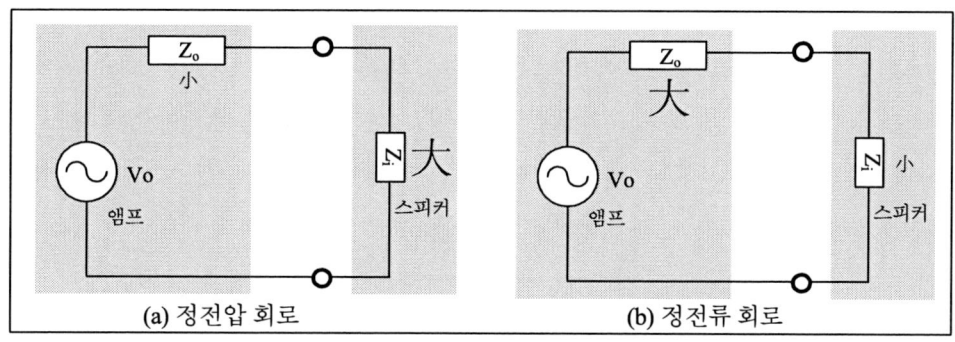

그림 9.9 정전압 회로(a)와 정전류 회로(b)

앰프는 출력 임피던스가 아주 작으므로 출력 임피던스에서의 전압 강하가 작고, 앰프의 출력 전압과 부하로 공급되는 전압이 거의 같다. 그리고 부하 임피던스가 작아지면 전류가 증가하므로 파워가 커진다. 즉, 앰프의 출력 전압이 일정하므로 스피커의 임피던스가 낮아지면 파워가 커진다.

음향 기술과 수학
Sound Engineering and Math

앰프는 신호를 내보내는 것이므로 신호가 없을 때는 출력이 0V이지만, 일정한 신호가 입력되면 출력 단자에 나타나는 전압은 그림 9.1과 같이 부하 임피던스 값이 변해도 달라지지 않는다.

출력 전압이 일정하면, 부하 임피던스 값에 따라서 전류 값이 달라진다. 예를 들어 앰프의 출력 전압이 10V이고, 앰프에 16Ω 스피커를 연결하면 0.625A(=10/16)가 흐르고, 8Ω 스피커를 연결하면 1.25A(=10/8)가 흐르며, 4Ω 스피커를 연결하면 2.5A(=10/4)가 흐른다. 따라서 파워(=전압×전류) P는 다음과 같이 부하 임피던스에 역비례하여 증가된다.

$$16Ω인\ 경우;\ P = 10V \times 0.625A = 6.25W$$
$$8Ω인\ 경우\ ;\ P = 10V \times 1.25A\ \ = 12.5W$$
$$4Ω인\ 경우\ ;\ P = 10V \times 2.5A\ \ \ \ = 25W$$

정전압 회로와 반대되는 것이 정전류(constant current) 회로이다. 이것은 그림 9.9(b)와 같이 부하 임피던스에 비해서 출력 임피던스가 큰 회로이다. 정전류 회로의 출력 임피던스는 부하 임피던스보다 10배 이상이다. 정전류 회로는 부하에 흐르는 전류는 내부 임피던스에 의해서 결정되므로 부하 임피던스가 변해도 전류는 거의 변하지 않는다. 즉, 정전류 회로는 부하 임피던스가 변해도 부하에 흐르는 전류는 일정하고 전압 값이 변하는 것이다.

예를 들면, 앰프의 출력 전압이 10V이고 부하 임피던스가 8Ω이면, 전류는 1.25A(=10V/8Ω)가 흐른다. 부하 임피던스가 변해도 전류는 거의 일정하므로 부하 임피던스가 커지면 앰프의 파워는 증가된다. 이와 같이 정전류 회로는 정전압 회로와 반대로 부하 임피던스 값이 증가하면, 파워가 증가되는 것을 알 수 있다.

$$4Ω인\ 경우\ ;\ P = I^2R = 1.25^2 \times 4Ω = 6.25W$$
$$8Ω인\ 경우\ ;\ P = I^2R = 1.25^2 \times 8Ω = 12.5W$$
$$16Ω인\ 경우;\ P = I^2R = 1.25^2 \times 16Ω = 25W$$

제 10장
필터의 특성과 위상 변이

필터는 특정 주파수 이상이나 이하의 주파수를 차단하는 회로이다. 필터를 이용하여 불필요한 신호를 커트하여 음질을 보정한다. 그리고 스피커 네트워크 필터, 이퀄라이저를 만드는데도 활용되고 있다.

필터는 음향 기술에서 없어서는 안되는 중요한 회로이다. 그러나 필터를 통과하면 주파수 특성이 변하고, 위상 변이도 생기므로 특성을 잘 이해하고 사용해야 한다.

필터는 특정 주파수 이하나 이상의 대역을 차단시키는 회로이다. 또, 특정 주파수 대역만 통과시키거나 차단시키는 필터도 있다. 특정 주파수 이상의 대역을 차단하는 것은 저역 통과 필터, 특정 주파수 이하의 대역을 차단하는 것을 고역 통과 필터라고 한다. 또, 특정 대역만 통과시키는 것을 대역 통과 필터, 특정 대역만 차단하는 것을 대역 차단 필터라고 한다.

필터는 음향 기술에서 없어서는 안 되는 중요한 회로이다. 그러나 신호가 필터를 통과하면 위상 변이가 생겨서 음질이 열화되는 경우가 있으므로 특성을 잘 이해하고 사용해야 한다. 10장에서는 필터의 특성과 위상 변이에 대해서 설명한다.

1. 전압 분배 회로

5장 3절에서 저항으로 구성된 회로의 전압 분배 법칙에 대해서 설명하였다. 그림 10.1의 회로에서 출력 전압의 크기는 전압 분배 법칙에 따라서 (10.1) 식과 같이 된다.

$$V_{out} = \frac{R_2}{R_1 + R_2} \cdot V_{in}[V] \qquad (10.1)$$

두 저항 값이 100Ω이면 출력 전압은 입력 전압의 1/2(=20log0.5=−6dB)이 된다. 그리고 진폭 특성은 그림 10.2(a)와 같이 전 주파수 대역에서 평탄하고, 위상 특성도 10.2(b)와 같이 0도로 평탄하다.

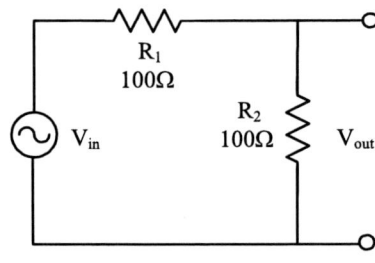

그림 10.1 저항 회로에서 출력 전압

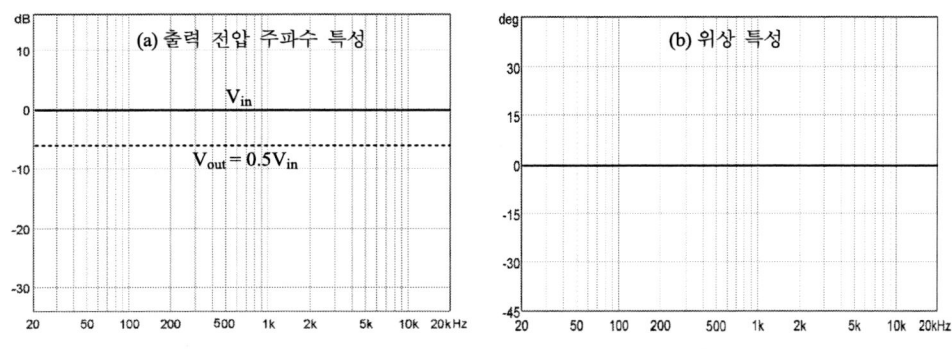

그림 10.2 그림 10.1 저항 회로의 출력 주파수 특성과 위상 특성

그러나 인덕터나 커패시터로 구성된 회로에서의 출력 전압은 주파수에 따라서 달라지고 위상도 변이된다. 그림 10.3(a)와 같이 R2 대신에 커패시터 C를 연결한 R C 회로에서는 출력 전압이 어떻게 달라지는지 본다. 저항 R2에서 전압 강하는 그림 10.2와 같이 입력 주파수에 따라서 변하지 않는다. 그러나 커패시터의 리액턴스 $X_C(=1/2\pi fC)$는 주파수에 따라서 변하므로 출력 전압은 주파수에 따라서 달라지고, 위상 변이(phase shift, 位相 變移)도 생긴다.

그림 10.3(a)와 같은 R C 회로에 주파수가 0인 DC 신호를 입력하면, 그림 10.3(b)와 같이 X_C는 무한대가 되어 오픈 상태가 되므로 입력 신호가 그대로 출력된다. 그리고 주파수가 높은 신호를 입력하면, 그림 10.3(c)와 같이 X_C는 0Ω에 가까워지므로 출력 신호는 0V가 된다. 즉, 저역 신호는 출력되고, 고역 신호는 차단되는 특성이 된다.

그림 10.4(a)와 같은 C R 회로에 주파수가 0인 DC 신호를 입력하면, 그림 10.4(b)와 같이 X_C는 무한대가 되어 오픈 상태가 되므로 출력 신호는 0V가 된다. 그리고 주파수가 높은 신호를 입력하면, 그림 10.4(c)와 같이 X_C는 0Ω에 가까워지므로 입력 신호가 그대로 출력된다. 즉, 저역 신호는 차단되고, 고역 신호는 출력되는 특성이 된다.

그림 10.5(a)의 L R 회로에 DC 신호(f=0Hz)를 입력하면, 그림 10.5(b)와 같이 X_L은 0Ω이 되므로 short 상태가 되어 입력 신호가 그대로 출력된다. 그리고 주파수가 높은 신호를 입력하면, 그림 10.5(c)와 같이 X_L은 오픈 상태가 되어 출력 신호는 0V가 된다. 즉, 저역 신호는 출력되고, 고역 신호는 차단되는 특성이 된다.

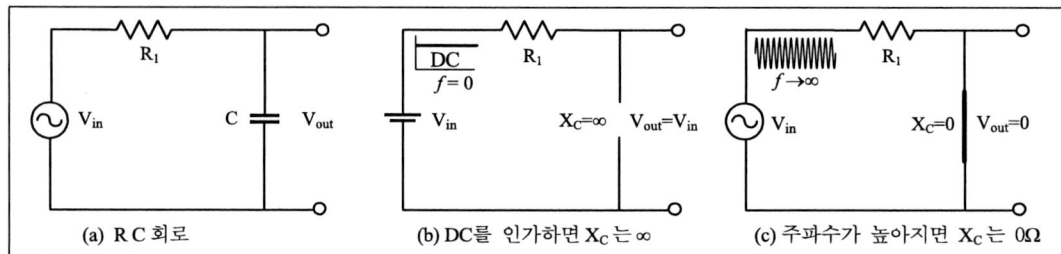

그림 10.3 R C 회로에서 출력 전압

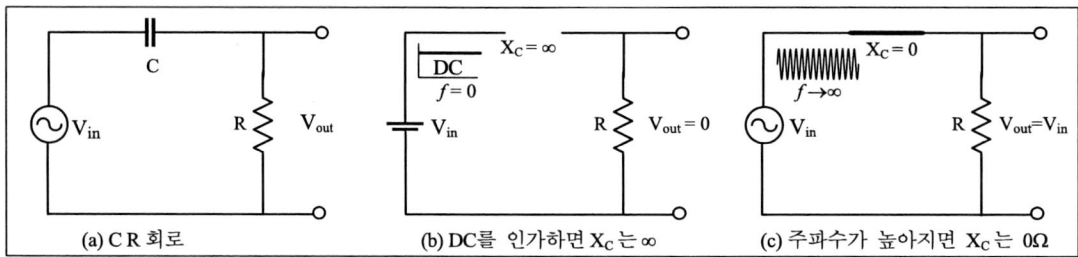

그림 10.4 C R 회로에서 출력 전압

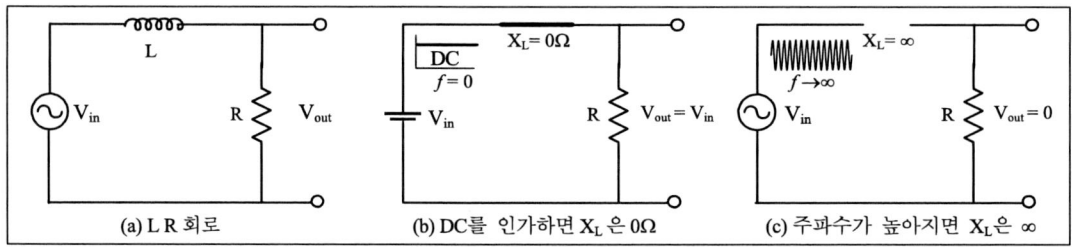

그림 10.5 L R 회로에서 출력 전압

그림 10.6(a)의 R L 회로에 주파수가 0Hz인 DC 신호를 입력하면, 그림 10.6(b)와 같이 X_L은 short 상태가 되어 출력 신호는 0V가 된다. 그리고 주파수가 높은 신호를 입력하면, 그림 10.6(c)와 같이 X_L은 open 상태가 되므로 입력 신호가 그대로 출력된다. 즉, 저역 신호는 차단되고, 고역 신호는 출력되는 특성이 된다.

커패시터와 인덕터의 이러한 특성들을 이용하여 저역 통과나 고역 통과 필터 소자로 활용한다.

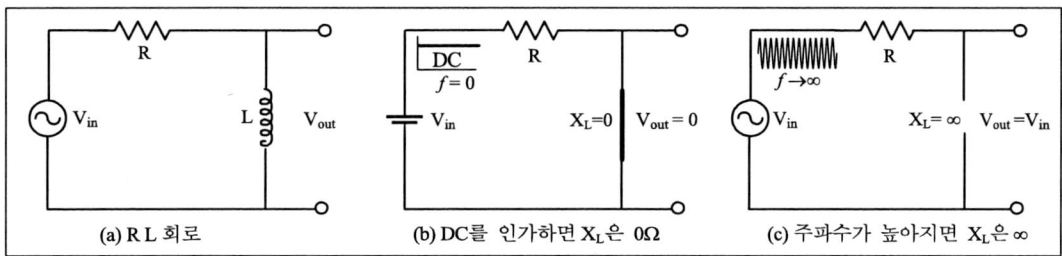

그림 10.6 R L 회로에서 출력 전압

2. 저역 통과 필터

1) R C 저역 통과 필터

저역 통과 필터(low pass filter)는 저주파수는 통과시키고 고주파수는 차단하는 회로이다. 그림 10.7(a)는 R C 저역 통과 필터 회로를 나타내고, 그림 10.7(b)는 필터의 주파수 특성을 나타낸다. 이론적으로 필터는 신호가 통과하는 대역 내에 있는 주파수만 통과시키지만, 그림 10.7(b)와 같이 실제 필터의 차단 기울기는 급격하지 않고 완만하게 감소되고, 통과 대역 이외의 신호도 진폭은 작지만 통과된다.

그림 10.7(b)에서 차단 주파수(cutoff frequency, f_c)는 통과 대역 레벨보다 −3dB(=20log0.707) 떨어지는 주파수를 말한다. 차단 주파수까지 통과 대역(pass band)이라고 하고, 그 이상의 주파수 대역은 차단 대역(stop band)이라고 한다.

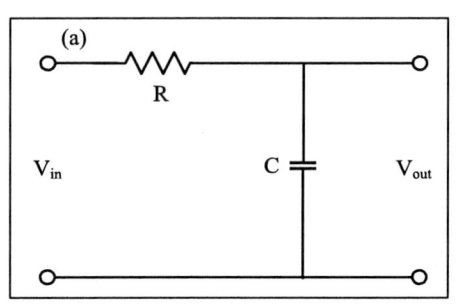
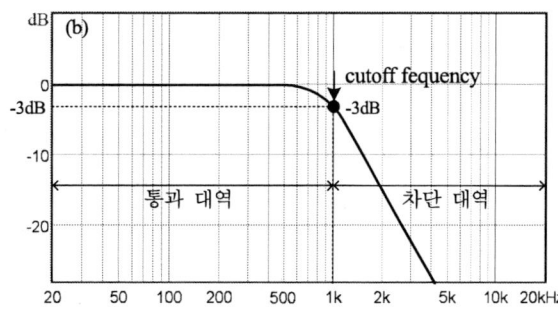

그림 10.7 R C 저역 통과 필터 회로와 주파수 특성

그림 10.7(a)의 회로에 DC(주파수는 0Hz)를 입력하면, X_C는 오픈 상태가 되므로 출력 전압은 입력 전압과 같다. 입력 주파수가 점점 증가하면 X_C는 점점 감소되고, $X_C = R$이 되는 주파수에서 출력 전압은 입력 전압의 0.707배가 출력된다. 이 주파수를 필터의 차단 주파수 f_C라고 하고, (10.2) 식으로 구한다.

$$X_C = \frac{1}{2\pi f_C C} = R \quad \rightarrow \quad f_C = \frac{1}{2\pi RC} [Hz] \qquad (10.2)$$

그리고 주파수가 점점 높아지면 X_C는 점점 제로에 가까워지므로 출력 전압이 나타나지 않는다. 즉, 저역 신호는 출력되고 고역 신호는 차단되는 저역 통과 필터가 된다. 출력 전압의 크기는 전압 분배 법칙에 따라서 (10.3) 식과 같다.

$$V_{out} = \frac{X_C}{\sqrt{R^2 + X_C^2}} \cdot V_{in} [V] \qquad (10.3)$$

차단 주파수 f_C에서는 $X_C = R$이므로 출력 전압은 (10.4) 식과 같다. 차단 주파수에서 출력 전압은 입력 전압의 0.707배($= -3dB$)이다.

$$V_{out} = \frac{R}{\sqrt{R^2 + R^2}} \cdot V_{in} = \frac{R}{\sqrt{2R^2}} \cdot V_{in} = \frac{1}{\sqrt{2}} \cdot V_{in} = 0.707 \cdot V_{in} \qquad (10.4)$$

$$20\log \frac{V_{out}}{V_{in}} = 20\log 0.707 = -3dB$$

그림 10.8의 R C 저역 통과 필터에서 입력 신호의 주파수에 따라서 출력 전압이 어떻게 나타나는지 (10.3) 식을 이용하여 계산해 본다.

그림 10.8(a)와 같이 직류(주파수 0Hz)를 입력하면 커패시터의 X_C는 오픈 상태가 되므로 출력 전압은 입력 전압이 그대로 출력되어 10V가 된다. 그림 (b)와 같이 1kHz를 입력하면 X_C는 159Ω이 되고, 출력 전압은 8.5V가 된다.

$$V_O = 10 \times \frac{159}{\sqrt{100^2 + 159^2}} = 8.5V$$

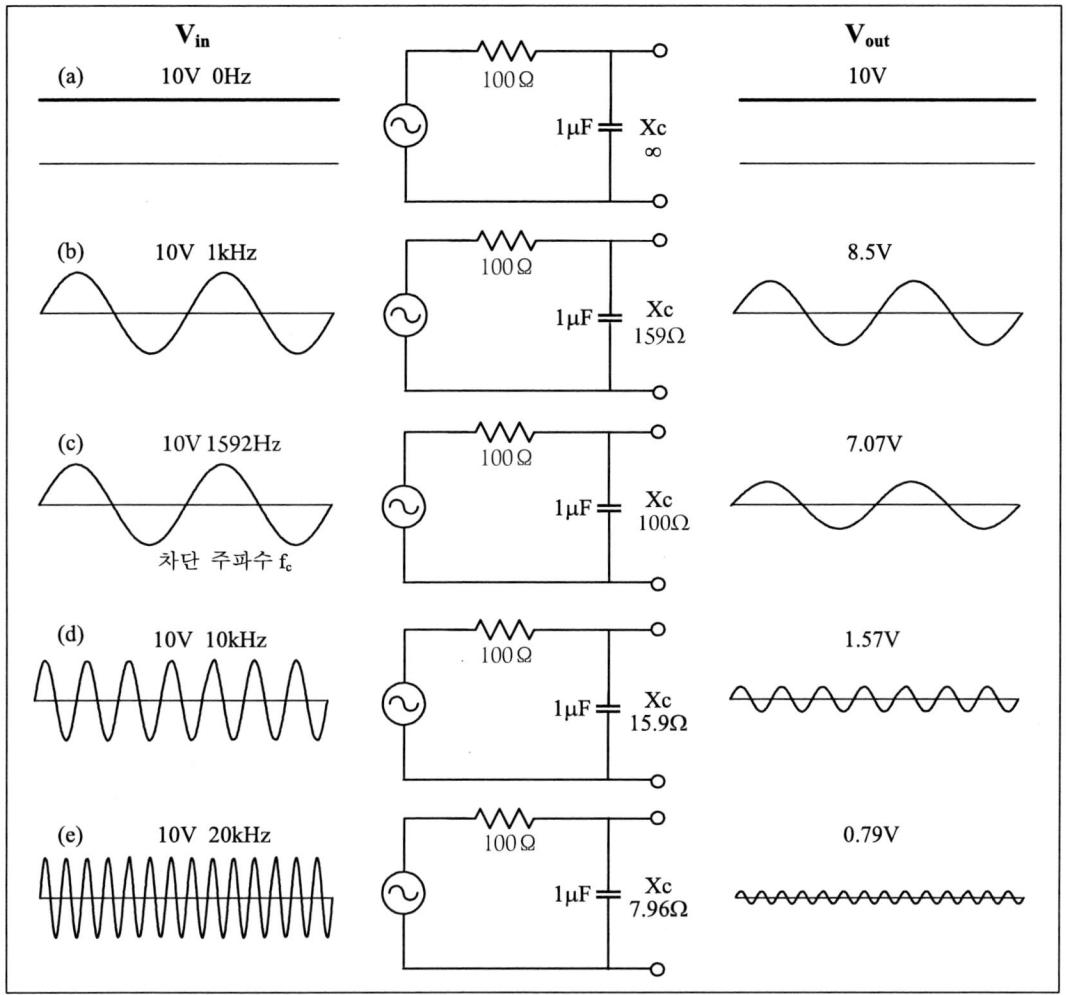

그림 10.8 R C 저역 통과 필터의 입력 주파수에 따른 출력 전압

그림 (c)와 같이 1592Hz를 입력하면 Xc는 100Ω이 되고, 출력 전압은 7.07V가 된다. 1592Hz는 차단 주파수이므로 출력 전압은 입력 전압의 0.707배가 된다.

$$V_O = 10 \times \frac{100}{\sqrt{100^2 + 100^2}} = 7.07V$$

다음에 그림 (d)와 같이 10kHz를 입력하면 Xc는 15.9Ω이 되고, 출력 전압은 1.57V가 된다.

$$V_O = 10 \times \frac{15.9}{\sqrt{100^2 + 15.9^2}} = 1.57V$$

그리고 그림 (e)와 같이 20kHz를 입력하면 Xc는 7.96Ω이 되고, 출력 전압은 0.79V가 된다.

$$V_O = 10 \times \frac{7.96}{\sqrt{100^2 + 7.96^2}} = 0.79V$$

이와 같이 R C 저역 통과 필터에 입력 신호의 주파수를 점점 높여 가면, 출력 전압의 진폭 주파수 특성은 그림 10.9와 같이 된다. 그리고 차단 주파수 f_C는 1592Hz이다.

$$f_C = \frac{1}{2\pi RC} = \frac{1}{2\pi \cdot 100 \cdot 1 \times 10^{-6}} = 1592[Hz]$$

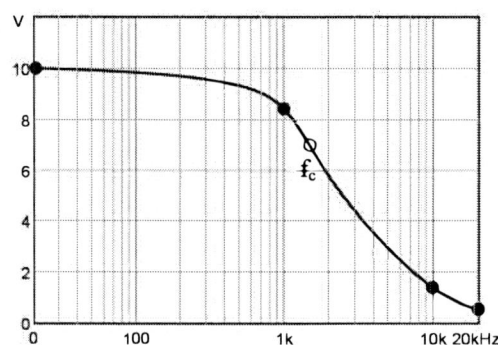

그림 10.9 R C 저역 필터에 입력 주파수를 증가시켜 갈 때 출력 전압의 진폭 주파수 특성

R C 저역 통과 필터의 입력과 출력 신호의 위상 변이는 (10.5) 식과 같이 나타난다.

$$\theta = -\tan^{-1}\left(\frac{R}{X_C}\right)° \quad (10.5)$$

R C 저역 통과 필터는 출력 신호가 입력 신호보다 위상이 지연되는 지상(遲相) 회로(lag circuit)로 동작한다. 그림 10.10과 같이 차단 주파수(X_C=R)에서 출력 신호는 입력 신호보다 $-45°(=-\tan^{-1}1)$ 늦다. 그리고 주파수가 증가함에 따라서 위상 변이는 -90도로 근접한다.

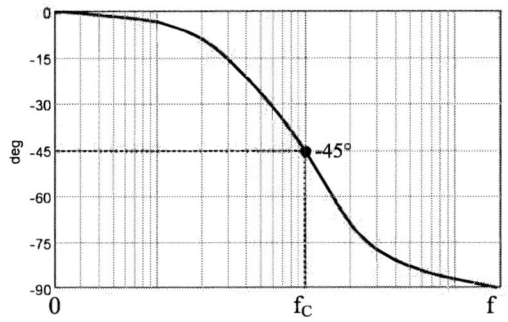
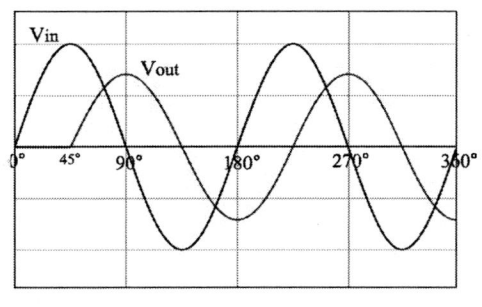

그림 10.10 R C 저역 통과 필터의 위상 변이

2) L R 저역 통과 필터

그림 10.11은 L R 저역 통과 필터 회로이고, DC를 입력하면 X_L은 단락 상태가 되므로 출력 전압은 입력 전압과 같다. 입력 신호의 주파수가 증가하면 X_L이 증가되므로 Vout은 감소된다. 즉, 저역 신호는 출력되고, 고역 신호는 차단되는 저역 통과 필터이다. X_L=R에서의 주파수는 차단 주파수이고, (10.6) 식으로 구한다. 출력 전압의 크기는 (10.7) 식과 같다.

$$X_L = 2\pi f_C L = R \quad \rightarrow \quad f_C = \frac{R}{2\pi L}[\text{Hz}] \qquad (10.6)$$

$$V_{out} = \frac{R}{\sqrt{X_L^2+R^2}} \cdot V_{in}[\text{V}] \qquad (10.7)$$

그림 10.11 L R 저역 통과 필터 회로

L R 저역 통과 필터의 입력 신호와 출력 신호의 위상 변이는 (10.8) 식과 같다.

$$\theta = -\tan^{-1}\left(\frac{X_L}{R}\right)° \qquad (10.8)$$

L R 저역 통과 필터는 지상 회로(lag circuit)로 동작한다. 차단 주파수에서 출력 신호는 입력 신호보다 그림 10.10과 같이 −45° 늦다.

3. 고역 통과 필터

1) C R 고역 통과 필터

고역 통과 필터(high pass filter)는 고주파수는 통과시키고 저주파수는 차단하는 회로이다. 그림 10.12(a)는 C R 고역 통과 필터 회로를 나타내고, 그림 (b)는 주파수 특성을 나타낸다.

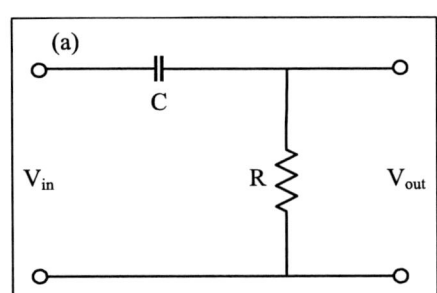 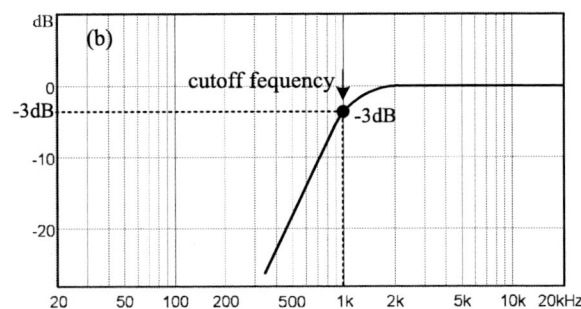

그림 10.12 C R 고역 통과 필터 회로와 주파수 특성

C R 고역 통과 필터의 차단 주파수 f_c는 (10.9) 식과 같고, R C 저역 통과 필터와 같다. C R 고역 통과 필터의 출력 전압은 (10.10) 식과 같다.

$$X_C = \frac{1}{2\pi f_c C} = R \quad \rightarrow \quad f_c = \frac{1}{2\pi RC} [Hz] \qquad (10.9)$$

$$V_{out} = \frac{R}{\sqrt{X_C^2 + R^2}} \cdot V_{in} [V] \qquad (10.10)$$

차단 주파수(X_C = R)에서 출력 전압은 0.707Vin이다. 입력 주파수가 f_c 이상으로 증가되면, X_C는 감소되어 출력 전압은 증가되고 입력 전압 Vin과 같아진다.

그림 10.13과 같은 C R 고역 통과 필터에서 입력 신호의 주파수에 따라서 출력 전압이 어떻게 나타나는지 (10.10) 식을 이용하여 구해 본다.

그림 10.13(a)와 같이 직류(주파수 0Hz)를 입력하면, X_C는 오픈 상태가 되므로 출력 전압은 0V가 된다. 그림 (b)와 같이 100Hz를 입력하면 X_C는 1592Ω이 되고, 출력 전압은 0.63V가 된다.

$$V_O = 10 \times \frac{100}{\sqrt{1592^2 + 100^2}} = 0.63V$$

다음에 그림 10.13(c)와 같이 1kHz를 입력하면 Xc는 159Ω이 되고, 출력 전압은 5.32V가 된다.

$$V_O = 10 \times \frac{100}{\sqrt{159^2 + 100^2}} = 5.32V$$

그림 (d)와 같이 1592Hz를 입력하면 Xc는 100Ω이 되고, 출력 전압은 7.07V가 된다. 1592Hz는 차단 주파수이므로 출력 전압은 입력 전압의 0.707배가 된다.

$$V_O = 10 \times \frac{100}{\sqrt{100^2 + 100^2}} = 7.07V$$

그리고 그림 10.13(e)와 같이 10kHz를 입력하면 Xc는 15.9Ω이 되고, 출력 전압은 9.87V가 된다.

$$V_O = 10 \times \frac{100}{\sqrt{15.9^2 + 100^2}} = 9.87V$$

이상과 같이 입력 신호의 주파수를 점점 높여 가면, 출력 전압의 진폭 주파수 특성은 그림 10.14와 같은 특성이 된다. 그리고 차단 주파수 f_C는 1592Hz이다.

$$f_C = \frac{1}{2\pi RC} = \frac{1}{2\pi \cdot 100 \cdot 1 \times 10^{-6}} = 1592[Hz]$$

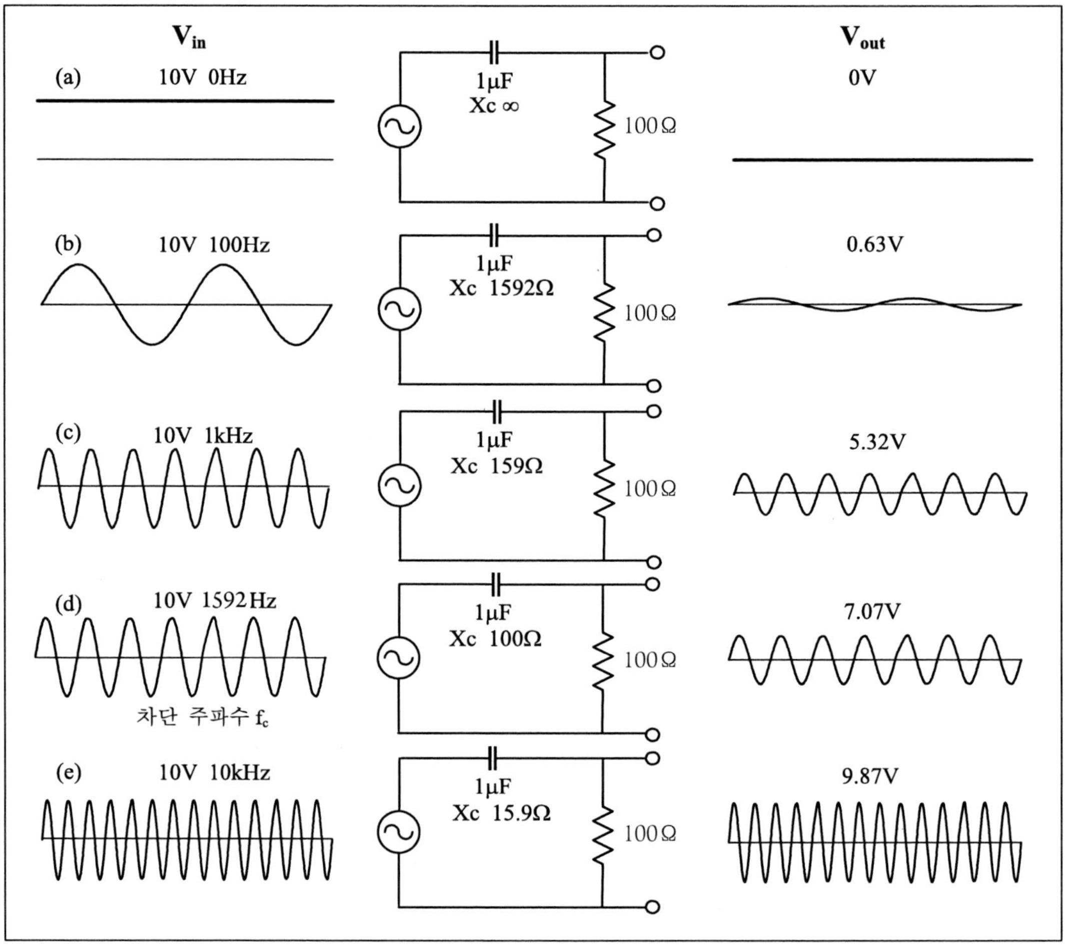

그림 10.13 C R 고역 통과 필터의 입력 주파수에 따른 출력 전압

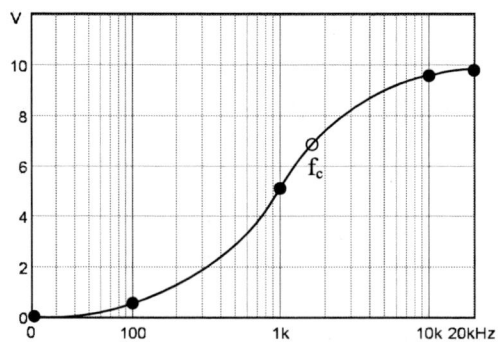

그림 10.14 C R 고역 통과 필터에 입력 주파수를 증가시켜 갈 때 출력 전압의 진폭 주파수 특성

C R 고역 통과 필터는 출력 신호가 입력 신호보다 위상이 앞서는 진상(進相) 회로(lead circuit)로 동작한다. C R 고역 통과 필터의 입력 신호와 출력 신호의 위상 변이는 (10.11) 식과 같다. 그림 10.15와 같이 차단 주파수에서 출력 신호는 입력 신호보다 45°(=tan⁻¹1) 앞선다. 그리고 주파수가 증가함에 따라서 위상 변이는 0도로 근접한다.

$$\theta = \tan^{-1}\left(\frac{X_C}{R}\right)° \quad (10.11)$$

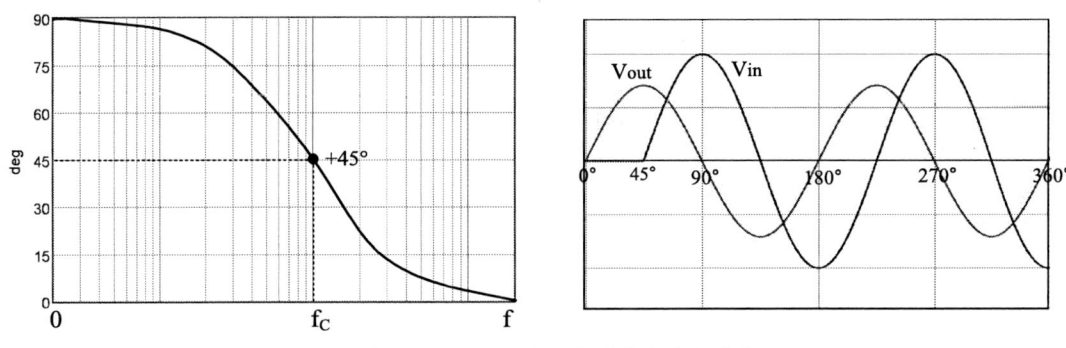

그림 10.15 R L 고역 통과 필터의 위상 변이

2) R L 고역 통과 필터

그림 10.16은 R L 고역 통과 필터 회로이다. 주파수가 fc 이상으로 증가하면 X_L은 증가되고, 그 결과 출력 전압은 V_{in}과 같아질 때까지 증가된다. 고역 통과 필터의 차단 주파수 f_C는 (10.12) 식과 같고, L R 저역 통과 필터와 같다. 차단 주파수에서 출력 전압은 $0.707V_{in}$이다.

R L 고역 통과 필터는 출력 신호가 입력 신호보다 위상이 앞서는 진상(進相) 회로(lead circuit)로 동작하고, 위상 변이는 (10.13) 식과 같다.

$$\theta = \tan^{-1}\left(\frac{R}{X_L}\right)° \quad (10.13)$$

$$X_L = 2\pi f_C L = R \quad \rightarrow \quad f_C = \frac{R}{2\pi L}[Hz] \quad (10.12)$$

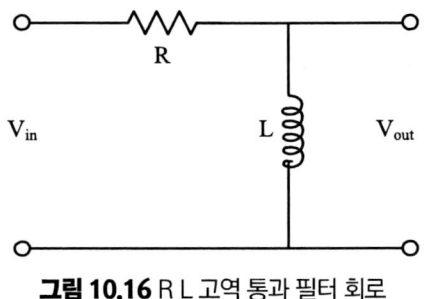

그림 10.16 R L 고역 통과 필터 회로

그림 10.15와 같이 차단 주파수에서 출력 신호는 입력 신호보다 $45°(=\tan^{-1}1)$ 앞선다. 그리고 주파수가 증가함에 따라서 위상 변이는 0도로 근접한다.

4. 고차 필터

그림 10.7과 그림 10.11과 같이 하나의 인덕터나 커패시터를 사용하여 만든 필터를 1차 필터(first-order filter)라고 한다. 그리고 그림 10.17과 같이 소자를 2개 사용하면 2차 필터, 3개 사용하면 3차 필터라고 한다.

1차 필터의 감쇠 기울기는 주파수가 1 옥타브 증가할 때마다 이득이 -6dB씩 감쇠된다(-6dB/oct). 그림 10.18과 같이 1차 필터 2개를 캐스케이드(cascade)로 연결하면 2차 필터가 되고, 기울기는 -12dB/oct가 된다.

즉, 1차 필터 당 기울기는 -6dB/oct이고, 2차 필터는 -12dB/oct, 3차 필터는 -18dB/oct, 4차 필터는 -24dB/oct가 된다(그림 10.19). 이와 같이 1차 필터 당 기울기는 6dB씩 증가되고, 차수가 높을수록 기울기가 급격해진다.

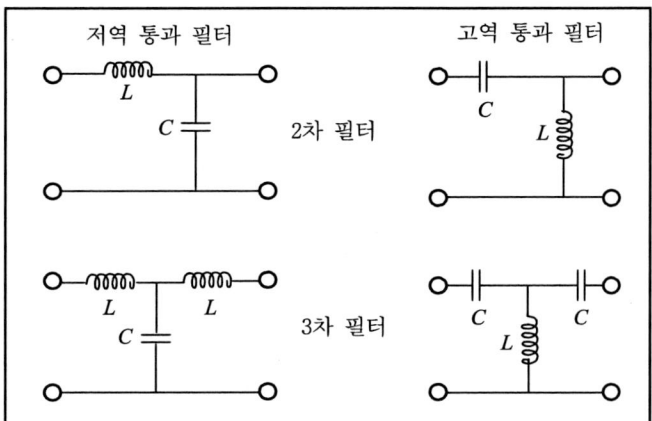

그림 10.17 2차 필터와 3차 필터 회로

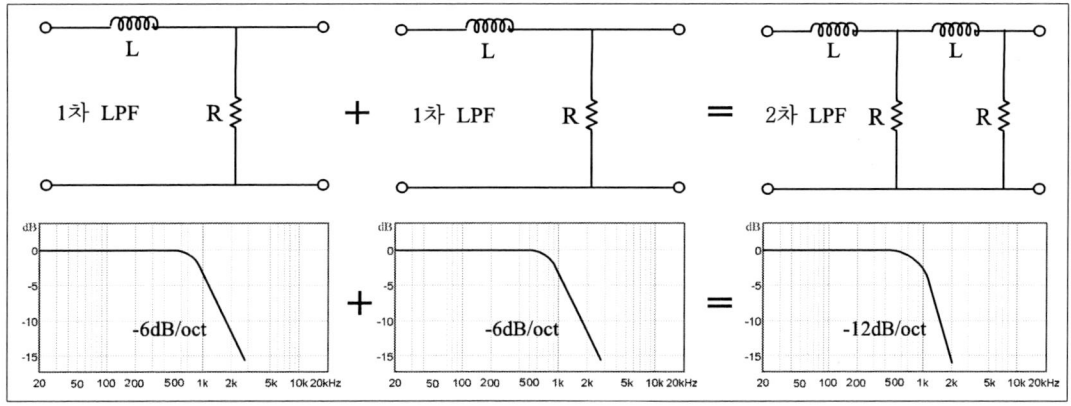

그림 10.18 1차 필터 2개를 캐스케이드로 연결하면 기울기가 −12dB/oct가 된다.

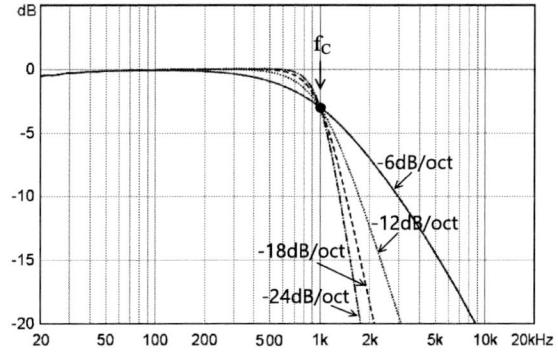

그림 10.19 필터 차수에 따른 감쇠 기울기

또, 신호가 필터를 통과하면 위상이 변이되고, 차단 주파수에서 1차 필터 당 45도씩 위상 차가 생기고(그림 10.10, 그림 10.15 참조), 2차 필터는 그림 10.20과 같이 90도 위상 차가 생긴다. 그리고 3차 필터는 135도, 4차 필터는 180도 위상이 변이된다. 필터의 기울기가 급격할수록 불필요한 성분을 차단하는 성능은 좋지만, 위상도 급격하게 변이된다. 그리고 필터 차수가 높아지면 그림 10.21과 같이 출력 신호의 시간 지연이 길어진다.

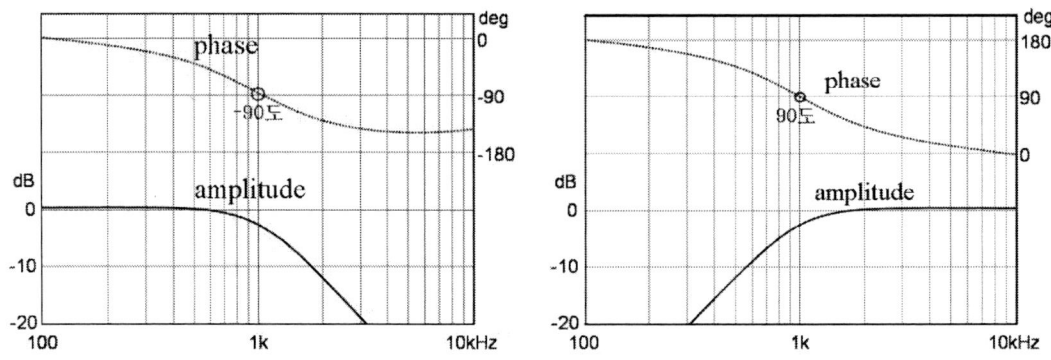

그림 10.20 2차 저역 통과 필터와 고역 통과 필터의 진폭 특성과 위상 변이

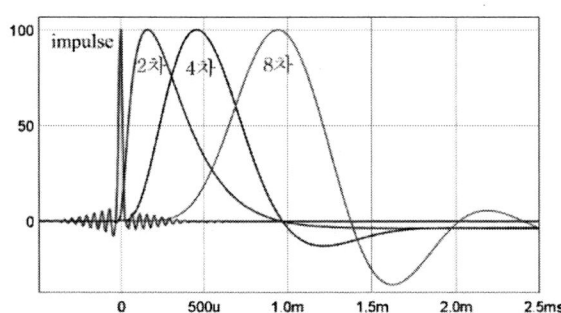

그림 10.21 필터의 차수가 높아질수록 출력 신호의 지연 시간도 길어진다.

5. 대역 통과 필터

대역 통과 필터(band pass filter)는 특정 주파수 대역의 신호만 통과시키고, 통과 대역 이하와 이상의 주파수 신호는 차단하는 필터이다. 대역 통과 필터는 저역 통과 필터와 고역 통과 필터를 조합하여 구성한다(그림 10.22~23).

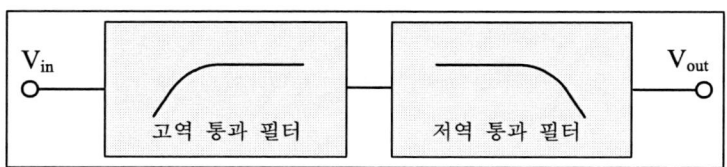

그림 10.22 대역 통과 필터의 구성

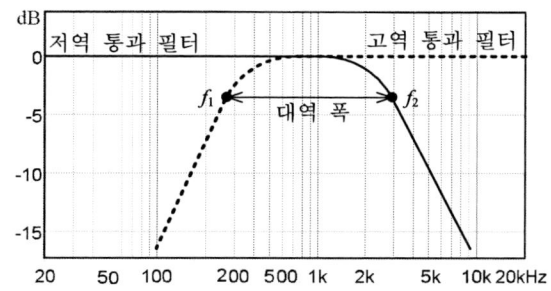

그림 10.23 저역 통과 필터와 고역 통과 필터가 겹쳐진 특성

대역 통과 필터의 회로는 그림 10.24와 같다. R L C 직렬 회로에서 그림 10.25와 같이 주파수가 아주 낮은 영역에서는 X_C 값은 크고, X_L 값은 작다. 그리고 주파수가 증가하면 X_C 값은 점차 감소하고 X_L 값은 증가한다. 이 때 두 리액턴스 값이 같아지는 주파수, 즉 $X_L = X_C$ 의 주파수에서는 두 리액턴스가 상쇄되어 전체 리액턴스 값은 0Ω이 되므로 출력 전압은 최대가 된다. 이 상태를 직렬 공진이라고 한다. 대역 통과 필터의 중심 주파수(f_0)는 (10.14) 식과 같다.

$$X_L = X_C \quad \rightarrow \quad 2\pi f_0 L = \frac{1}{2\pi f_0 C} \quad \rightarrow \quad f_0 = \frac{1}{2\pi\sqrt{LC}} \text{[Hz]} \qquad (10.14)$$

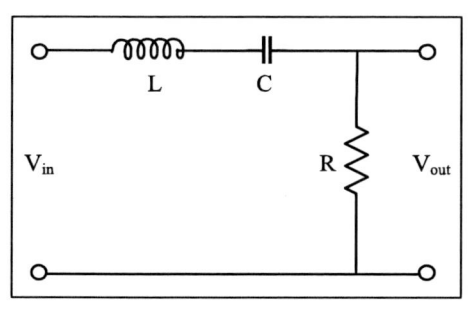

그림 10.24 대역 통과 필터 회로

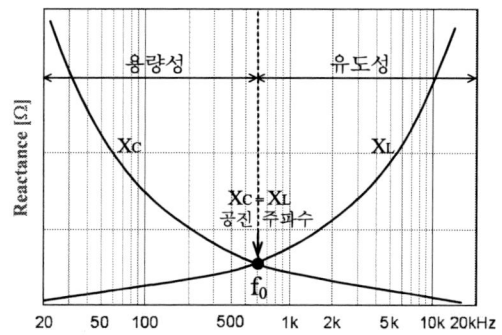

그림 10.25 $X_L = X_C$가 되는 주파수가 공진 주파수이다.

출력 전압은 그림 10.26과 같이 공진 주파수 f_0에서 최대가 되는 대역 통과 필터 특성이 된다. 이 때 공진 주파수가 대역 통과 필터의 중심 주파수(center frequency) f_0이다.

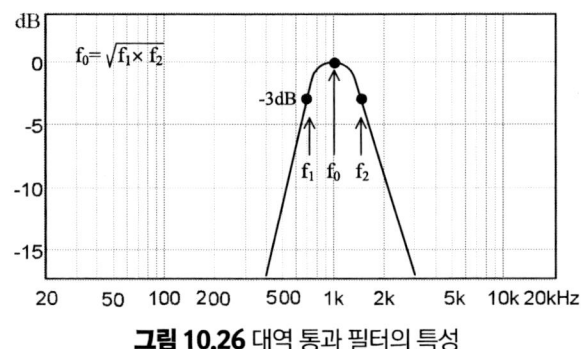

그림 10.26 대역 통과 필터의 특성

그림 10.26에서 f_1, f_2는 차단 주파수이고, 중심 주파수 f_0와 f_1, f_2와의 사이에는 (10.15) 식과 같은 관계가 있다.

$$f_0 = \sqrt{f_1 \cdot f_2} \qquad (10.15)$$

또, f_1과 f_2는 (10.16) 식과 같은 관계가 있다. 여기에서 n=1이면 1 옥타브 밴드 패스 필터, n=1/3이면 1/3 옥타브 밴드 패스 필터이다

$$\frac{f_2}{f_1} = 2^n, \quad f_2 = 2^n \cdot f_1 \qquad (10.16)$$

n=1이면 1/1 옥타브 필터; $f_2 = 2^1 \cdot f_1 = 2f_1$ \qquad (10.17)

n=1/3이면 1/3 옥타브 필터; $f_2 = 2^{1/3} \cdot f_1 = \sqrt[3]{2}f_1 = 1.26f_1$ \quad (10.18)

f_2와 f_1과의 차이를 대역 폭(bandwidth, BW)이라고 하며, (10.19) 식과 같다. 또, 대역 폭의 넓은 정도를 나타내는 (10.20) 식으로 정의되는 Q(quality factor)가 있다. 그림 10.27과 같이 Q 값이 클수록 대역 폭은 좁고, Q 값이 작을수록 대역 폭이 넓다.

$$BW = f_2 - f_1 \qquad (10.19)$$

$$Q = \frac{f_0}{f_2 - f_1} \qquad (10.20)$$

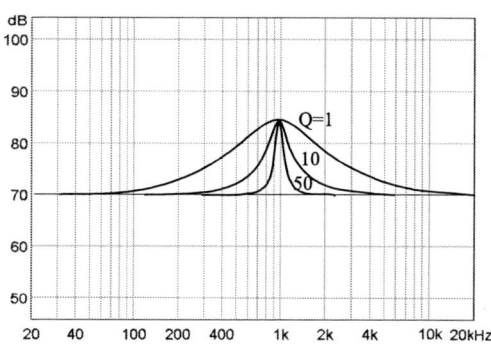

그림 10.27 Q 값에 따른 대역 폭 변화

밴드 패스 필터는 주파수 분석에 이용되고, 1 옥타브 밴드 패스 필터(one octave band pass filter)와 1/3 옥타브 밴드 패스 필터(one-third octave band pass filter)가 있다. 그림 10.28에는 1 옥타브 밴드와 1/3 옥타브 밴드의 대역 폭을 비교하여 나타낸다.

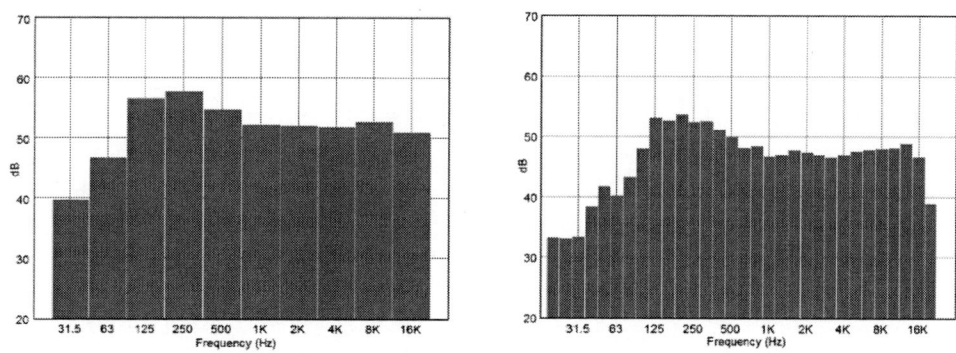

그림 10.28 1 옥타브 밴드와 1/3 옥타브 밴드로 분석한 경우의 비교

그림 10.29에는 50Hz~10kHz 대역 통과 필터를 건 주파수 특성과 위상 특성을 나타낸다. 저역은 고역 통과 필터를 거치고, 고역은 저역 통과 필터를 거치므로 저역에서 고역으로 갈수록 +에서 -로 위상이 변이된다.

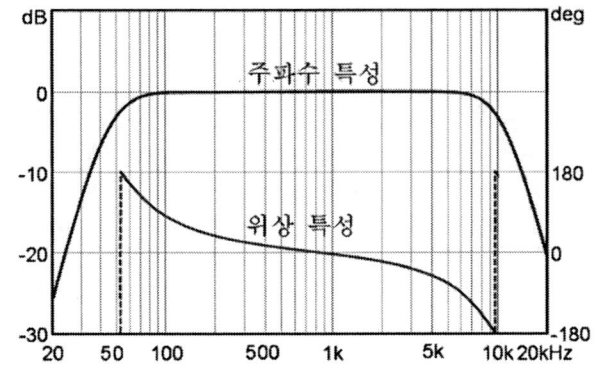

그림 10.29 50Hz~10kHz 대역 통과 필터를 건 주파수 특성과 위상 특성

6. 대역 차단 필터

대역 차단 필터(band stop filter)는 저역 통과 필터와 고역 통과 필터로 구성된다. 저역 통과 필터의 차단 주파수를 고역 통과 필터의 차단 주파수보다 낮게 하고, 고역 통과 필터의 차단 주파수를 저역 통과 필터의 차단 주파수보다 높게 하면 그림 10.30과 같이 대역 차단 필터가 된다.

대역 차단 필터 회로는 그림 10.31과 같다. 공진 주파수에서 리액턴스가 최소가 되므로 출력 전압은 최소가 된다. 공진 주파수보다 낮은 주파수나 높은 주파수에서는 리액턴스가 커지므로 출력 전압도 커진다.

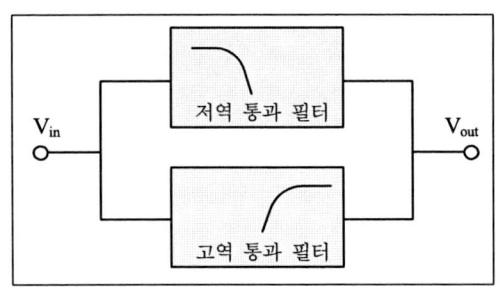
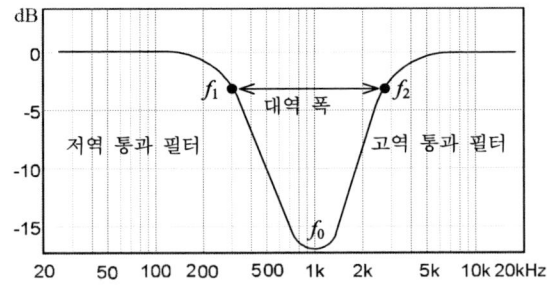

그림 10.30 대역 차단 필터의 구성과 특성

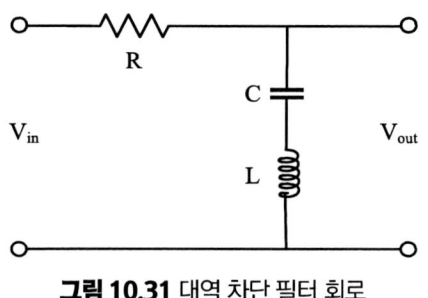

그림 10.31 대역 차단 필터 회로

7. 필터의 활용

1) 이퀄라이저

이퀄라이저는 그림 10.32와 같이 여러 개의 대역 통과 필터와 대역 차단 필터로 구성된 것이다. 대역 통과 필터와 대역 차단 필터의 이득을 가변하면 위상 특성이 변하게 된다. 따라서 이퀄라이저의 슬라이더를 가변하면 그림 10.33과 같이 위상 특성이 변하고, 슬라이더를 많이 부스트하면 위상도 더 많이 변이된다. 이 내용은 11장 13절 이퀄라이저의 부스트/커트에 의한 위상 변이를 참조한다.

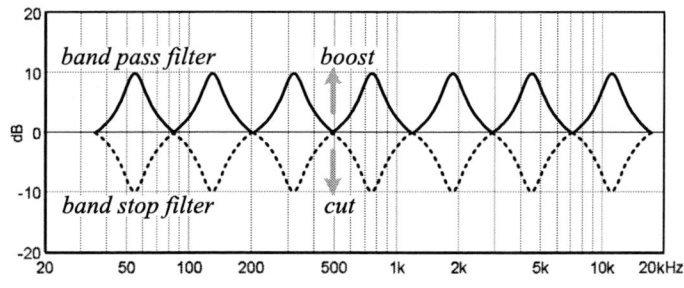

그림 10.32 이퀄라이저의 부스트와 커트의 특성

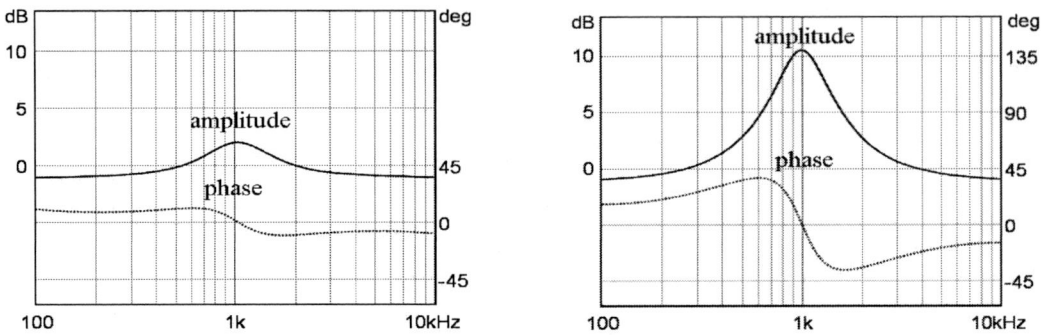

그림 10.33 이퀄라이저로 1kHz를 3dB 부스트 한 경우와 12dB 부스트 한 경우의 위상 변이

2) 복합형 스피커의 네트워크 필터

스피커 시스템에서 20~20,000Hz 대역을 재생하기 위해서 저음, 중음, 고음 유닛을 조합해서 사용한다. 이러한 경우에 각 유닛에는 필요한 대역의 신호만 입력되도록 하는 필터가 필요하고, 이것을 네트워크 필터(network filter)라고 한다. 네트워크에 사용하는 필터는 저역 통과 필터, 대역 통과 필터, 고역 통과 필터의 3종류가 있다.

가장 간단한 네트워크 필터는 그림 10.34와 같이 트위터에 커패시터(고역 통과 필터)를 삽입하여 고역 신호만 통과되도록 하고, 우퍼에 인덕터(저역 통과 필터)를 삽입하여 저역 신호만 통과되도록 하는 것이다. 각 유닛에서 방사된 저음과 고음은 공간에서 합성된다.

멀티웨이 스피커 시스템에서는 크로스오버 주파수에서 응답 특성은 아주 중요하다. 크로스오버 주파수에서 두 유닛의 위상이 일치되지 않으면, 딥이 생기고 음질이 좋지 않다. 이 내용은 11장 10절 스피커 네트워크 필터에서 위상 변이를 참조한다.

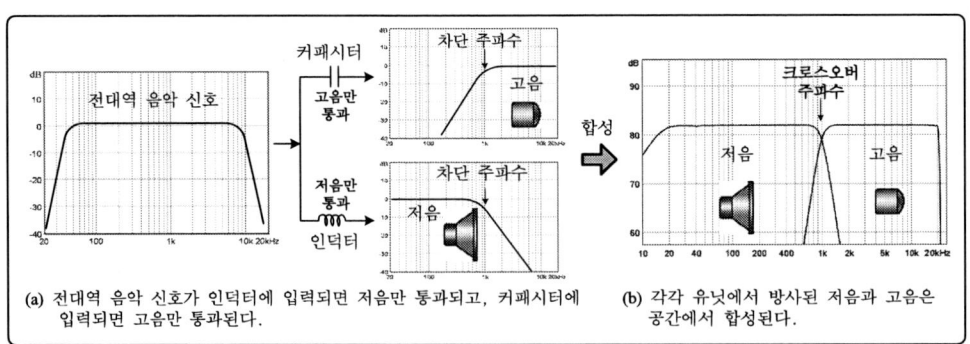

그림 10.34 2웨이 네트워크 필터

제 11 장
위상 차에 의해 생기는 음향적인 문제들

두 신호의 위상 차는 시간 차를 의미한다. 시간 차를 위상 차로 나타내는 것은 두 신호의 시간 차는 같아도 주파수가 달라지면 파장이 달라지므로 주파수에 따라서 위상 차가 다르기 때문이다. 따라서 시간 차로 나타내지 않고 위상 차로 나타낸다.

위상 차가 생기는 원인은 음향적인 것과 전기적인 것이 있다. 음향적인 원인은 두 음파가 시간 차를 가지고 공간에서 더해지는 경우에 생기는 것으로서 두 음파 간의 간섭, 콤필터 왜곡, 스피커 청취 위치나 스테레오 청취 위치에 따른 위상 차에 의한 음질 변화, 멀티 마이킹 시 악기 음이 상쇄되는 문제가 생긴다.

또, 앰프와 스피커를 연결할 때 역 위상으로 연결하면 음상 정위가 명확하지 않고, 음압 레벨도 감소되는 문제가 생긴다. 또한, 여러 대의 스피커를 스태킹 스플레이 하는 경우도 스피커 간의 위상 차 때문에 음질이 열화된다. 그리고 위상 차를 이용하여 마이크나 스피커의 지향성을 제어하기도 한다.

전기적인 원인은 신호가 음향 기기나 필터를 통과하면 위상 변이(phase shit)가 생긴다. 그리고 이퀄라이저를 부트스하거나 커트하면 위상이 변이된다.

위상 특성은 음향 기기의 음질에 많은 영향을 주는 중요한 파라미터이다.

음향 기기는 입력 신호를 정확하게 재생하기 위해서는 그림 11.1과 같이 진폭 주파수 특성과 함께 위상 특성(phase response)이 0도로서 평탄해야 한다. 주파수 특성은 기기에 입력된 신호가 20~20000Hz 범위에서 똑 같은 레벨로 재생되는 정도의 특성이고, 위상 특성은 기기에 입력된 모든 주파수가 동시에 재생되는지를 나타내는 특성이다.

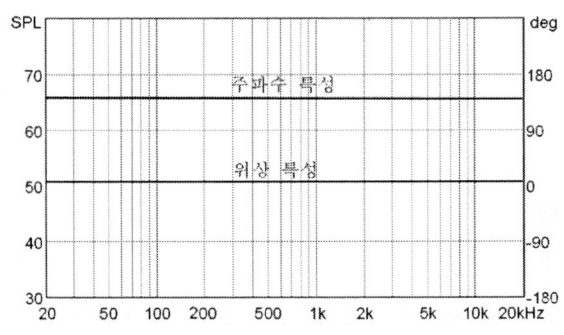

그림 11.1 평탄한 진폭 특성과 위상 특성

음향 기기에 복합음이 입력될 때 그 복합음에 포함되어 있는 모든 주파수가 동시에 출력되면, 위상 특성은 그림 11.1과 같이 오디오 주파수 대역에서 0도가 된다. 음향 기기에 입력된 신호가 주파수 별로 지연되는 특성을 위상 특성이라고 하고, 그림 11.1과 같은 특성을 선형 위상(linear phase)이라고 한다.

그러나 주파수에 따라서 출력되는 시간이 약간씩 다른 경우가 많다. 예를 들어 그림 11.2(a)는 음향 기기에 입력된 복합음의 주파수 성분이 모두 똑 같은 시간에 출력되지만, 그림 (b)는 주파수에 따라서 위상 차를 가지고 출력되고, 이것을 위상 왜곡(phase distortion)이라고 한다.

위상 특성은 음향에 있어서 음질에 많은 영향을 주는 파라미터이다. 위상 차는 두 가지 원인에 의해서 생긴다. 신호가 음향 기기나 필터에 입력되었을 때 출력 신호가 지연된 경우에 생긴다. 디지털 음향 기기에서는 A/D, D/A 변환기에서 지연(latency)되고, 신호 처리하는데도 시간이 소요되어 입력 신호가 지연되어 출력된다.

또, 공간에서 음파가 전달되면서 전반 시간 때문에 위상 차가 생긴다. 그리고 두 채널 스피커의 청취 위치에 따른 위상 차에 의해 생기는 콤필터 왜곡, 멀티 마이킹 픽업 시 위상 차에 의해 특정 주파수 음이 상쇄되는 문제가 생긴다.

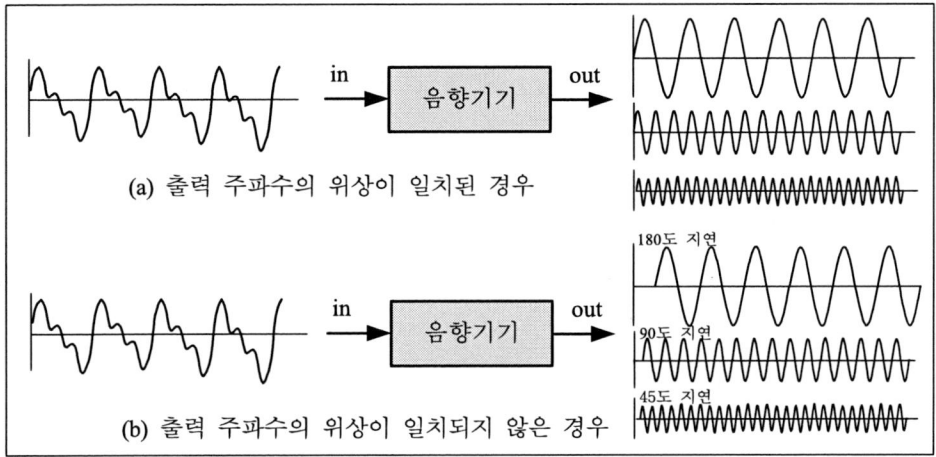

그림 11.2 음향 기기의 출력 신호의 주파수별 위상 차

1. 위상 차

sin 파 신호는 (11.1) 식으로 나타낼 수 있다.

$$y(t) = A \sin 2\pi ft = A \sin \omega t \qquad (11.1)$$

이 식에서 A는 신호의 진폭(크기), $\omega(=2\pi f)$는 각 주파수를 의미한다. 두 신호가 있을 때 위상 차(θ)가 있으면 (11.2) 식으로 나타낸다(1장 9절 위상 참조).

$$y(t) = A \sin(2\pi ft \pm \theta) = A \sin(\omega t \pm \theta) \qquad (11.2)$$

그림 11.3(a)는 y1과 y2 신호가 0도 위상 차가 있는 파형을 나타낸다. 그림 11.3(b)는 y1과 y2 신호가 180도 위상 차가 있는 파형을 나타낸다. 두 신호가 0도 위상 차가 있는 것을 동 위상(in phase)이라고 하고, 180도 위상 차가 있는 것을 역 위상(out of phase)이라고 한다.

그림 11.4(a)는 y2 신호가 y1 신호보다 위상이 45도 늦는 것을 나타낸다. 이것은 10장 그림 10.10의 R C 저역 통과 필터에서 출력 신호가 입력 신호보다 45도 지연된 것이다. 그림 11.4(b)는 y2 신호가 y1 신호보다 90도 느린 것을 나타내고, 이것은 유도성 회로에서 전류

가 전압보다 위상이 90도 늦는 것이다(6장 그림 6.7 참조).

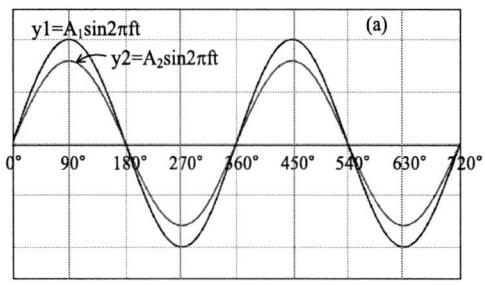 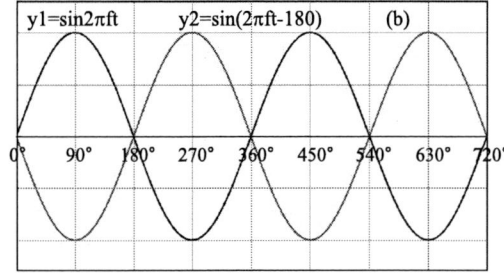

그림 11.3 두 신호가 0도(동 위상)와 180도(역 위상) 위상 차가 있는 경우

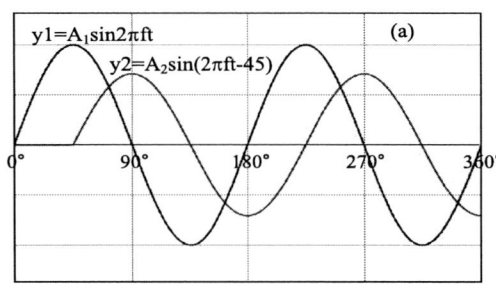 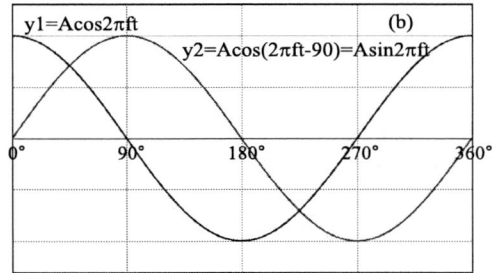

그림 11.4 두 신호가 45도와 90도 위상 차가 있는 경우

그림 11.5는 임펄스 신호(오디오 대역에서 주파수 특성이 평탄한 신호, 13장 그림 13.18 참조)가 전반 지연이 없는 경우의 위상 특성이고, 전 주파수 대역에서 위상 차가 0도이다.

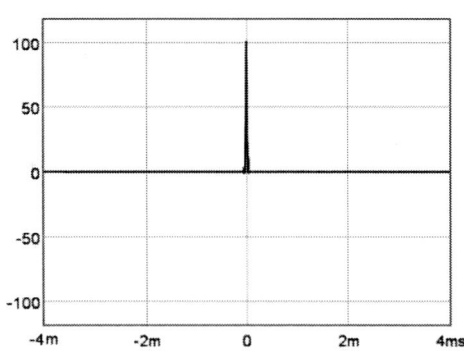 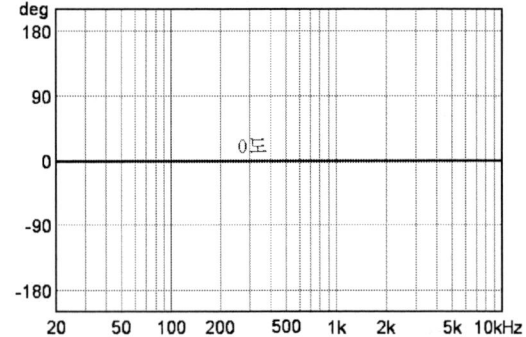

그림 11.5 임펄스 신호의 위상 특성

스피커에서 방사된 음이 마이크까지 도달하는데 시간이 걸리므로 지연 시간이 생긴다. 그림 11.6은 임펄스 신호가 1ms 지연된 것이고, 그림 11.7(a)는 위상 특성으로서 주파수가 높아지면 위상 각이 마이너스 쪽으로 증가한다. 마이너스 위상 각은 신호가 지연되는 것을 의미한다.

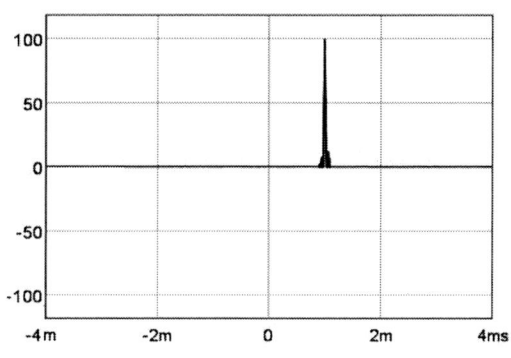

그림 11.6 신호가 1ms 지연된 경우

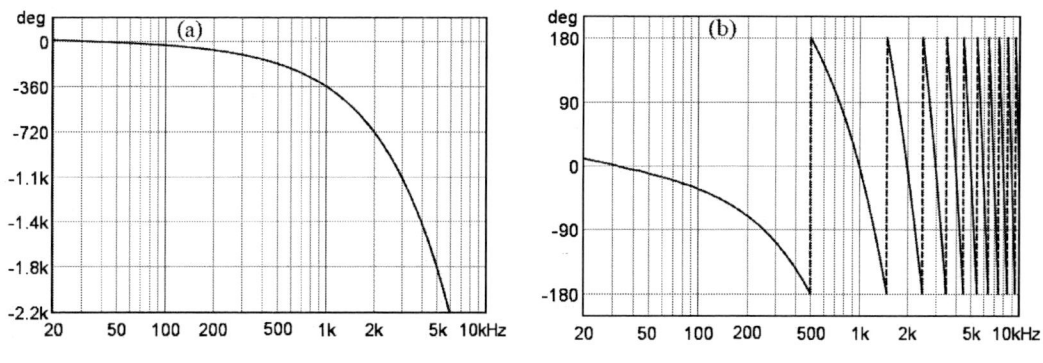

그림 11.7 신호가 1ms 지연된 경우의 위상 특성. (a) unwrapped phase, (b) wrapped phase

1ms는 1000Hz의 한 주기이므로 360도 위상 변이되고, 500Hz에서는 180도 위상 변이된다. 이와 같은 위상 특성을 unwrapped phase라고 한다. 그런데 360도는 0도와 같으므로 그래프의 범위를 +180도에서 −180도 범위로 나타내면 그림 11.7(b)와 같고, 이것을 wrapped phase라고 한다. 일반적으로 위상 주파수 특성은 wrapped phase로 나타낸다.

wrapped phase 특성을 보고 지연 시간을 바로 알기 어려우므로 군지연(group delay)으로 나타내는 경우도 있다. 군지연은 위상을 주파수로 미분한 것이고, 그림 11.8은 지연 시간이 1ms인 군지연의 주파수 특성이다.

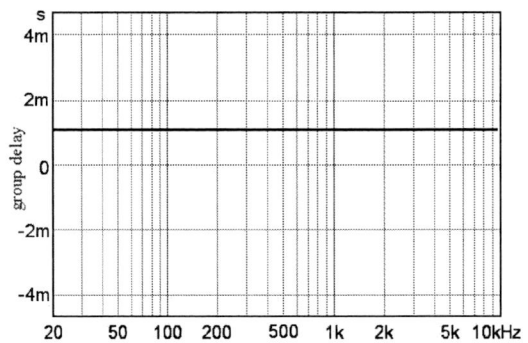

그림 11.8 신호의 지연 시간이 1ms인 경우의 군지연 특성

그림 11.9는 임펄스 신호가 −1ms 전반 지연된 것이고, 그림 11.10은 위상 특성을 나타낸다. 주파수가 높아지면 위상 각이 플러스 쪽으로 증가한다. 플러스 위상 각은 신호가 앞서는 것을 의미한다.

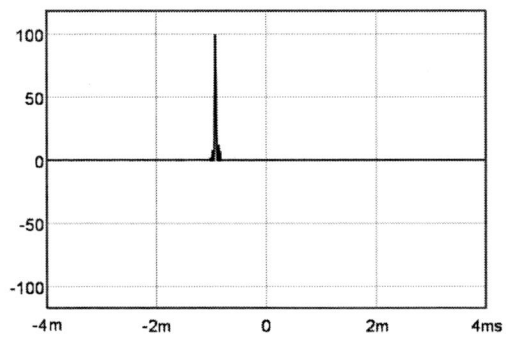

그림 11.9 신호가 −1ms 지연된 경우

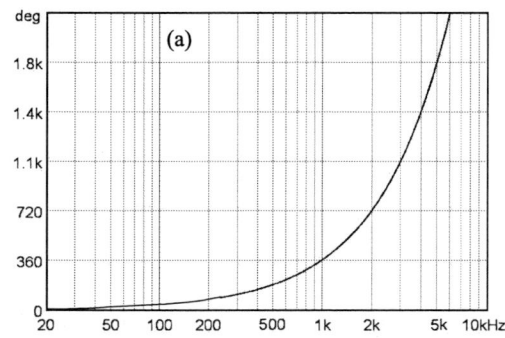 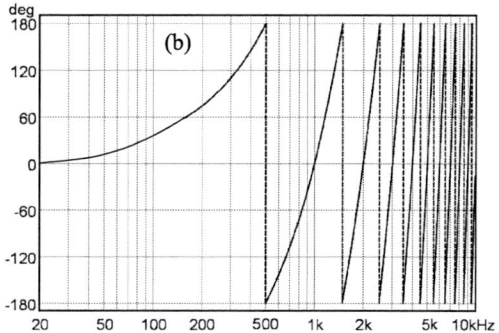

그림 11.10 신호가 -1ms 지연된 경우의 위상 특성. (a) unwrapped phase, (b) wrapped phase

두 신호의 위상 차는 시간 차를 의미한다. 그런데 두 신호의 시간 차는 같아도 주파수가 달라지면 파장이 달라지기 때문에 주파수에 따라서 위상 차가 다르게 나타난다(표 11.1 참조).

예를 들면, 그림 11.11(a)와 같이 500Hz의 두 신호가 1ms 시간 차가 있으면 180도 위상 차가 생기고, 2ms 시간 차가 있으면 360도 위상 차가 생긴다. 그리고 그림 11.11(b)와 같이 1000Hz의 두 신호가 0.5ms 시간 차가 있으면 180도 위상 차가 생기고, 1ms 지연은 360도 위상 차가 생긴다.

두 신호가 1ms 지연되면 500Hz에서는 180도 위상 차가 생기지만, 1000Hz에서는 360도 위상 차가 생기는 것이다. 이와 같이 시간 차는 같아도 주파수에 따라서 위상 차가 다르게 나타나므로 두 신호의 시간 차를 위상 차로 나타내는 것이다.

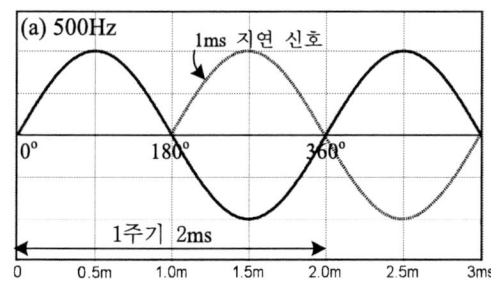 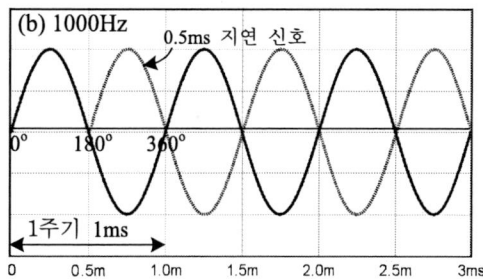

그림 11.11 500Hz와 1000Hz의 시간 차와 위상 차

두 신호가 1ms 시간 차 있는 경우에 주파수 별 위상 차를 계산해 본다. 100Hz의 1 주기는 1/100초(=10ms)이므로 1ms 지연은 1 주기(360도)의 1/10이므로 36도 위상 차가 생긴다. 500Hz의 1 주기는 1/500초(=2ms)이므로 1ms 지연은 1 주기(360도)의 절반이므로 180도 위상 차가 생긴다. 그리고 1000Hz에서는 360도, 2000Hz에서는 720도, 4000Hz에서는 1440도 위상 차(0도와 같음)가 생긴다.

주파수별 위상 차는 (11.3) 식으로 계산한다. (11.3) 식에서 θ는 위상 각, t는 지연 시간, f는 주파수이다. 표 11.1에는 두 신호의 지연 시간이 1ms인 경우에 주파수 별 위상 차를 나타낸다. 그림 11.12는 음향 시스템의 입력과 출력 신호의 시간 차가 1ms인 경우에 위상 주파수 특성을 나타낸다.

$$\theta = 360 \cdot \pm t \cdot f(°), \quad t = \frac{\pm \theta}{360} \times \frac{1}{f} \text{ (s)} \qquad (11.3)$$

표 11.1 두 신호의 지연 시간이 1ms인 경우의 주파수 별 위상 차

주파수	위상 차
100Hz	$-36°$
250Hz	$-90°$
500Hz	$-180°$
1000Hz	$-360° (=0°)$
2000Hz	$-720° (=0°)$
4000Hz	$-1440° (=0°)$

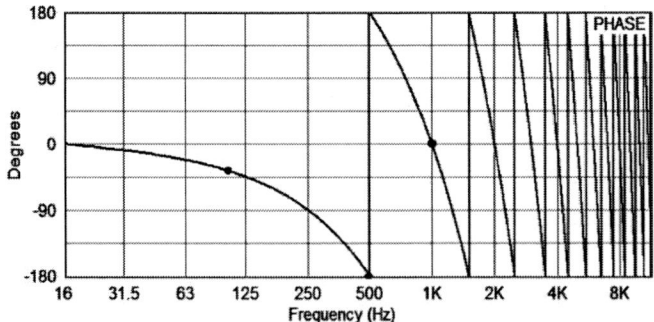

그림 11.12 두 신호의 지연 시간이 1ms인 경우의 위상 주파수 특성

2. 두 신호의 위상 차에 따른 합의 크기

그림 11.13에는 두 스피커에서 동 위상으로 신호가 방사되는 경우와 역 위상으로 방사되는 경우를 나타낸다. 이와 같은 경우에 두 스피커의 음압 레벨의 합은 1장 그림 1.21과 4장 표 4.1과 같이 두 신호의 위상 차에 따라서 달라진다.

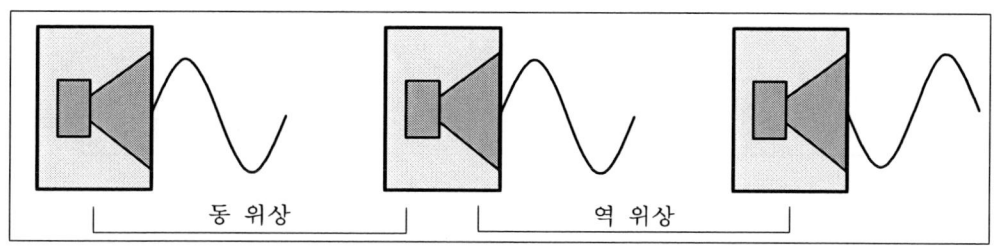

그림 11.13 스피커 간의 위상 차

두 신호의 크기가 A_1, A_2이고, 위상 차가 θ인 경우에 두 신호의 합의 크기 A는 (11.4) 식으로 구한다.

$$A = \sqrt{A_1^2 + A_2^2 + 2A_1A_2\cos\theta} \qquad (11.4)$$

그림 11.14(a)와 같이 A_1, A_2의 크기가 같고 동 위상(0도)이면, 합의 크기는 2배가 된다.

$$A = \sqrt{A_1^2 + A_2^2 + 2A_1A_2\cos 0°} = \sqrt{A_1^2 + A_2^2 + 2A_1A_2} = \sqrt{(A_1+A_2)^2} = A_1+A_1 = 2A_1$$

그림 11.14(b)와 같이 A_1, A_2의 크기가 같고 90도 위상 차가 있으면, 합의 크기는 1.4배가 된다. 이것은 레벨은 같지만, 2개의 다른 소음이 있는 경우에 해당한다.

$$A = = \sqrt{A_1^2 + A_2^2 + 2A_1A_2\cos 90°} = \sqrt{A_1^2 + A_2^2} = \sqrt{(2A_1)^2} = \sqrt{2}A_1 = 1.4A_1$$

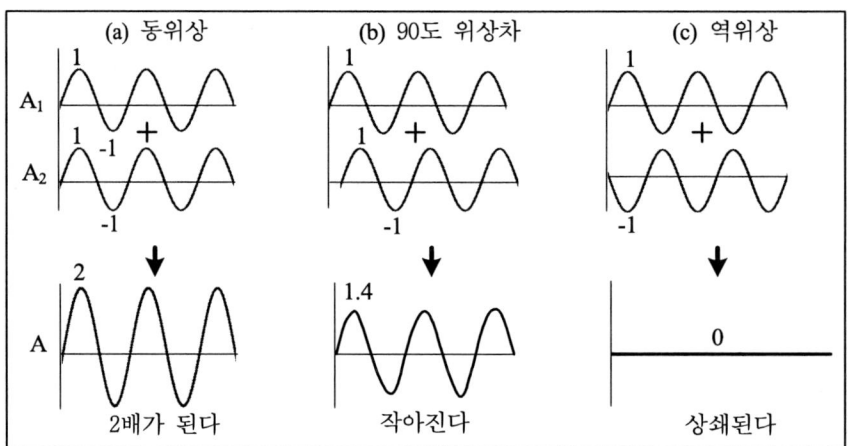

그림 11.14 두 신호의 위상 차에 따른 합의 크기

그림 11.14(c)와 같이 A_1, A_2의 크기가 같고, 역 위상(180도)이면 합의 크기는 0이 된다.

$$A=\sqrt{A_1^2 + A_2^2 + 2A_1A_2\cos180°} = \sqrt{A_1^2 + A_2^2 - 2A_1A_2} = \sqrt{(A_1-A_2)^2} = A_1-A_1 = 0$$

3. 앰프와 스피커의 연결

스피커와 앰프를 연결할 때 그림 11.15(a)와 같이 앰프와 스피커의 극성이 일치하도록 연결해야 한다. 그림 11.15(b)와 같이 앰프와 스피커가 역 위상(앰프의 극성과 스피커 극성이 반대)으로 연결되면, 두 스피커의 위상 차가 180도가 되어 정중앙에서는 음이 상쇄되어 버린다.

따라서 스피커를 앰프와 연결할 때 앰프의 + 단자는 스피커의 + 단자, 앰프의 − 단자는 스피커의 − 단자에 연결해야 한다.

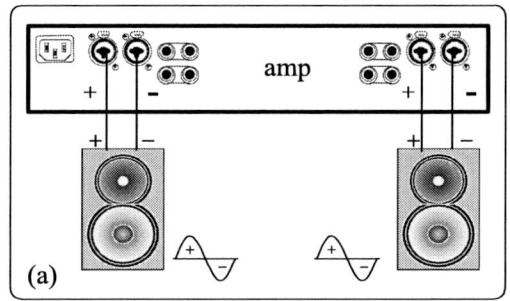 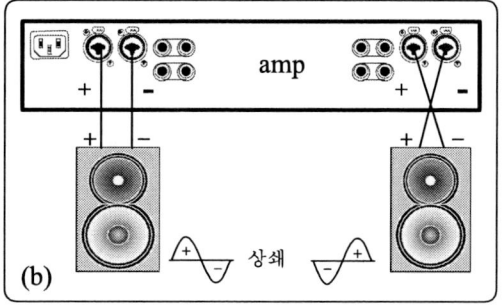

그림 11.15 (a) 앰프와 스피커의 정 위상 연결, (b) 앰프와 스피커의 역 위상 연결

4. 콤필터 왜곡

콘서트 홀이나 리스닝 룸에서 음악을 청취할 때, 그림 11.16과 같이 직접음과 지연된 반사음이 더해진 경우를 본다. 이 때 두 음파가 위상 차 없이 도달하는 주파수는 음압 레벨이 6dB 증가되고, 위상이 180도 차이가 나는 주파수는 상쇄된다. 그 결과 직접음의 평탄한 주파수 특성이 그림 11.17과 같이 피크 딥이 생기고, 이것을 콤필터 왜곡(comb filter distortion)이라고 한다.

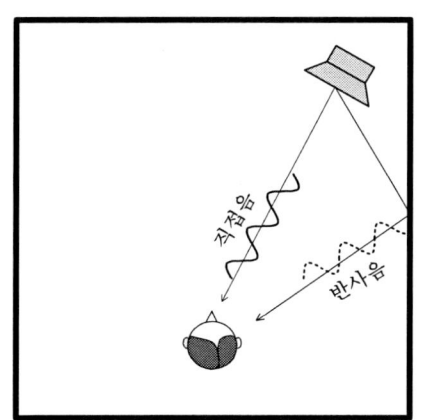 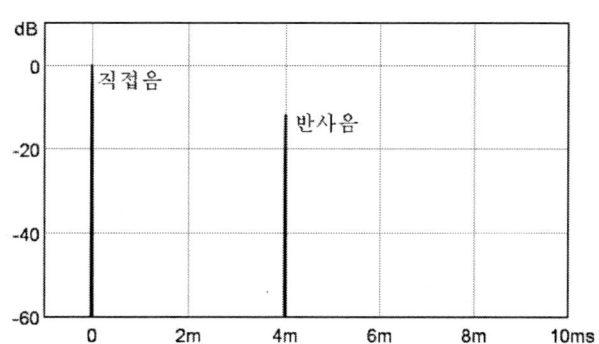

그림 11.16 리스닝 룸에서 직접음과 지연된 반사음

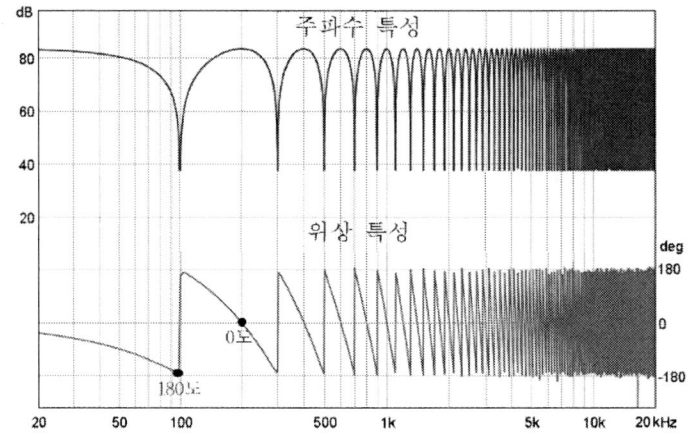

그림 11.17 5ms 지연된 반사음이 직접음에 더해진 경우의 콤필터 왜곡 특성

두 음파의 지연 시간이 $T_d(s)$이면, (11.5) 식에서 N이 홀수인 주파수는 상쇄되어 dip이 생기고, N이 짝수인 주파수는 6dB 증가된다. 그림 11.17은 직접음에 5ms 지연된 반사음이 더해진 경우의 콤필터 왜곡 특성이다. 피크 딥 주파수는 두 음파의 경로 차(d)로도 계산할 수 있고, c는 음속이다.

$$f_N = N / (2T_d) = N \cdot c / 2d \text{ [Hz]} \qquad (11.5)$$

콤필터 왜곡 특성은 반사음의 지연 시간에 따라서 달라진다. 그림 11.18과 같이 반사음의 지연 시간이 짧으면 딥 간의 간격이 넓고, 지연 시간이 길어지면 딥 간의 간격이 좁아진다. 주파수 특성에서 딥 간의 간격이 좁으면 왜곡으로서 잘 지각되지 않지만, 딥 간의 간격이 넓으면 왜곡이 지각되기 쉽다. 특히 1~5ms 지연된 반사음에 의한 왜곡은 잘 지각되고, 음질에 미치는 영향도 크다.

이상의 특성은 직접음과 반사음의 레벨이 같은 경우의 특성이고, 반사음 레벨이 낮으면 그림 11.19와 같이 딥이 깊지 않다. 또, 실제 공간에서는 반사음이 무수히 많으므로 그림 11.20과 같은 특성으로 나타나고, 평활화 처리하면 피크 딥이 없어져서 왜곡으로서 지각되지 않는 경우도 있다.

제11장 위상 차에 의해 생기는 음향적인 문제들

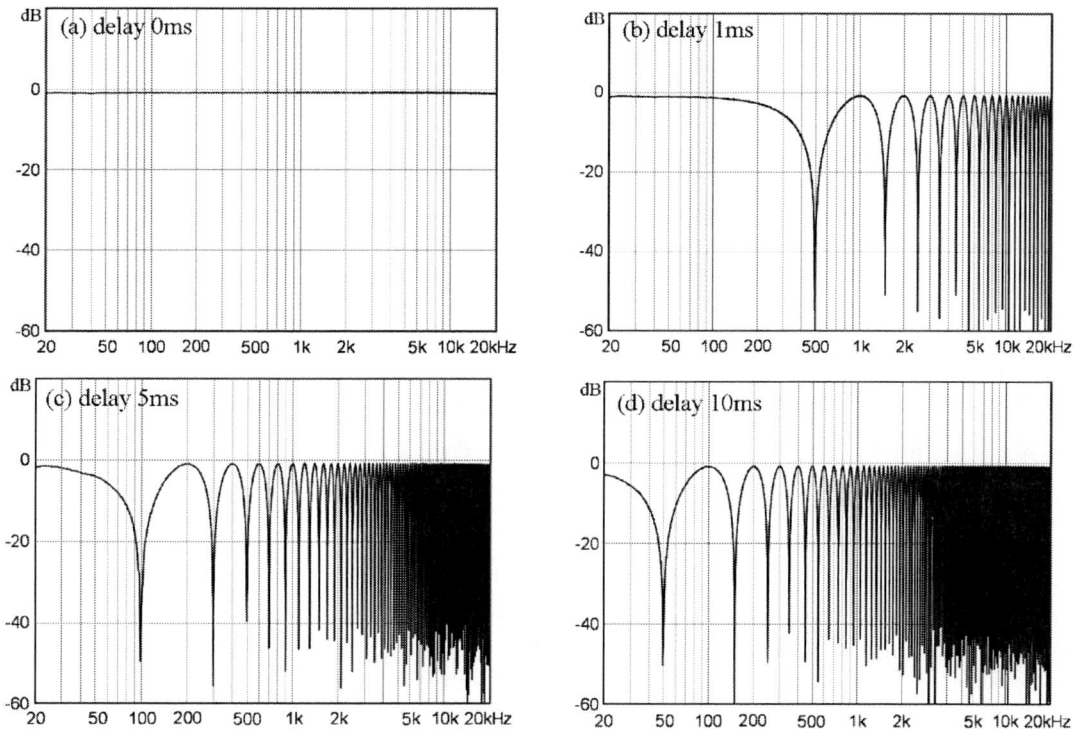

그림 11.18 반사음의 지연 시간에 따른 콤필터 왜곡 특성.

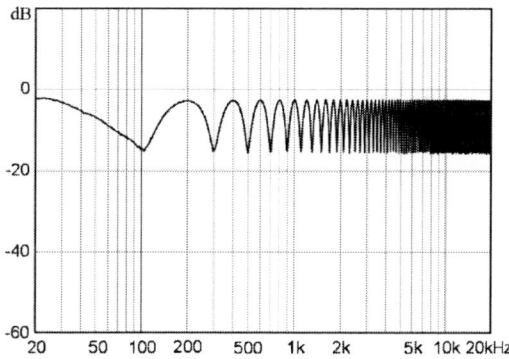

그림 11.19 반사음 레벨이 직접음보다 10dB 낮은 경우의 콤필터 왜곡 특성

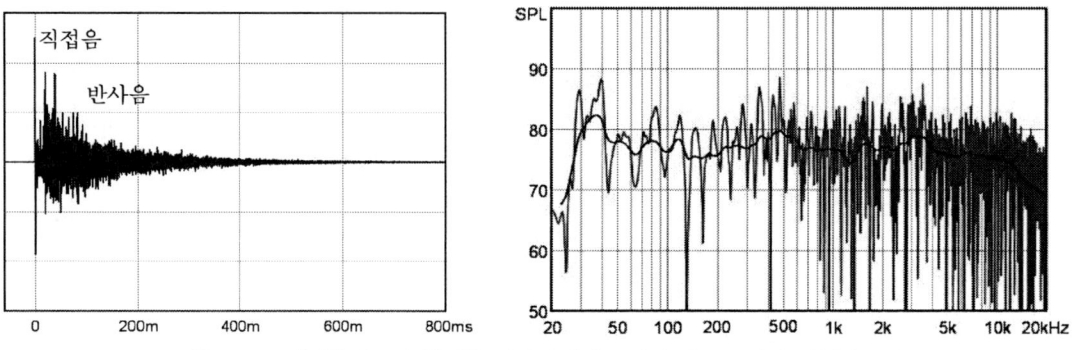

그림 11.20 반사음이 무수히 많은 실내에서의 콤필터 왜곡 특성과 평활화 특성

5. 스테레오 시스템의 청취 위치에 따른 위상 차

　일반적으로 홀에는 그림 11.21과 같이 무대 좌우에 2 채널 스테레오 스피커 시스템을 배치한다. 스테레오 시스템에서 최적 청취 위치는 두 스피커 사이를 하나의 변으로 이루는 정삼각형 꼭지점(1 지점)이다.

　이러한 경우에 두 스피커의 중앙에서 벗어난 지점에서는 두 스피커로부터 도달하는 음파의 시간 차이 때문에 콤필터 왜곡이 생기고, 청취 위치에 따라서도 왜곡 특성이 달라진다. 이 왜곡을 최소화 하기 위해서는 스피커의 커버리지가 좁은 것을 사용하여 중첩되는 영역을 최소로 한다.

　가정의 2채널 스테레오 시스템에서도 그림 11.22(a)와 같이 똑 같은 현상이 생긴다. 그림 11.22(b)는 중앙 이 아닌 지점에서는 콤필터 왜곡이 생기는 것을 볼 수 있다. 콤필터 왜곡 특성은 청취 위치에 따라서 달라지지만, 반드시 왜곡으로 지각되지 않을 수도 있다.

제11장 위상 차에 의해 생기는 음향적인 문제들

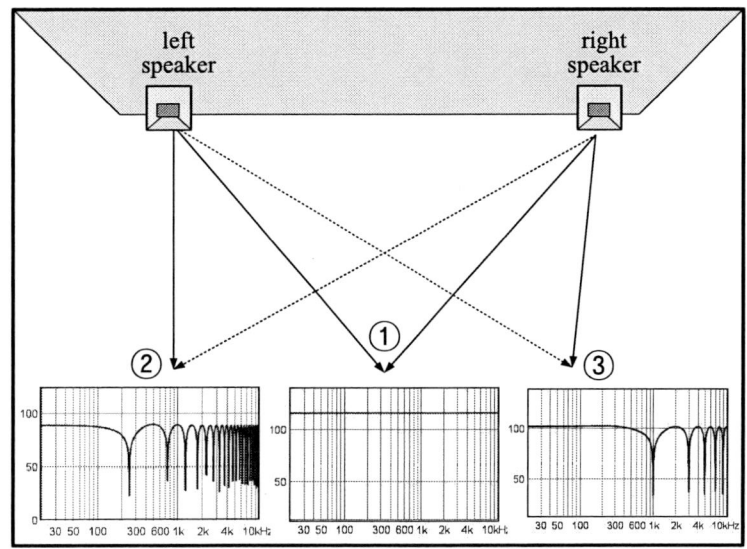

그림 11.21 홀에서 좌석별 콤필터 왜곡 특성 차이

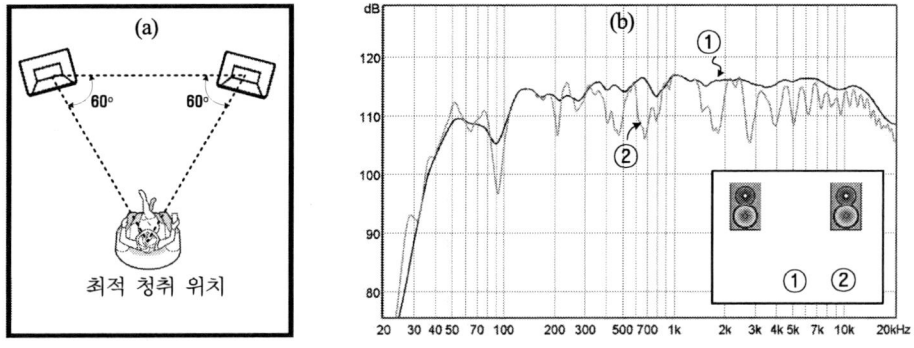

그림 11.22 스테레오 최적 위치(1 지점)에서 벗어나면(2 지점) 콤필터 왜곡이 발생된다.

6. 악기 음 픽업 시 위상 차

그림 11.23(a)와 같이 여러 개의 마이크로 악기음을 픽업할 때, 악기와 마이크 간에 거리 차에 의해서 위상 차가 생긴다. 이러한 위상 차 때문에 콤필터 왜곡이 생기고, 만약 두 마이크로 입력된 신호가 역 위상이면 음이 상쇄된다.

또, 그림 11.23(b)와 같이 스네어의 앞뒤에 마이크를 설치하여 픽업할 때, 앞면에서 픽업한 음과 뒷면에서 픽업한 음이 역 위상이 된다. 이 두 신호를 믹싱하면 음이 상쇄되므로 뒷면의 마이크를 역 위상으로 바꾸어 앞면 마이크와 위상을 일치시켜야 한다.

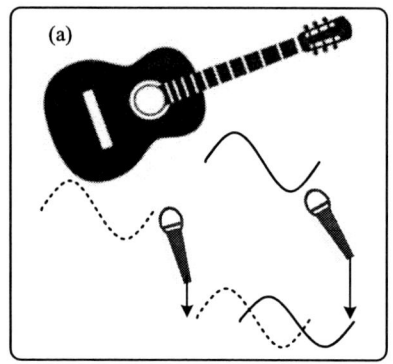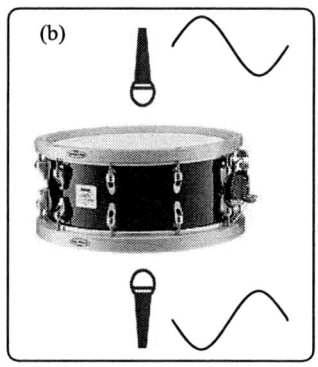

그림 11.23 멀티 마이킹 시 생기는 위상 차

7. 위상 차를 이용한 마이크의 지향성 제어

그림 11.24(a)와 같이 마이크의 모든 방향의 감도가 동일한 지향 특성을 무지향성 마이크(omni-directional microphone)라고 한다. 그림 11.24(b)는 무지향성 마이크의 구조로서 진동판의 앞 면만 외부에 노출되어 있고 뒤 면은 막혀 있다. 따라서 모든 방향에서 입사하는 음파가 시간 차 없이 진동판에 가해지므로 무지향성이 된다.

또, 그림 11.25(a)와 같이 정면은 감도가 높고, 뒷면의 감도가 낮은 지향 특성을 가진 것을 단일 지향성 마이크(uni-directional microphone)라고 한다. 단일 지향성 마이크의 구조는 그림 11.25(b)과 같고, 진동판의 앞면에 입사된 음파와 뒷면에 도달한 음파는 2d만큼의 거리에 해당되는 시간 차를 가지고 도달하도록 되어 있다. 앞면에 입사한 음파가 2d의 반 파장이면, 역 위상의 음파가 진동판 앞뒤에 가해져 많이 진동하게 된다. 그러나 뒷면에서 입사되는 음파는 진동판의 앞뒤 면에 도달하는 음파의 경로 차가 없으므로 동 위상이 되어 진동판이 진동하지 않으므로 감도는 제로가 된다.

단일 지향성 마이크의 지향 특성은 (11.6) 식과 같다. θ는 정면과 이루는 각도를 나타내고, 정면은 0도이고, 측면은 90도, 후면은 180도이다. 1장 5절 삼각 함수 활용 2를 참조한다.

$$S = 0.5 + 0.5\cos\theta \qquad (11.6)$$

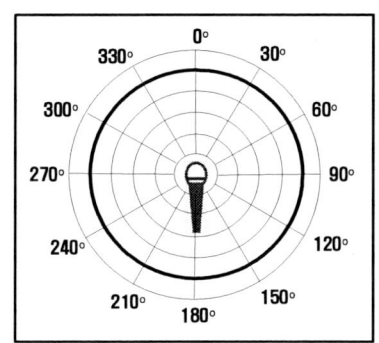

그림 11.24(a) 무지향성 마이크의 지향 특성

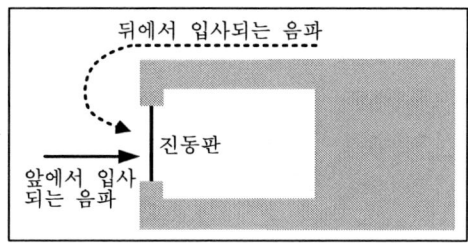

그림 11.24(b) 무지향성 마이크의 구조

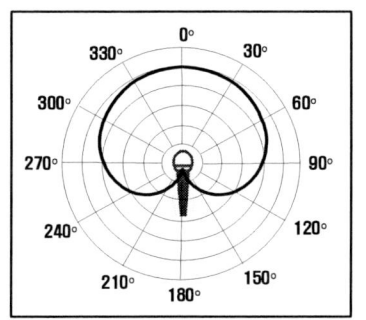

그림 11.25(b) 단일 지향성 마이크의 지향 특성

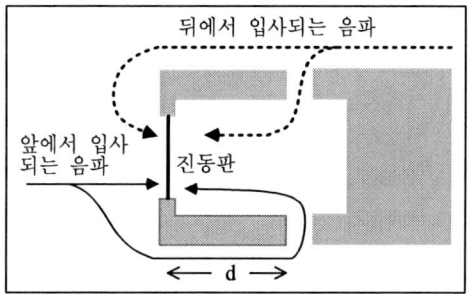

그림 11.25(b) 단일 지향성 마이크의 구조

8. 위상 차를 이용한 스피커의 지향성 제어

서브우퍼의 지향 특성은 거의 무지향성이므로 음을 방사하고자 하는 방향이 아닌 곳으로 방사되는 음이 많으므로 에너지 낭비가 많다. 이것을 방지하기 위해서 여러 개의 서브우퍼를 조합하여 지향성을 제어하는 방법이 있다.

앞방향 지향 어레이(forward steered array)는 앞 방향으로만 음을 방사시키고, 뒤 방향으로는 음의 방사를 최소화시키는 방법이다. 가장 간단한 예로 그림 11.26과 같이 서브우퍼를 지향 축상에 간격을 두어 배치하고, 두 서브우퍼 간의 거리 차에 해당되는 지연 시간만큼 앞의 서브우퍼를 지연시킨다.

예를 들어 두 서브우퍼 간의 간격을 1/4 파장만큼 떨어뜨려 배치한다. 100Hz(파장 3.4m)의 경우를 계산하면, 두 서브우퍼를 85cm(=340/4) 떨어뜨려 배치하고, 앞의 서브우퍼를 2.5ms 지연시킨다. 이렇게 하면 앞의 서브우퍼는 뒤 서브우퍼보다 1/4 파장만큼 지연되고, 이 지연과 뒤 서브우퍼의 간격이 1/4 파장만큼 지연되어 도달되므로 어레이의 앞에서는 두 서브우퍼에서 방사되는 파형의 위상이 일치하여 음압이 2배가 된다. 반면에 어레이의 뒤에서는 두 서브우퍼에서 방사되는 음이 역 위상이 되므로 상쇄되고, 그림 11.27과 같이 단일 지향성 패턴이 된다.

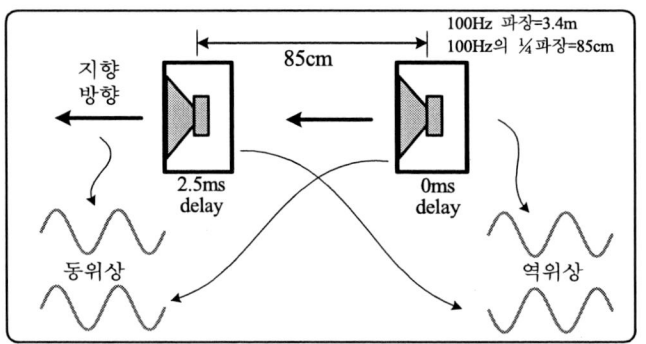

그림 11.26 앞방향 지향 어레이의 원리

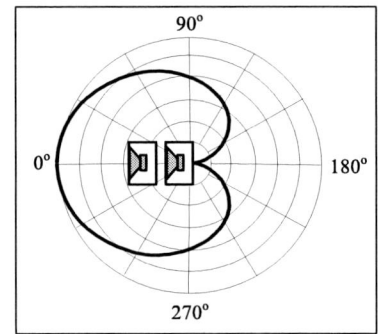

그림 11.27 서브우퍼의 단일 지향성 패턴

9. 필터에서 위상 변이

그림 11.28과 같은 저항 회로에서 출력 전압의 크기는 전압 분배 법칙에 따라서 (11.7) 식과 같다.

$$V_{out} = \frac{R_2}{R_1 + R_2} \cdot V_{in} \qquad (11.7)$$

만약, 두 저항 값이 100Ω이면 그림 11.29와 같이 출력 전압은 전체 주파수 대역에서 입력 전압의 0.5배(= −6dB)가 된다. 또, 출력 신호도 입력 신호에 비해서 지연이 생기지 않으므로 위상 특성도 0도로 평탄하다.

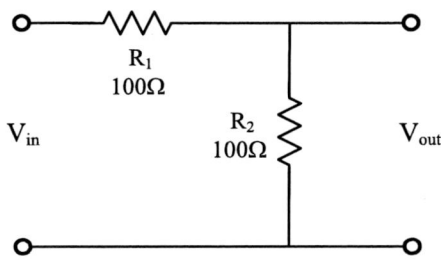

그림 11.28 저항 회로에서 출력 전압은 주파수와 관계없이 일정하게 출력된다.

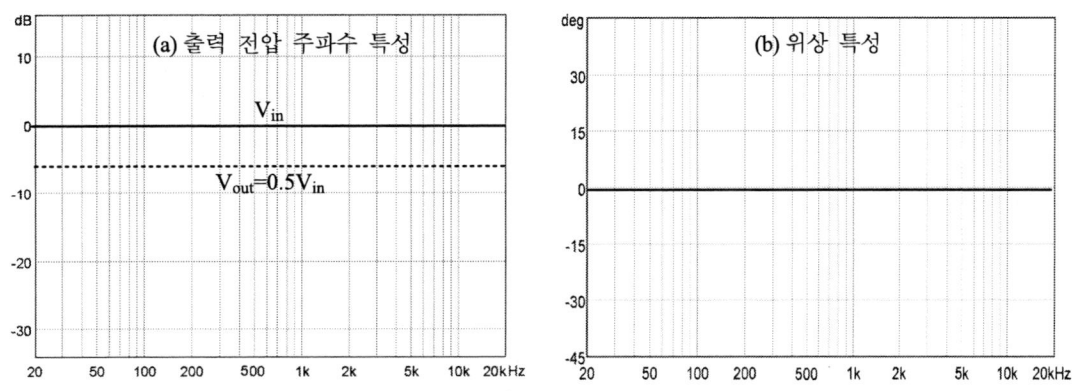

그림 11.29 그림 11.28 회로의 주파수 특성과 위상 특성

그러나 신호가 인덕터나 커패시터로 구성된 필터를 통과하면, 차단 주파수 이상에서 그림 11.30(b)와 같이 출력 신호가 지연되므로 위상이 변이된다.

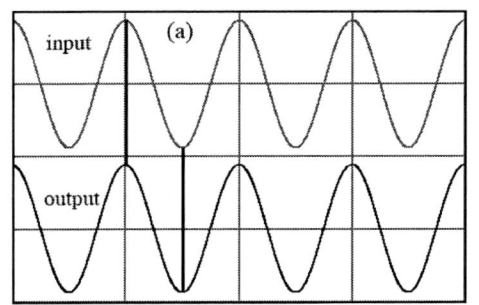 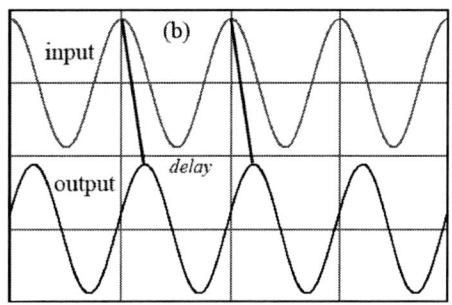

그림 11.30 (a) 입력 신호가 지연되지 않고 출력된 경우, (b) 입력 신호에 대해 지연되어 출력된 경우

즉, 필터 회로에서는 주파수에 따라서 출력 전압이 달라지고, 위상도 변이된다. 그림 11.31(a)는 R C 저역 통과 필터와 L R 저역 통과 필터의 위상 변이(phase shift)를 나타낸다. R C와 L R 저역 통과 필터는 지상 회로(lag circuit)로 동작하고(출력 신호가 입력 신호보다 위상이 늦음), 위상 변이는 (11.8) 식과 같다.

$$\theta = -\tan^{-1}\left(\frac{R}{X_C}\right)°, \quad \theta = -\tan^{-1}\left(\frac{X_L}{R}\right)° \qquad (11.8)$$

1차 저역 통과 필터는 차단 주파수에서 −45도(그림 11.31a) 변이된다. 이 내용은 10장을 참조한다.

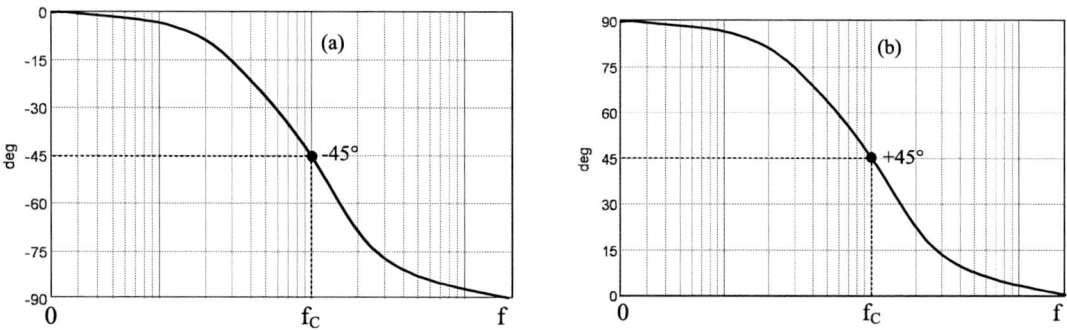

그림 11.31 (a) 저역 통과 필터의 위상 변이, (b) 고역 통과 필터의 위상 변이

C R과 R L 고역 통과 필터는 그림 11.31(b)와 같이 진상 회로(lead circuit)로 동작하고(출력 신호가 입력 신호보다 위상이 앞섬), 위상 변이는 (11.9) 식과 같다.

$$\theta = \tan^{-1}\left(\frac{X_C}{R}\right)°, \quad \theta = \tan^{-1}\left(\frac{R}{X_L}\right)° \qquad (11.9)$$

1차 고역 통과 필터는 차단 주파수에서 출력 신호가 45도 변이된다. 그리고 필터 차수가 1차씩 증가하면, 위상도 45도씩 증가되어 변이된다(10장 필터의 특성과 위상 변이 참조). 2차 필터는 차단 주파수에서 90도 위상 변이된다(10장 그림 10.20 참조).

10. 스피커 네트워크 필터에서 위상 변이

스피커로 20~20,000Hz 대역을 재생하기 위해서 저음, 중음, 고음 유닛을 조합해서 사용한다. 이러한 경우에 각 유닛에는 필요한 대역의 신호만 입력되도록 하는 필터가 필요하고, 이것을 네트워크 필터(network filter)라고 한다.

네트워크 필터는 저역 통과 필터, 대역 통과 필터, 고역 통과 필터의 3종류가 있다. 가장 간단한 네트워크 필터는 그림 11.32와 같이 고음 유닛에 커패시터(고역 통과 필터)를 삽입하여 고역만 통과되도록 하고, 저음 유닛에 인덕터(저역 통과 필터)를 삽입하여 저역만 통과되도록 하는 것이다.

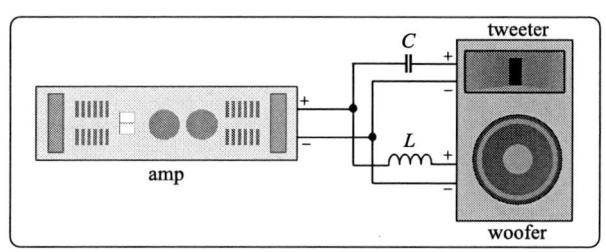

그림 11.32 2웨이 스피커의 네트워크 필터

네트워크 필터는 스피커의 음질을 좌우하는 중요한 소자이다. 그런데 신호가 네트워크 필터를 통과하면 그림 11.31과 같이 위상이 변이된다. 그 결과 크로스오버 주파수에서 저음과 고음 유닛의 위상이 일치되지 않아서 피크나 딥이 생길 수 있다.

그림 11.33에는 고역과 저역 통과 필터의 합 특성을 나타낸다. 그림 (a)는 두 필터가 크로스오버 주파수에서 동 위상으로 결합된 특성이다. 그림 (b)는 두 필터 간의 위상 차가 있는 특성으로서 크로스오버 주파수에서 부스트되거나(sum1) 상쇄되는 특성을(sum2) 나타낸다. 왜 이러한 특성이 나타나는지 설명한다.

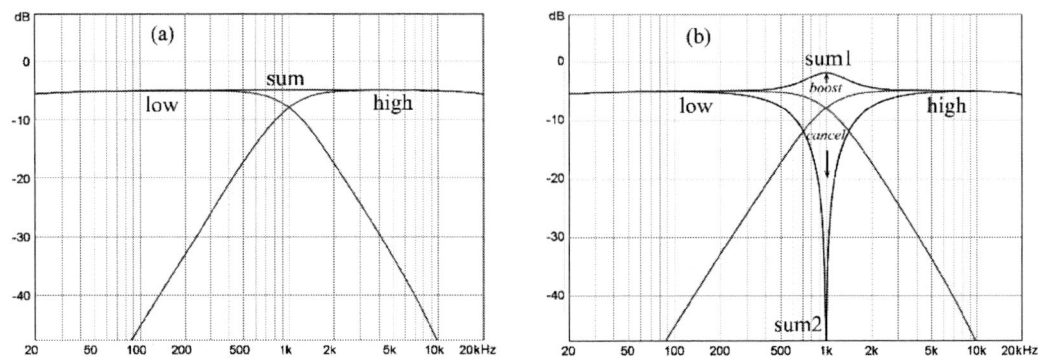

그림 11.33 고음과 저음 통과 필터의 합 특성. (a)는 두 필터가 동 위상으로 결합된 특성, (b) 두 필터의 위상 차가 있는 특성

그림 11.34(a)와 같이 크로스오버 주파수에서 1차 저역 통과 필터(LPF)의 출력 신호는 위상이 -45도 변이되고, 1차 고역 통과 필터(HPF)의 출력 신호는 위상이 +45도 변이된다. 따라서 크로스오버 주파수에서 두 필터 간에 90도 위상 차가 생기고, 그 결과 진폭의 합은 $1(=\sqrt{0.707^2+0.707^2})$이 되므로 그림 11.33(a)와 같이 평탄한 주파수 특성이 된다. 여기에서 0.707은 크로스오버 주파수에서 이득 값이다(10장 (10.4) 식 참조).

그림 11.34(b)와 같이 크로스오버 주파수에서 2차 저역 통과 필터(LPF)의 출력 신호는 -90도 위상 변이되고, 2차 고역 통과 필터(HPF)의 출력 신호는 +90도 위상 변이된다. 따라서 크로스오버 주파수에서 두 필터 간에 180도 위상 차가 생기므로 그림 11.33(b)의 sum2와 같이 음이 상쇄된다.

그리고 어느 한 쪽의 필터를 역 위상으로 하면, 진폭의 합은 1.414(= 0.707 + 0.707)가 되어 3dB(= 20log1.414) 부스트되는 특성(sum1)이 된다.

3차 필터는 그림 11.34(c)와 같이 합의 진폭 특성이 1이 되지만, 출력 신호는 입력 신호와 역 위상이 된다. 4차 필터는 그림 11.34(d)와 같이 3dB 부스트되는 특성이 된다.

크로스오버 주파수에서 진폭 특성이 부스트되거나 상쇄되면 음질이 좋지 않다. 따라서 크로스오버 주파수에서 위상이 일치하도록 해야 한다.

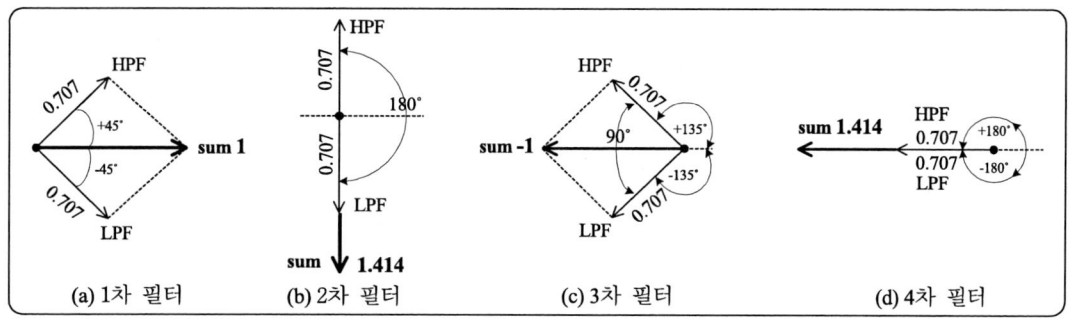

그림 11.34 1차, 2차, 3차, 4차 필터의 위상 차

11. 멀티 웨이 스피커 유닛 간의 위상 차

그림 11.35(a)와 같이 2웨이 스피커의 크로스오버 주파수에서 저음과 고음 유닛의 음이 정확하게 동시에 방사되면, 청취 지점에서 2배의 크기로 합성된다. 그러나 그림 11.35(b), (c)와 같이 두 유닛에서 방사된 음이 시간 차가 있으면 위상 차가 생기므로 청취 지점에서 음이 작아지거나 상쇄된다.

대부분의 스피커의 크로스오버 주파수는 1~5kHz 대역에 존재한다. 이 대역은 청각에 가장 민감하고, 음악과 음성의 명료성에 가장 많은 영향을 주는 대역이므로 반드시 유닛 간의 위상이 일치되어야 한다.

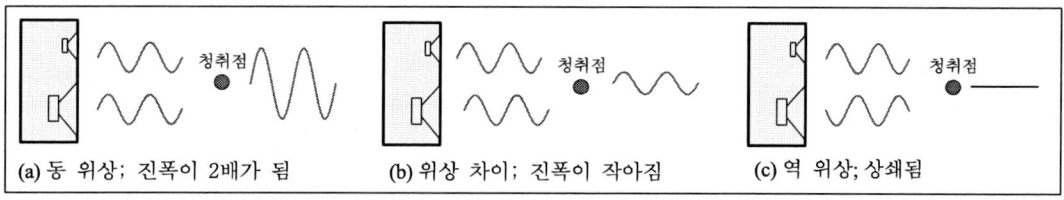

그림 11.35 두 유닛에서 같은 음이 방사될 때 위상 차에 따른 음의 합성

그림 11.36과 같이 우퍼와 트위터로 구성된 2웨이 스피커에서 청취점과 두 유닛 간의 거리 차(d_2-d_1)에 의해서 (11.10) 식과 같은 위상 차가 생긴다.

$$\Delta\theta = \frac{d_1 - d_2}{\lambda} \times 360° = \frac{f \cdot (d_1 - d_2)}{c} \times 360° \quad (11.10)$$

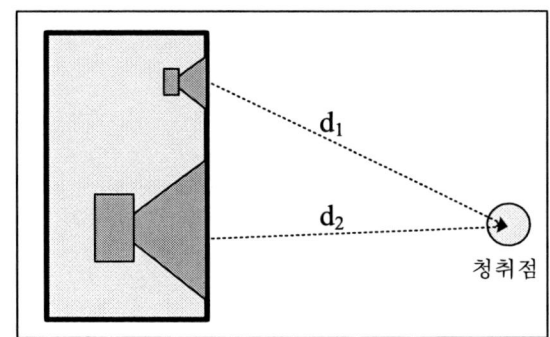

그림 11.36 청취점과 스피커 유닛 간의 거리 차에 의한 위상 차

또, 청취 위치가 변하면 위상 차도 변하게 된다. 따라서 두 유닛 간의 거리 차가 최소가 되도록 유닛을 가깝게 배치해야 한다. 그러나 3웨이 스피커에서는 3개의 유닛으로부터 청취점까지 거리를 똑 같이 만드는 것이 어려우므로 각 유닛의 전후 위치를 조절하여 거리 차가 없도록 해야 한다. 이렇게 만들어진 스피커를 linear phase system 또는 time alignment system이라고 한다.

그리고 유닛 간의 시간 정렬이 된 스피커이더라도 그림 11.37과 같이 정면 축으로부터 벗어나는 지점에서는 시간 정렬이 되지 않으므로 위상 차가 생긴다. 예를 들어 2웨이 스피커의 크로스오버가 1.8kHz이면, 우퍼에서도 1.8kHz가 재생되고 트위터에서도 1.8kHz가 재생된다.

1.8kHz의 파장은 18.9cm이므로 우퍼와 트위터의 거리 차가 9.5cm이면, 우퍼와 트위터에서 각각 재생된 1.8kHz는 1/2 파장 차이가 나므로 역 위상이 되고, 그림 11.37과 같이 1.8kHz 대역의 음이 상쇄된다.

이와 같이 스피커의 축 방향에서는 시간 정렬이 되어도 축 외 방향에서는 시간 정렬이 되지 않으므로 크로스오버 주파수에서 딥이 생기고 음질이 좋지 않다.

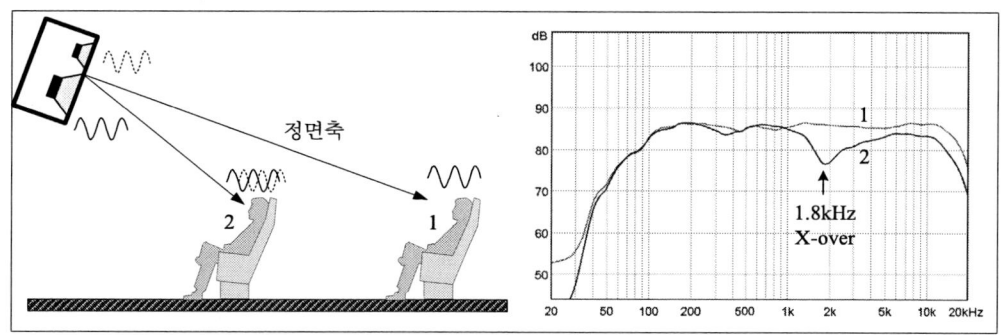

그림 11.37 스피커의 정면 축으로부터 벗어난 곳에서 청취하면, 시간 정렬이 되지 않아서 크로스오버 주파수에서 딥이 생긴다.

그림 11.38(a)에는 2kHz 크로스오버 주파수에서 위상이 일치된 특성이고, 그림 (b)는 일치되지 않은 특성을 나타낸다. 두 스피커의 진폭 특성은 거의 비슷하지만, 위상 특성이 다르다. 그림 (b)의 위상 특성은 시간 정렬이 되지 않아서 크로스오버 주파수에서 위상 변이가 생기고 음질이 좋지 않다.

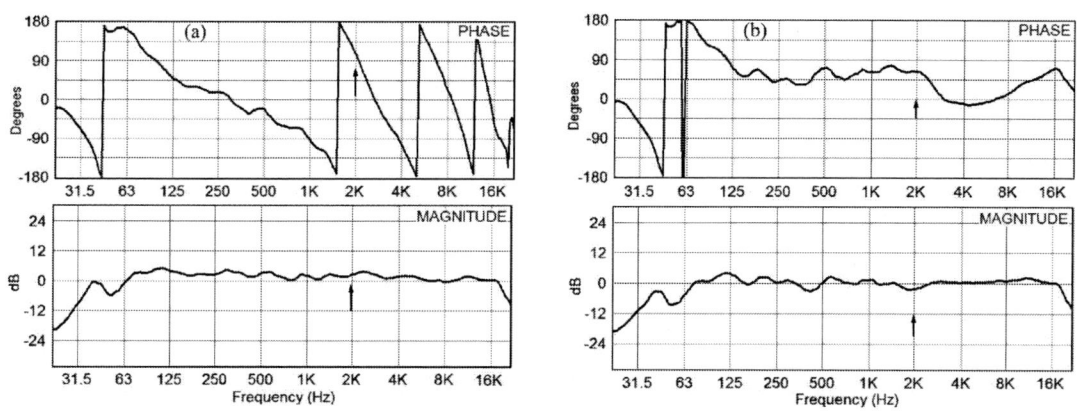

그림 11.38 2kHz 크로스오버 주파수에서 위상이 일치된 특성(a)과 위상이 일치되지 않은 특성(b)

12. 스피커 간의 위상 차에 의한 간섭

그림 11.39와 같이 스피커 2대를 스태킹 한 경우에 두 스피커로부터 음이 청취 지점에

동시에 도달하면, 두 음의 합 신호는 2배의 크기가 된다. 그러나 그림 11.40과 같이 스피커의 정중앙이 아닌 다른 지점에서는 두 스피커로부터의 청취 지점에 도달하는 음파의 시간 차에 의해 위상 차가 생기므로 음이 작아진다. 그림 11.41~42와 스피커가 어긋나게 배치된 상태에서도 같은 현상이 생긴다.

이와 같이 음파가 2개 이상이면 시간 차이에 의해 콤필터 왜곡이 생기게 된다. 즉, 두 음파가 동 위상이거나 1 파장 차이(동 위상)가 있으면 증가 간섭이 생기고, 두 음파가 1/2 파장 차이(180도 차이)가 있으면 상쇄 간섭이 생긴다.

그림 11.43에는 4 대의 스피커를 스태킹 스프레이 한 경우의 특성을 나타내고, 스피커 간의 위상 차에 의해 고음에서 콤필터 왜곡이 생긴다. 스피커가 4대이면 1대인 경우보다 이론적으로 음압 레벨이 12dB 증가 되지만, 간섭이 생기면 12dB 증가되지 않으며 음질도 좋지 않다.

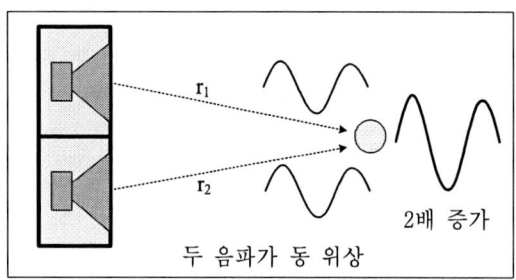

그림 11.39 위상 차가 없으면 증가 간섭

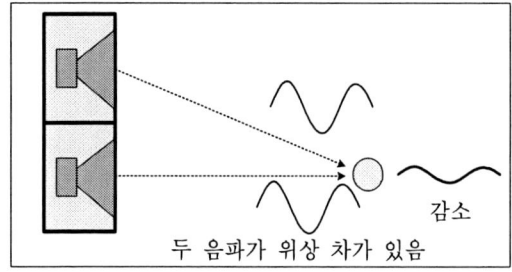

그림 11.40 위상 차가 있으면 감쇠 간섭

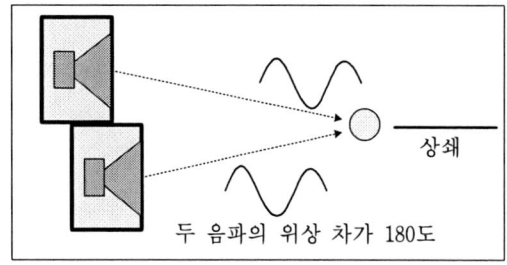

그림 11.41 위상 차가 반 파장이면 상쇄 간섭

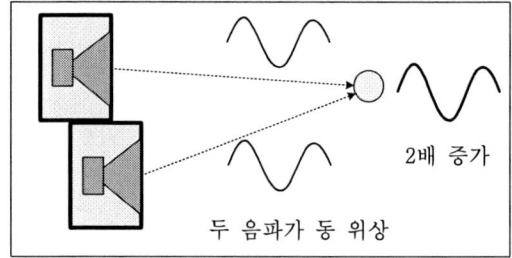

그림 11.42 위상 차가 1 파장이면 증가 간섭

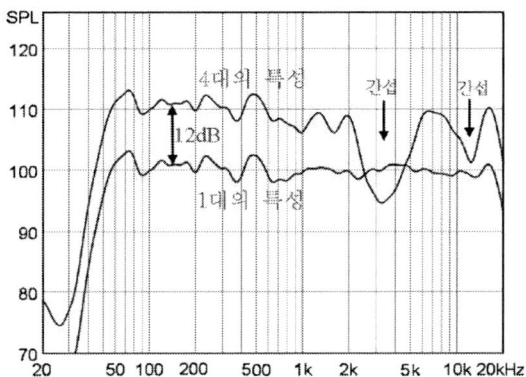

그림 11.43 4대의 스피커를 스태킹 스플레이 한 경우에 고음에서 간섭

    2개의 인접하는 유닛 간의 거리(d)가 같은 간격으로 배열된 어레이에서 d가 짧을수록 고주파수까지 간섭이 생기지 않는다. 그림 11.44에는 스피커 간의 간격에 따라서 합성되는 파면을 나타낸다. 스피커 간의 간격 d가 파장의 2배 이상이면 콤필터 왜곡이 생기고, 파장과 비슷하면 약간 왜곡이 생긴다. 그리고 d가 1/2 파장보다 짧으면 파면들이 완전하게 합성되어 간섭이 생기지 않는다.

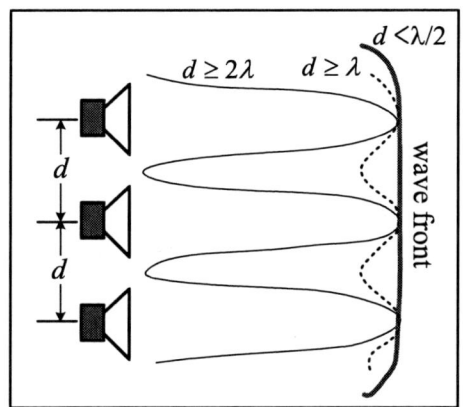

그림 11.44 스피커 유닛 간의 간격에 따른 음파의 합성

    간섭이 생기지 않은 상한 주파수를 분기 주파수(break frequency, f_b)라고 한다.

$$d < \lambda/2 \ (m) \quad \rightarrow \quad d < c/2f_b \ (m) \quad \rightarrow \quad f_b < c/2d \ [Hz] \qquad (11.11)$$

즉, f_b보다 낮은 주파수에서는 유닛 간의 간섭이 생기지 않지만, f_b 이상의 주파수에서는 유닛 간에 감쇠 간섭이 생긴다. 예를 들면, 유닛 간을 2.5cm 간격으로 배치하면 6.8kHz 이하에서는 간섭이 생기지 않지만, 6.8kHz 이상에서는 간섭이 생긴다.

만약 15kHz까지 간섭이 생기지 않도록 하기 위해서는 유닛 간의 간격 d가 1.1cm 이하이어야 한다. 이렇게 스피커 간의 간섭이 생기지 않도록 하기 위해서 만든 것이 라인 어레이 스피커(line array speaker)이다.

13. 이퀄라이저의 부스트/커트에 의한 위상 변이

스피커의 전송 주파수 특성을 보정하는(room tuning) 경우에 이퀄라이저(일종의 필터임)를 사용한다. 이퀄라이저는 특정 주파수를 부스트 또는 커트하여 스피커의 전송 주파수 특성을 평탄하게 보정하는 것이다. 이퀄라이저는 그림 11.45와 같이 여러 개의 대역 통과 필터와 대역 차단 필터로 구성된 것이다.

그런데 이퀄라이저의 특정 주파수를 부스트하거나 커트하면 그 주파수의 진폭 특성이 변하지만, 위상도 변한다. 그림 11.46에는 이퀄라이저의 1000Hz 슬라이더를 부스트 커트하였을 때 주파수 특성과 위상 특성을 나타낸다. 슬라이드를 많이 부스트 하면 위상 특성이 더 많이 변한다.

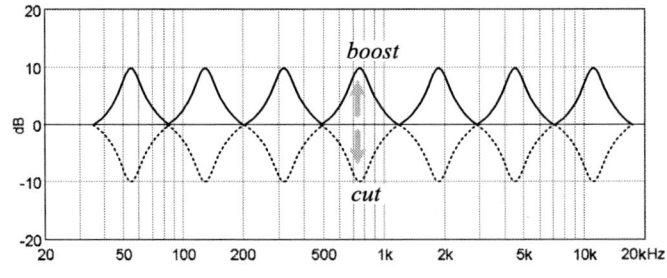

그림 11.45 이퀄라이저의 부스트와 커트의 특성

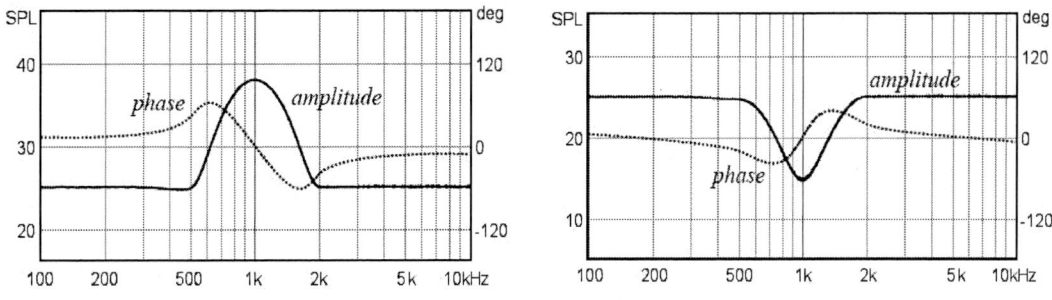

그림 11.46 이퀄라이저의 슬라이더를 부스트 커트했을 때 위상 변화

한편, 선형 위상 이퀄라이저는 그림 11.47과 같이 슬라이더를 가변해도 위상 특성이 변하지 않는다. 그러나 선형 위상 이퀄라이저는 슬라이더를 가변하면, 그림 11.48과 같이 pre ringing(또는 pre echo)이 발생되는 것도 있다. 이것은 일종의 디지털 이퀄라이저의 왜곡이며, 어택 음이 빠른 음은 둔탁하고 힘이 없는 음으로 들린다.

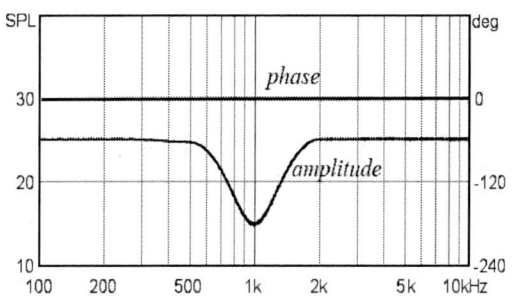

그림 11.47 선형 위상 이퀄라이저의 위상 특성

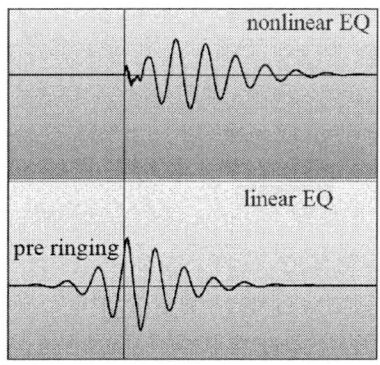

그림 11.48 선형 위상 이퀄라이저를 부스트하면 pre ringing이 발생된다.

제 12장
신호의 실효 값

건전지와 같은 직류는 시간에 따라서 전압 값이 변하지 않고 일정하며, 가정의 전기나 음악 신호와 같은 교류 신호는 시간에 따라서 전압 값이 변한다. 교류 신호는 시간에 따라서 전압 값이 계속 변동하므로 어느 크기를 전압 값으로 해야 하는지가 문제이다.

교류 신호를 부하에 연결하였을 때, 직류 신호를 연결하였을 때와 같은 파워가 얻어진 경우에 직류 전압 값과 같은 교류 전압 값을 실효 값이라고 한다. 즉, 교류의 에너지를 직류 에너지로 바꾸면 몇 V가 되는가가 실효 값이다.

sin 파 신호의 실효 값은 최대 값의 0.707배이고, 최대 값은 실효 값의 1.414배이다. 그러나 음악 신호와 같이 불규칙한 신호는 실효 값을 계산할 수 없고 계측하여 구해야 한다.

신호는 직류 신호와 교류 신호가 있다. 직류는 건전지와 같이 극성(+, −)이 변하지 않고 전압 값이 일정하다. 반면에 교류 신호는 시간에 따라서 극성과 전압 값이 변하는 신호이다. 가정에서 사용하는 전기, 그리고 음성과 음악 파형도 교류 신호이고, 일상에서 접하는 모든 음파는 교류 신호이다. 교류 신호를 취급할 때는 최대 값과 실효 값을 알아야 한다.

1. 신호의 최대 값과 실효 값

건전지는 직류(direct current; DC)이다. 직류는 그림 12.1(a)와 같이 극성이 변하지 않고 전압은 일정하다. 따라서 DC의 주파수는 0Hz이다. 가정에 공급되고 있는 전기는 교류(alternating current; AC)이고, 교류 전압 파형은 그림 12.1(b)와 같고, 전압 값은 시간에 따라서 크기가 변하고, +, − 극성도 변한다. 가정용 전기의 전압은 220V이고(실효 값), 주파수는 60Hz이다.

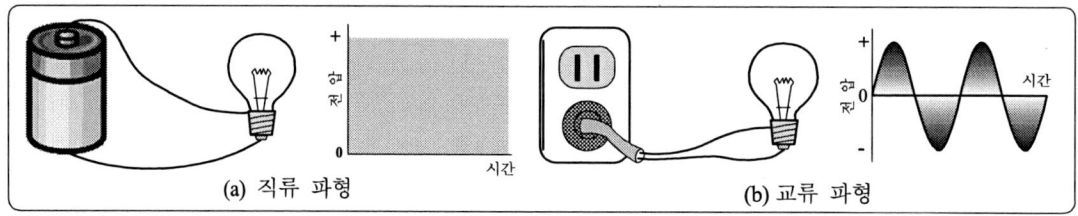

그림 12.1 직류와 교류 파형

직류 전압을 측정할 때는 전압 값이 항상 일정하므로 문제가 없지만, 교류는 시간에 따라서 전압 값이 변하므로 어느 시간에서의 전압 값으로 나타낼지가 문제가 된다. 교류 전압의 진폭 값을 표시하는 데는 최대 값과 실효 값이 있다.

그림 12.2와 같이 sin 파의 최대 값 V_p는 신호의 반 주기(π) 중에서 진폭의 최대 값을 나타내는 것이다. 또, 교류 전압 에너지를 직류 전압 에너지로 환산한 실효 값(root mean square; rms)이 있다.

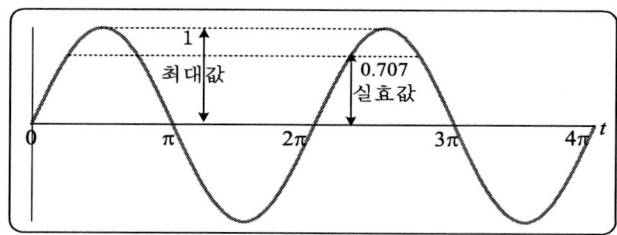

그림 12.2 sin 파 전압의 최대 값과 실효 값

그림 12.3(a)에서 전구에 DC 10V를 가하면 전류가 2A 흐르고, 전구의 파워는 20W(=10V×2A)가 된다. 그러면 그림 12.3(b)와 같이 전구에 AC를 가하는 경우에 같은 파워를 얻기 위해서 몇 V를 가해야 하는가? DC 신호는 계속적으로 같은 파워 레벨을 부하에 공급하지만, AC는 어느 한 순간만 DC와 같은 파워를 공급하고, 그 외의 시간은 DC보다 더 적은 파워를 공급하는 것이다(그림 12.4a). 따라서 같은 진폭의 전압 값이라면 AC는 DC보다 파워 공급이 더 적다. DC 전압과 같은 파워를 공급하기 위해서는 그림 12.4(b)와 같이 진폭이 더 큰 AC 전압을 가해야 한다. 이 예에서는 최대 값이 14.14V인 AC를 인가하면, DC 10V와 같은 파워를 공급하게 된다. 이 때 14.14V는 최대 값이고, 10V는 실효 값이다.

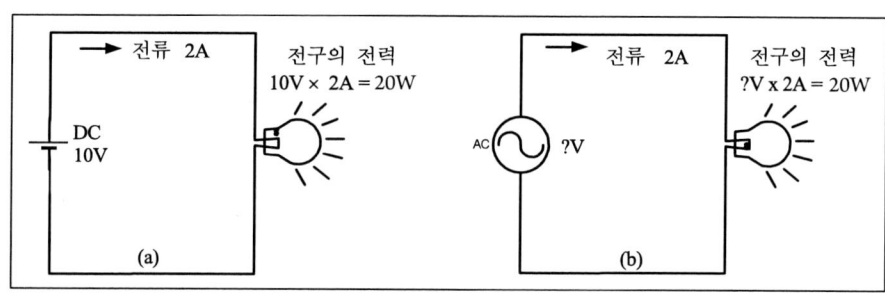

그림 12.3 DC와 AC의 파워

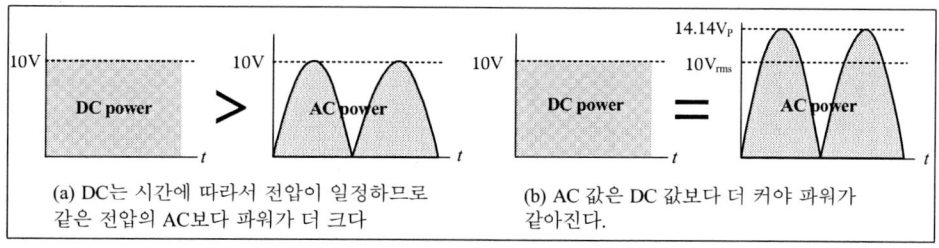

그림 12.4 sin 파 전압의 실효 값

즉, AC를 부하에 연결하였을 때, DC를 연결하였을 때와 같은 파워가 얻어진 경우에 DC 전압 값과 같은 AC 전압 값을 실효 값이라고 한다. AC $10V_{rms}$는 DC 10V와 같은 파워를 부하에 공급하는 것을 의미한다.

sin 파 전압의 실효 값은 최대 값의 0.707배이고, 최대 값은 실효 값의 1.414배이다. 따라서 DC 10V 전압과 같은 파워를 공급하기 위해서는 DC 전압 값보다 최대 값이 1.414배 큰 AC 전압을 가해야 같은 파워를 얻게 되는 것이다.

간단하게 정리하면, 교류의 에너지를 직류 에너지로 바꾸면 몇 V가 되는가가 실효 값이다. 예를 들어 AC 전압의 최대 값이 14.14V이면, DC 10V를 전구에 연결하였을 때와 같은 밝기의 빛을 낼 수 있다.

2. 신호의 실효 값 계산

그림 12.5와 같이 직류 회로와 교류 회로가 있을 때, 직류는 전압 값이 일정하므로 V로 나타내고, 교류 전압은 시간에 따라서 값이 변하므로 v(t)로 나타낸다.

교류 전압의 실효 값은 직류 회로의 파워(V^2/R)와 같은 파워($v(t)^2/R$)를 내는 교류 전압 값을 구하는 것이다. 즉, 직류 회로의 파워와 교류 회로의 파워가 같을 때 V는 다음과 같이 구한다.

$$\frac{V^2}{R} = \frac{1}{2\pi}\int_0^{2\pi} \frac{v(t)^2}{R} dt$$

$$V^2 = \frac{1}{2\pi}\int_0^{2\pi} v(t)^2 dt$$

$$V = \sqrt{\frac{1}{2\pi}\int_0^{2\pi} v(t)^2 dt} \qquad (12.1)$$

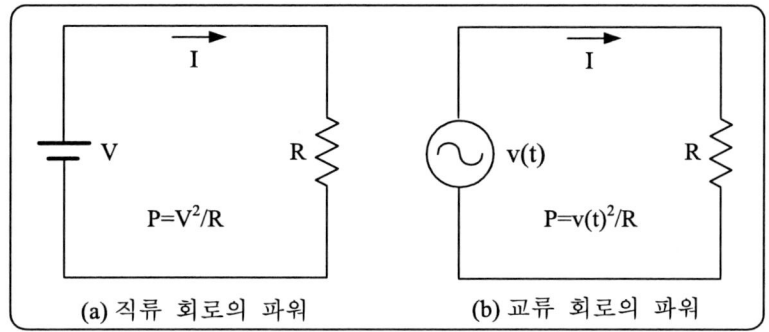

그림 12.5 직류 회로와 교류 회로의 파워

(12.1) 식을 다시 기술하면, (12.2) 식과 같다. 그림 12.6에서 순간 순간의 전압 값을 $v_1, v_2, v_3 \ldots v_n$이라고 하면, 이 각각의 전압 값을 제곱한 값을 전부 더한 것 $(v_1^2 + v_2^2 + v_3^2 + \cdots + v_n^2)$을 개수(n)로 나누면 평균 값이 구해진다. 그리고 이 평균 값에 √를 취하면 실효 값이 구해진다.

$$V_{rms} = \sqrt{\frac{v_1^2 + v_2^2 + v_3^2 + \cdots + v_n^2}{n}} \qquad (12.2)$$

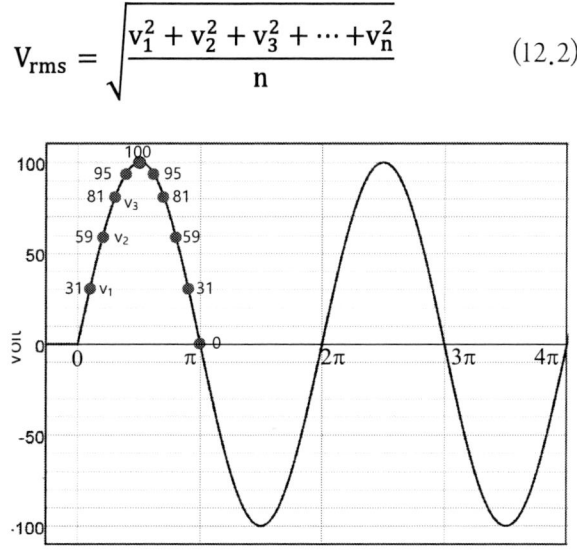

그림 12.6 최대 값이 100V인 sin 파 신호의 순시 값

그림 12.6과 같이 최대 값이 100V인 sin 파의 실효 값을 구해 본다. (12.2) 식으로 계산하면 실효 값은 70V가 된다. 즉, 최대 값이 100V인 sin 파 신호의 실효 값은 70V이다.

$$V_{rms} = \sqrt{\frac{31^2 + 59^2 + 81^2 + 95^2 + 100^2 + 95^2 + 81^2 + 59^2 + 31^2 + 0^2}{10}} = 70V$$

이 값을 더 정확하게 구하려면 시간 간격을 더 짧게 하면 된다. 이 간격을 매우 짧게 해서 각 시간에 대한 함수의 값을 더하는 것은 그 함수를 적분하는 것과 같다. 교류 전압의 실효 값은 수학적으로 순시 값($V_p \sin\theta$)의 자승을 1주기(2π)에 걸쳐 적분한 것에 root를 취한 것이다.

sin 파 신호의 최대 진폭을 V_p라고 하면, 실효 값은 (12.3) 식으로 구할 수 있다. sin 파 신호의 rms는 최대 값의 0.707배이다. 그리고 최대 값은 (12.4) 식과 같이 실효 값의 1.414배이다.

$$V_{rms} = \sqrt{\frac{1}{2\pi}\int_0^{2\pi}(V_p \sin\theta)^2 d\theta} = \sqrt{\frac{V_p^2}{2\pi}\int_0^{2\pi}\frac{1}{2}(1-\cos2\theta)d\theta}$$

$$= \sqrt{\frac{V_p^2}{4\pi}\left[\theta - \frac{1}{2}\sin2\theta\right]_0^{2\pi}} = \sqrt{\frac{V_p^2}{4\pi}2\pi} = \sqrt{\frac{V_p^2}{2}} = \frac{V_p}{\sqrt{2}} = 0.707V_p \quad (12.3)$$

$$V_p = 1.414 V_{rms} \quad (12.4)$$

$$\sin^2\theta = \frac{1}{2}(1-\cos2\theta), \quad \int 1 d\theta = \theta, \quad \int \cos2\theta d\theta = \frac{1}{2}\sin2\theta$$

sin 파 신호의 실효 값은 (12.3) 식으로 구할 수 있다. 그러나 음성이나 음악 신호(+, -가 계속해서 변하므로 교류 신호이다)와 같이 불규칙한 파형은 (12.3) 식으로 계산할 수 없고 측정해서 구해야 한다.

그림 12.7에는 핑크 잡음의 peak와 rms 값을 나타낸다. 핑크 잡음의 rms 값은 peak 값보다 12dB 낮다.

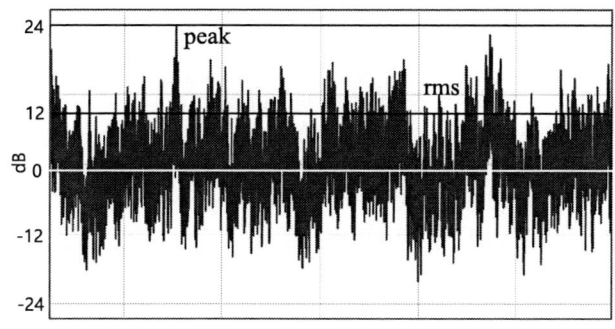

그림 12.7 핑크 잡음의 peak 값(24dB)과 rms 값(12dB)

3. 피크 팩터

어떤 신호의 피크 팩터(peak factor 또는 crest factor)는 (12.5) 식과 같이 최대 전압 값과 실효 전압 값의 비로 정의된다.

$$PF = V_{peak} / V_{rms}$$
$$PF = 20\log(V_{peak}/V_{rms}) \ [dB] \quad (12.5)$$

sin 파의 피크 팩터는 3dB(=20log1.414/1)이고, 이것은 최대 전압 값이 실효 전압 값보다 3dB 더 크다는 의미이다. 따라서 스피커에 10V sin 파를 입력시키면, 최대 전압 값은 14.14V가 가해지는 것이다.

sin 파의 실효 값은 계산할 수 있지만, 다른 신호는 rms 미터로 측정해야 한다. 표 12.1과 같이 핑크 잡음의 피크 팩터는 12dB, 클래식 음악의 피크 팩터는 약 25dB, 음성은 약 12dB, rock 음악은 8~10dB 정도이다. 표 12.1에는 각종 신호의 피크 팩터 값을 나타낸다.

피크 팩터는 신호 레벨을 모니터하거나 음향 측정에서 신호의 클리핑을 방지하는데 필요한 데이터이다. 보통 측정 기기의 레벨 미터는 rms 값을 지시하는 경우가 많다. 따라서 입력 신호의 레벨을 설정할 때, rms 값을 0dB에 설정하면 최대 값은 클리핑된 상태가 된다. 예를 들어 측정 신호로서 핑크 잡음을 사용할 경우, 피크 팩터가 12dB이므로 그림 12.8과 같이 −12dB가 되도록 설정하면 최대 값은 0dB가 되어 클리핑되지 않는다. 또, 피크 팩터가

3dB인 sin 파를 측정 신호로 사용하는 경우에는 −3dB에 설정하면 된다.

표 12.1 각종 신호의 피크 팩터

신호	피크 팩터
구형파	0dB
sin 파	3dB
핑크 잡음	12dB
AES 핑크 잡음	6dB
음성	12dB
클래식 음악	25dB
록 음악	10dB

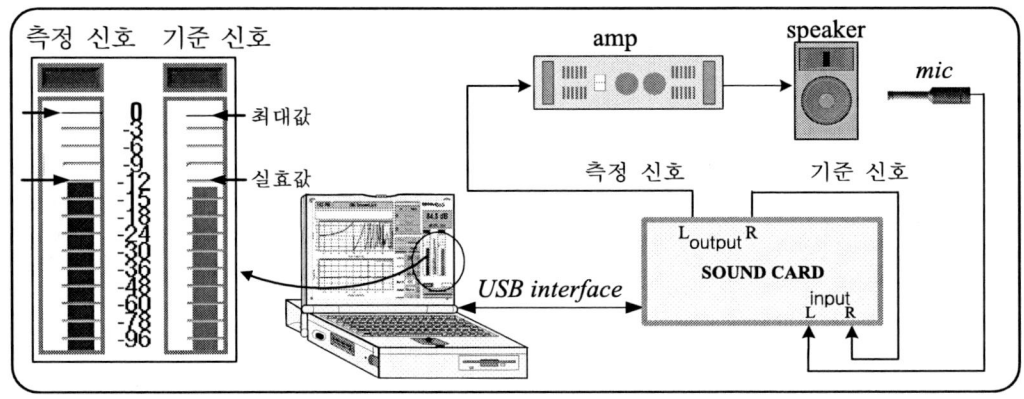

그림 12.8 핑크 노이즈를 계측 신호로 사용하는 경우에 입력 레벨은 −12dB 이하로 설정해야 한다.

4. 스피커에 적절한 앰프의 용량

신호의 피크 팩터는 앰프에서 실제로 얼마의 파워를 스피커로 보내는지를 결정하는 중요한 데이터이다. 스피커의 허용 파워와 앰프의 파워가 맞지 않으면 어떤 문제가 생기는가? 예를 들면, 스피커의 허용 파워가 50W이고, 앰프의 파워가 100W이면 스피커가 파손되지 않을까? 반대로 허용 파워 100W의 스피커를 50W의 앰프로 충분히 구동할 수 있는 가이다. 이 내용이 가장 오해가 많은 부분이지만, 스피커의 파워와 앰프의 파워를 맞출 필요는 없다.

앰프가 100W이고 스피커의 파워가 50W이어도 문제가 없다. 반대로 스피커의 파워가 100W이고, 앰프의 파워가 50W이어도 문제가 없다. 스피커의 파워와 앰프의 파워가 달라도 시스템은 정상적으로 동작하지만 주의가 필요하다.

앰프의 파워는 절대적인 것이 아니다. 예를 들면, 입력 볼륨을 아주 높게 설정한 상태에서 피크 신호가 앰프에 입력되면, 앰프는 정격 파워 이상이 출력된다. 앰프의 정격 파워는 주어진 왜곡률에서 결정된다. 앰프의 볼륨을 올리면, 더 많은 파워를 출력할 수 있지만 왜곡이 많아진다. 예를 들어 정격 출력 100W의 앰프로 200W를 출력할 수 있고, 200W 앰프로 400W를 출력할 수도 있다.

그림 12.9는 앰프의 용량이 스피커 용량보다 작은 것으로 구동한 경우를 나타낸다. 그림 (a)와 같이 작은 음량으로 음악을 재생할 때에는 앰프의 파워가 작고 스피커의 파워가 커도 문제가 없다. 그러나 그림 (b)와 같이 레벨이 큰 신호가 앰프에 입력되면 앰프가 클리핑된다. 그러나 파워가 큰 앰프를 사용하면 클리핑이 생기지 않는다.

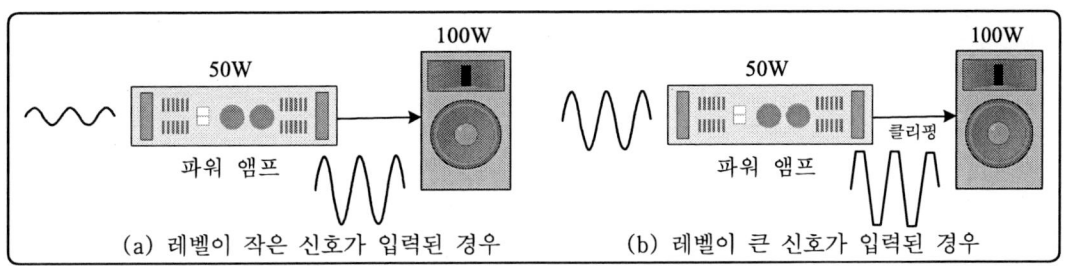

그림 12.9 앰프의 파워가 스피커 파워보다 작은 경우에 생기는 클리핑

그림 12.10에는 앰프가 정상적으로 동작한 경우의 사인파를 관측한 것이다. 이 상태에서는 고조파 왜곡이 없는 것을 알 수 있다. 만약 그림 12.11과 같이 파워가 작은 앰프에 피크 신호가 입력되면 클리핑이 생긴다. 이 경우에는 평균 파워는 피크 파워와 비슷해지고, 앰프 정격의 2배 출력이 스피커의 고음 유닛에 가해진다.

이와 같이 앰프가 클리핑되면 고조파 성분이 고음 스피커에 가해지게 되어 고음 유닛이 파손될 수 있다. 스피커가 파손되지 않도록 하기 위해서는 앰프의 파워는 스피커의 정격 입력보다 2~10배 정도 커야 한다.

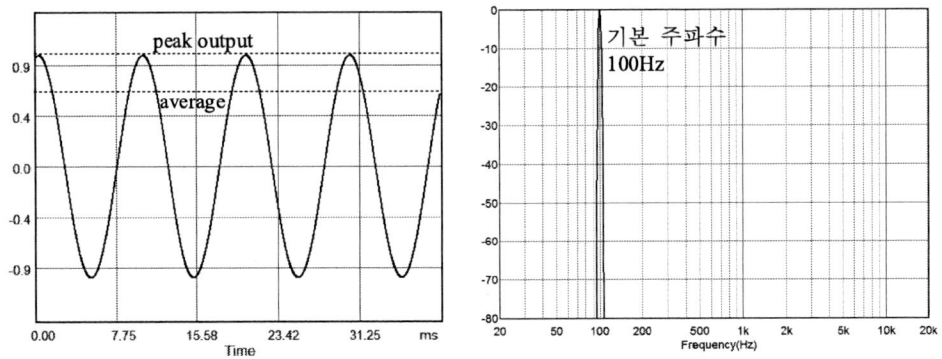

그림 12.10 앰프가 클리핑되지 않은 상태의 파형과 스펙트럼

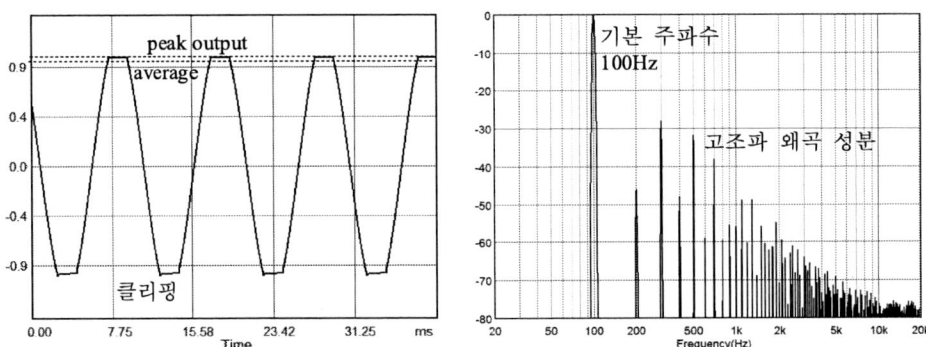

그림 12.11 앰프가 클리핑된 상태의 파형과 스펙트럼

따라서 300W의 스피커는 600~3000W 파워를 가진 앰프로 구동시켜야 한다. 이것은 헤드룸을 얼마나 고려하는가에 따라서 필요한 앰프의 파워 용량이 달라진다. 음악의 피크 팩터는 10~20dB 정도이므로 피크 팩터 만큼의 헤드룸을 10~20dB로 하는 것이 바람직하지만, 필요한 앰프 파워가 너무 커지므로 일반적으로 3~6dB 정도를 설정한다.

앰프는 신호 레벨의 피크 치가 실효 파워 이하이면 왜곡이 생기지 않지만, 음악 신호는 실효 값과 피크 값과의 레벨 차(피크 팩터)가 약 20dB가 되므로 피크 신호가 클리핑될 수도 있다.

앰프가 왜곡되면 고음역의 고조파 신호가 스피커에 가해지고, 고음용 스피커가 파손될 수도 있다. 이와 같은 현상이 일어나지 않게 하기 위하여 앰프는 신호의 피크 팩터 만큼 큰 파워가 필요하다. 필요한 앰프의 파워(P)는 (12.6) 식으로 계산한다. 여기에서 L_p; 스피커에서 가장 먼 지점에서 필요한 음압 레벨(dB), H; 헤드룸(dB), L_s; 스피커 감도(dB), d; 스피커에서 가장 먼 지점까지의 거리(m)이다.

$$L_p = -H + L_s - 20\log d + 10\log P$$

$$10\log P = L_p + H - L_s + 20\log d$$

$$P = 10^{\frac{L_P + H - L_S + 20\log d}{10}} \text{ (W)} \tag{12.6}$$

예를 들어, 스피커에서 가장 먼 지점이 24m이고, 이 지점에서 85dB의 음압 레벨을 얻고자 하고, 스피커 감도는 97dB, 헤드룸을 10dB 고려하면, 필요한 앰프의 용량은 363W가 된다.

$$P = 10^{\frac{85 + 10 - 97 + 20\log 24}{10}} = 363W$$

만약에 헤드룸을 고려하지 않으면 36W 앰프가 필요하고, 헤드룸을 3dB 고려하는 경우에는 72W 앰프가 필요하다. 일반적으로 앰프의 파워는 스피커의 정격 입력의 4배(6dB)~10배(10dB)의 것을 사용해야 하지만, 현실적으로 어려우므로 최소한 2~3배(헤드룸 3dB~5dB) 이상의 것을 선택한다.

결론적으로 그림 12.12와 같이 peak 신호가 클리핑되지 않도록 하기 위해서는 음원의 피크 팩터만큼(헤드룸 10dB) 큰 용량의 앰프를 사용해야 한다. 이 경우에 피크가 클리핑되지 않기 위해서는 1000W 앰프를 사용해야 하지만, 현실적으로는 2~3배의 것을 사용한다.

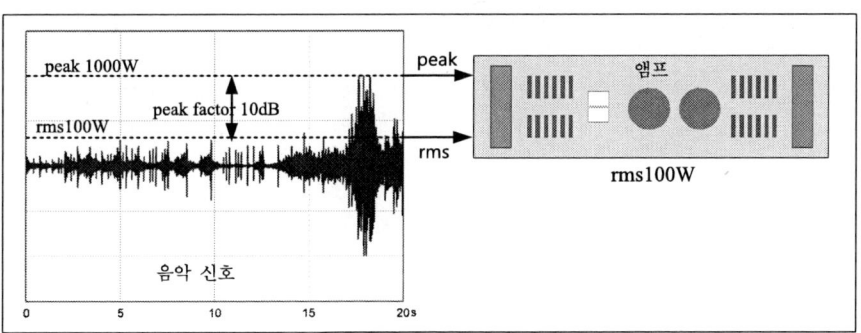

그림 12.12 앰프에 입력되는 신호가 클리핑되지 않도록 하기 위해서는 실효 값보다 피크 팩터만큼 큰 앰프의 용량을 사용해야 한다.

제 13 장
주파수 분석

음향 시스템 설비가 완성되면 최종적으로 룸 튜닝을 한다. 룸 튜닝이란 공간 음향 특성에 의해서 변형된 주파수 특성을 관측하면서 평탄하게 보정하는 것을 말한다. 이 때 주파수 특성을 관측하는 장비가 주파수 분석기이다.

주파수 분석기는 복합음이 어떠한 주파수 성분의 크기로 구성되어 있는지 관측하는 기기로서 음향 기술에서 없어서는 안되는 중요한 기기이다. 주파수 분석기는 푸리에 급수를 이용하여 시간 영역의 데이터를 주파수 영역으로 변환하여 주파수 특성을 관측하는 것이다.

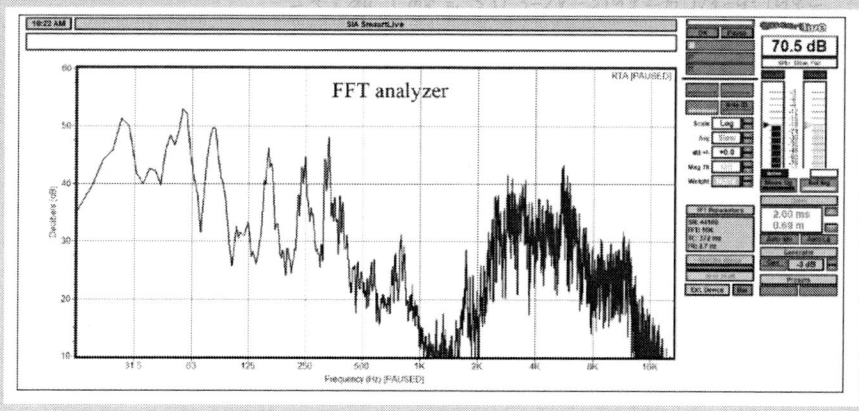

주파수 분석기(frequency analyzer)는 음향 기술에서는 없어서는 안 되는 중요한 장비이다. 주파수 분석기는 어느 신호가 어떠한 주파수 성분으로 구성되어 있고, 각 주파수의 크기가 얼마인지를 분석하는 것이다. 이 주파수 특성을 보고 음질을 예측하기도 하고, 주파수 특성이 평탄하지 않으면 보정하기도 한다. 주파수 분석기는 수학적으로 푸리에 급수를 활용하여 만든 기기이다. 13장에서는 주파수 분석에 사용되는 푸리에 변환에 대해서 설명한다.

1. 주파수 분석

순음(pure tone)은 하나의 주파수 성분을 갖는 진폭이 일정한 음이며, 음파의 파형은 그림 13.1(a)와 같이 sin 파로 나타난다. 두 개 이상의 순음이 더해진 음을 복합음(그림 13.1b)이라고 하고, 파형은 찌그러진 형태이다. 그림 13.2에는 음성의 파형을 나타내고, 음성도 복합음인 것을 알 수 있다.

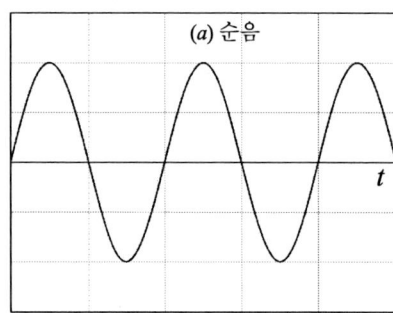 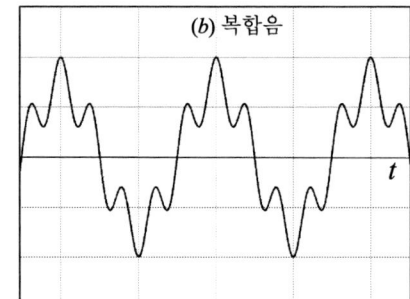

그림 13.1 순음과 복합음의 파형

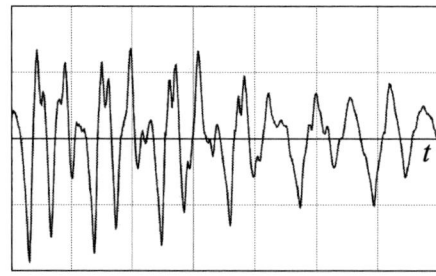

그림 13.2 음성의 파형

복합음은 주파수와 크기가 다른 여러 개의 순음이 합성된 음이다. 그리고 복합음은 어떠한 주파수 성분으로 구성되어 있는지 분해하여 나타낼 수 있으며, 이것을 주파수 분석(frequency analysis)이라고 한다. 그림 13.3과 같이 주파수 분석기에 복합음을 입력시키면 여러 개의 순음으로 분해된다. 그리고 그림 13.3(c)와 같이 각 순음의 주파수 별로 음압 레벨을 나타낸 것을 스펙트럼(spectrum)이라고 한다. 스펙트럼을 보면 복합음이 어떠한 주파수로 구성되어 있고, 각 주파수의 음압 레벨이 얼마인지를 알 수 있다.

즉, 복합음은 주파수가 f, 2f, 3f, …이고, 레벨이 A1, A2, A3,…인 여러 개의 순음들이 합성(sound synthesis)된 것이다. 복합음을 구성하는 것을 배음(overtone 또는 harmonics)이라고 하며, 최저 주파수를 기본음(fundamental)이라고 한다. 배음의 주파수가 제일 낮은 것부터 제1 배음, 제2 배음,…이라고 한다. 복합음은 가장 낮은 기본 주파수를 피치(pitch, 음고 音高)로 지각한다.

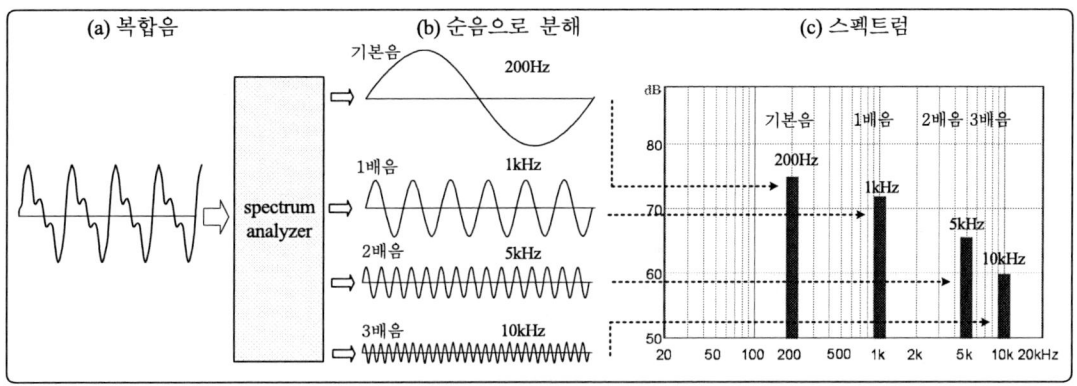

그림 13.3 복합음의 주파수 분석

그림 13.4와 같이 주파수 분석기를 이용하면 복합음의 스펙트럼을 실시간으로 구할 수 있다. 주파수 분석기는 여러 개의 대역 통과 필터로 구성되어 있다. 마이크에 입력되는 신호가 대역 통과 필터를 통과하면 각 주파수 대역의 레벨을 LED에 표시하는 것이다.

현재는 디지털 기술이 발전되어 고속 푸리에 변환(FFT) 처리에 의한 주파수 분석기가 개발되었다. FFT 분석기가 표시하는 데이터의 의미를 파악하기 위해서는 FFT의 기본인 푸리에 급수의 개념과 그 수학적 배경을 이해해야 한다. FFT 처리에 의한 주파수 분석기는 2절에서 설명하는 푸리에 변환을 기본으로 하고 있다.

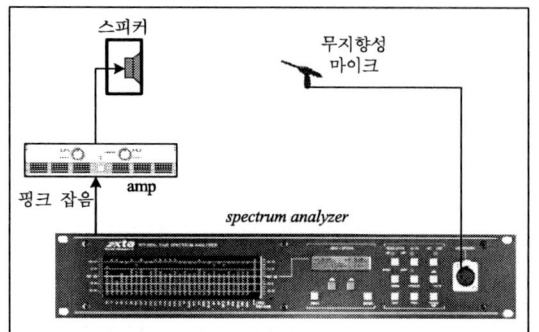
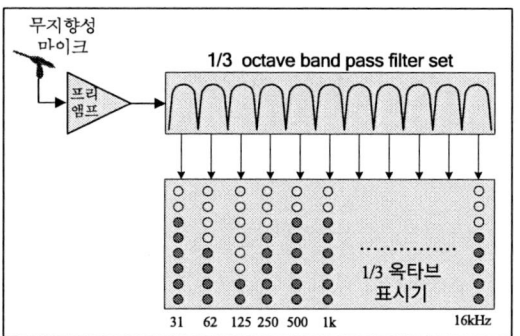

그림 13.4 룸 튜닝을 위한 주파수 분석 시스템 구성과 구조

2. 푸리에 급수

신호의 파형은 그림 13.5와 같이 진폭과 주파수 함수로 나타낸다. 진폭은 파형의 크기를 말한다. 주파수는 1초 동안에 +/−가 반복되는 회수를 의미하고, 단위는 Hz이다. 그리고 파가 +/− 1회 진동하는데 걸리는 시간이 주기이다. 주파수와 주기는 역수 관계(f=1/T)가 있다.

$$f(t)=A\sin(2\pi ft)=A\sin(\omega t)$$

진폭 주파수 각 주파수

그림 13.5 신호의 진폭과 주파수 표시

푸리에 급수(Fourier series)는 어떠한 복합음의 파형이라도 주기적인 파형이면, 여러 개의 sin 파와 cos 파의 급수로 나타낼 수 있는 이론이다. 예를 들어 그림 13.6과 같은 복합음의 파형이 있다고 가정하자. 이와 같은 복합 파형을 그림 13.7과 같이 $5\sin 2\omega t$, $4\sin 5\omega t$, $3\sin 7\omega t$ 파로 분해하여 나타낼 수 있다. $5\sin 2\omega t$에서 5는 진폭, 2는 각 주파수를 나타낸다.

여러 개의 sin 파로 분해된 것을 주파수는 가로축에 나타내고, 진폭을 세로축에 나타내면 그림 13.8과 같고, 이것을 스펙트럼(spectrum)이라고 한다. 이와 반대로 그림 13.9와 같이 3개의 sin 파를 더하면 복합음이 되고, 이것을 합성이라고 한다.

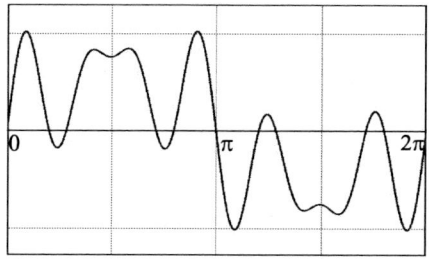

그림 13.6 복합음 파형

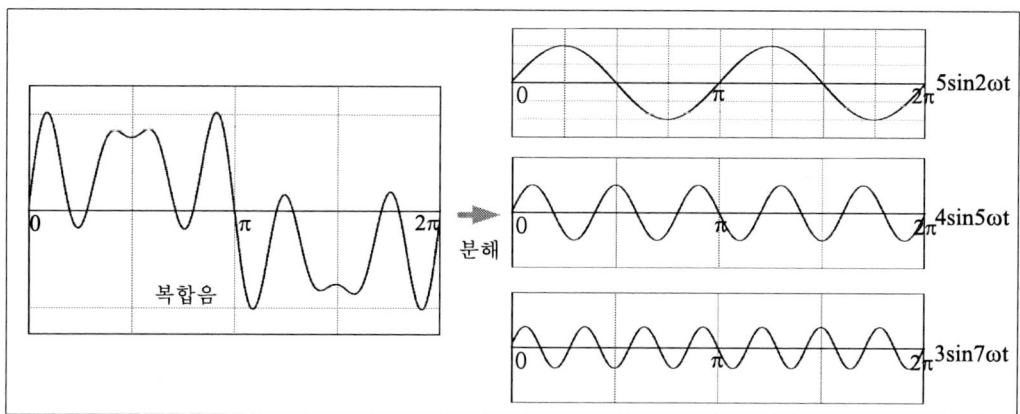

그림 13.7 복합음 파형을 여러 개의 sin 파로 분해

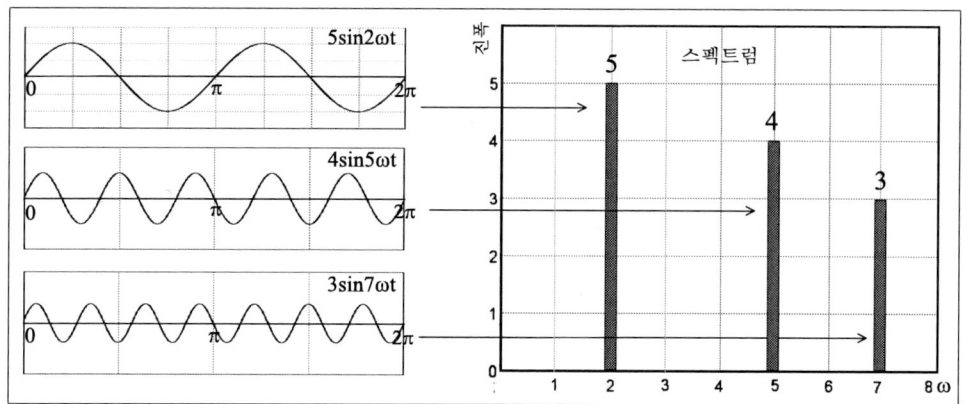

그림 13.8 사인파로 분해된 파형들을 주파수 별로 크기를 나타낸 스펙트럼

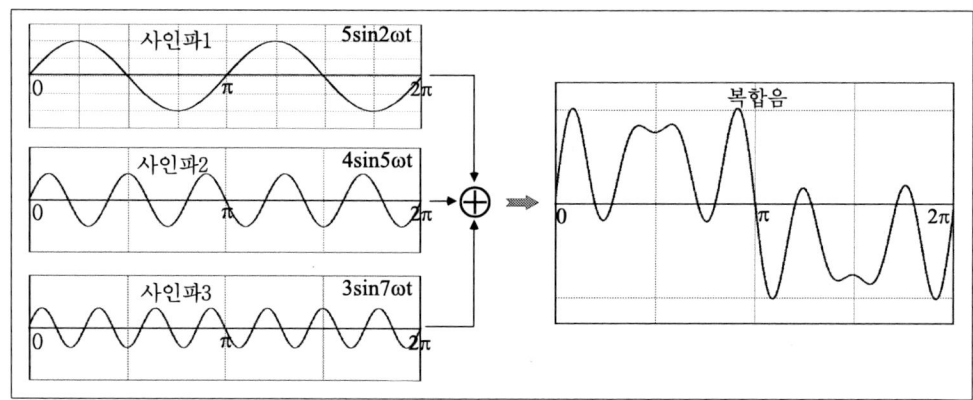

그림 13.9 3개의 sin 파를 더하면 복합음이 된다.

그림 13.10의 복합음 파형은 진폭과 주파수가 다른 3개의 sin 파가 더해진 것이고, f(t)=5sin2ωt+4sin5ωt+3sin7ωt와 같이 나타낸다. 이와 같이 모든 주기 함수는 삼각 함수의 합으로 나타낼 수 있다. 주기 함수란 어떤 주기를 가지고 함수 값이 반복되는 것, 즉, 파형이 반복되는 신호이다.

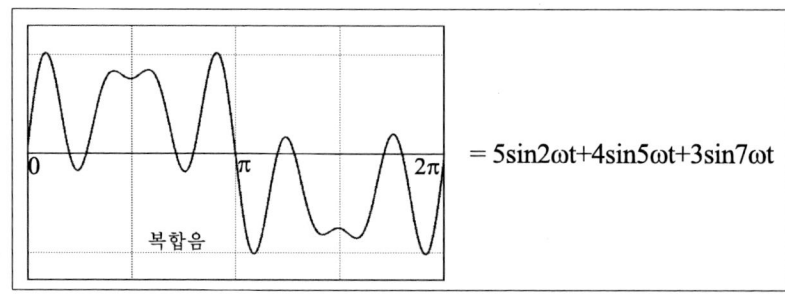

그림 13.10 복합음의 푸리에 급수 전개

주기적인 복합음의 신호를 sin 파와 cos 파 성분으로 전개하는 것을 푸리에 급수(Fourier series)라고 한다. 즉, sin 파와 cos 파로 합성된 파형의 주파수와 크기를 계산하는 것이다. 일반적인 식으로 표현하면 (13.1) 식과 같이 나타낼 수 있다.

$$f(t) = a_0 + a_1 cos1\omega_0 t + a_2 cos2\omega_0 t + \cdots + a_n cosn\omega_0 t + b_1 sin1\omega_0 t + b_2 sin2\omega_0 t + \cdots$$
$$+ b_n sinn\omega_0 t$$
$$= a_0 + \sum_{n=1}^{\infty}(a_n \cos n\omega_0 t + b_n \sin n\omega_0 t) \tag{13.1}$$

$$a_0 = \frac{1}{2\pi}\int_0^{2\pi} f(t)dt \tag{13.2}$$

$$a_n = \frac{1}{\pi}\int_0^{2\pi} f(t)cosn\omega_0 t\, dt, \qquad n = 1, 2, 3, \cdots \tag{13.3}$$

$$b_n = \frac{1}{\pi}\int_0^{2\pi} f(t)sinn\omega_0 t\, dt, \qquad n = 1, 2, 3, \cdots \tag{13.4}$$

여기에서 a_0, a_n, b_n은 푸리에 계수라고 한다. a_0는 직류 성분, a_1과 b_1은 기본 주파수, 이 이상의 주파수는 배음 성분이다. 푸리에 계수는 여러 개의 sin 파와 cos 파의 진폭을 나타낸다. $cosn\omega_0 t$와 $sinn\omega_0 t$에서 n은 주파수를 나타낸다.

그림 13.10의 파형의 푸리에 계수(주파수 성분의 크기)를 구하면 b_2=5, b_5=4, b_7=3이고, 다른 계수는 전부 0이다. 그리고 각 주파수는 $2\omega_0$, $5\omega_0$, $7\omega_0$이다. 푸리에 계수와 각 주파수를 (13.1) 식에 대입하면 다음 식으로 나타낼 수 있다.

$$f(t)=5sin2\omega_0 t+4sin5\omega_0 t+3sin7\omega_0 t$$

그림 13.11과 같은 사각 파형의 푸리에 급수를 구해 본다.

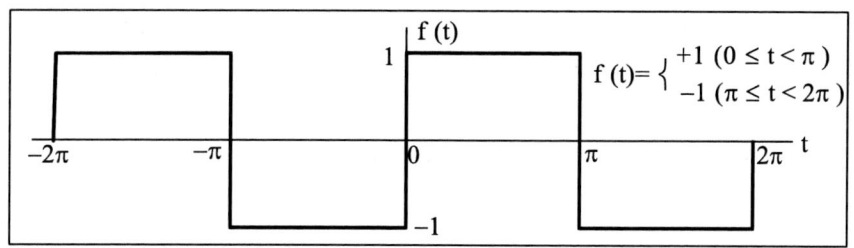

그림 13.11 사각 파형

푸리에 계수를 구하면 다음과 같다.

음향 기술과 수학

Sound Engineering and Math

$a_0=0$

$a_1=0,\quad a_2=0,\quad a_3=0,\quad a_4=0,\quad a_5=0,\cdots$

$b_1=4/\pi,\quad b_2=0,\quad b_3=1/3\times 4/\pi,\quad b_4=0,\quad b_5=1/5\times 4/\pi,\cdots$

이상의 푸리에 계수를 함수 식에 대입하면, 사각 파형의 푸리에 급수는 다음과 같이 된다. 사각 파형은 홀수 배의 sin 파로 합성된 파형인 것을 알 수 있다.

$$f(t) = \frac{4}{\pi}\left(\sin\omega_0 t + \frac{1}{3}\sin 3\omega_0 t + \frac{1}{5}\sin 5\omega_0 t + \cdots\cdots\right)$$

그림 13.11 사각 파형의 푸리에 계수 a_0, a_n, b_n 계산

(13.2) 식, (13.3) 식, (13.4) 식을 이용하여 사각 파형의 푸리에 계수를 구하면 다음과 같다.

$$a_0 = \frac{1}{2\pi}\int_0^{2\pi} f(t)dt = \frac{1}{2\pi}(\int_0^{\pi} 1dt + \int_{\pi}^{2\pi} (-1)dt) = \frac{1}{2\pi}([t]_0^{\pi} - [t]_{\pi}^{2\pi})$$

$$= \frac{1}{\pi}(\pi - 0 - 2\pi + \pi) = 0$$

$$a_1 = \frac{1}{\pi}\int_0^{2\pi} f(x)\cos t\, dt = \frac{1}{\pi}(\int_0^{\pi} 1\cdot\cos t\, dt + \int_{\pi}^{2\pi} -1\cdot\cos t\, dt) = \frac{1}{\pi}([\sin t]_0^{\pi} - [\sin t]_{\pi}^{2\pi})$$

$$= \frac{1}{\pi}(0 - 0 - 0 - 0) = 0$$

$a_2, a_3, a_4 \cdots$ 도 전부 0이다.

$$b_1 = \frac{1}{\pi}\int_0^{2\pi} f(x)\sin t\, dt = \frac{1}{\pi}(\int_0^{\pi} 1\cdot\sin t\, dt + \int_{\pi}^{2\pi} -1\cdot\sin t\, dt) = \frac{1}{\pi}([-\cos t]_0^{\pi} + [\cos t]_{\pi}^{2\pi})$$

$$= \frac{1}{\pi}(1+1+1+1) = \frac{4}{\pi}$$

$$b_2 = \frac{1}{\pi}\int_0^{2\pi} f(x)sin2tdt = \frac{1}{\pi}(\int_0^{\pi} 1 \cdot sin2tdt + \int_{\pi}^{2\pi} -1 \cdot sin2tdt) = \frac{1}{\pi}\left(\left[-\frac{1}{2}cos2t\right]_0^{\pi} + \left[\frac{1}{2}cos2t\right]_{\pi}^{2\pi}\right)$$
$$= \frac{1}{2\pi}(-1+1+1-1) = 0$$

$$b_3 = \frac{1}{\pi}\int_0^{2\pi} f(x)sin3tdt = \frac{1}{\pi}(\int_0^{\pi} 1 \cdot sin3tdt + \int_{\pi}^{2\pi} -1 \cdot sin3tdt) = \frac{1}{\pi}\left(\left[-\frac{1}{3}cos3t\right]_0^{\pi} + \left[\frac{1}{3}cos3t\right]_{\pi}^{2\pi}\right)$$
$$= \frac{1}{3\pi}(1+1+1+1) = \frac{4}{3\pi}$$

$$b_4 = 0$$

크기가 1인 100Hz, 크기가 1/3인 300Hz, 크기가 1/5인 500Hz의 sin 파를 더하면 (=sin2π100t+$\frac{1}{3}$sin2π300t+$\frac{1}{5}$sin2π500t), 그림 13.12와 같이 사각 파형과 비슷해진다. 그리고 계속해서 배음을 더해 가면 완전한 사각 파형이 된다.

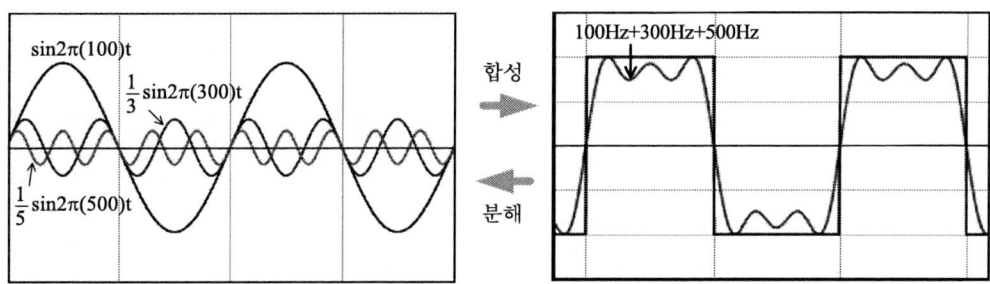

그림 13.12 sin 파의 기본 주파수와 홀수 배음을 합성하면 사각 파형이 된다.

그림 13.13과 같은 삼각 파형의 푸리에 급수는 다음과 같다. 삼각 파형은 홀수 배의 cos 파가 더해진 파형인 것을 알 수 있다.

$$f(t) = \frac{1}{2} + \frac{4}{\pi^2}\left(cos\omega_0 t + \frac{1}{9}cos3\omega_0 t + \frac{1}{25}cos5\omega_0 t + \cdots\cdots\right)$$

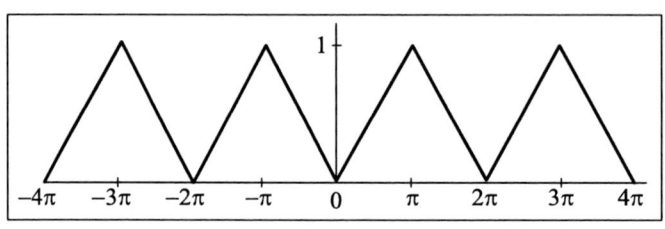

그림 13.13 삼각 파형

사각 파형은 sin 파로 합성된 파형이고, 삼각 파형은 cos 파로 합성된 파형이다. 파형이 기함수(odd function)이면 배음은 sin 파만 있다. 기함수는 x(t)=−x(−t)를 만족하는 원점 대칭 함수이고, cos 파는 기함수이다. 파형이 우함수(even function)이면, 배음은 cos 파만 있다. 우함수는 x(t)=x(−t)를 만족하는 y 축 대칭 함수를 말하고, sin 파는 우함수이다.

그림 13.14에는 복합음을 스펙트럼 분석기를 이용하여 주파수 성분을 구한 예를 나타낸다.

그림 13.15에는 기본 주파수가 100Hz인 각종 파형을 주파수 분석기를 사용하여 분석한 것이다. 사각파와 삼각파는 홀수 배음만 있고, 톱니파는 짝수와 홀수의 모든 배음이 있는 것을 알 수 있다.

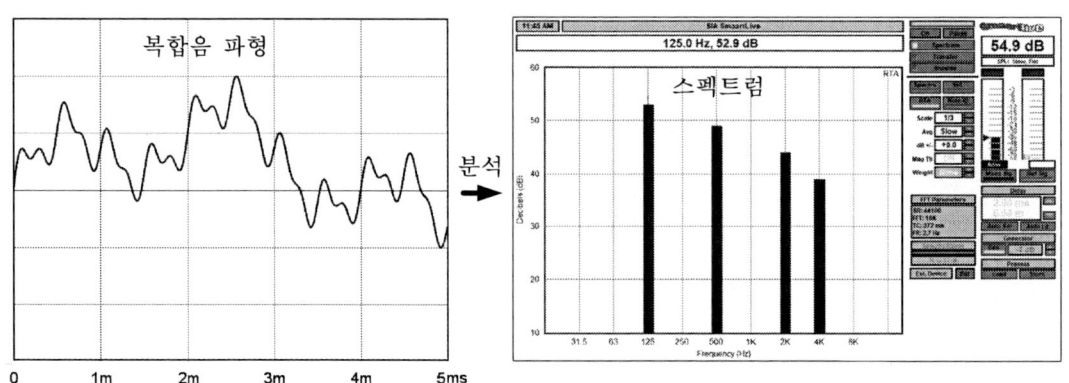

그림 13.14 복합음의 스펙트럼 분석 예

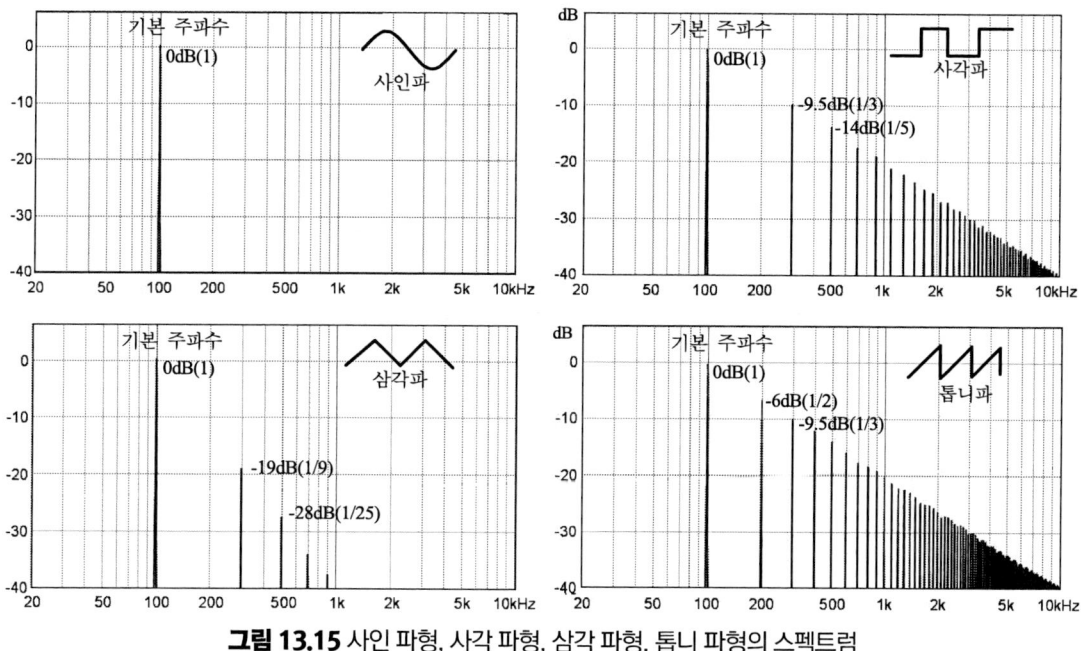

그림 13.15 사인 파형, 사각 파형, 삼각 파형, 톱니 파형의 스펙트럼

스펙트럼 분석은 음성이나 악기음의 주파수 성분 분석, 스피커의 주파수 특성 분석, 음향 시스템의 룸 튜닝, 하울링 주파수 찾기 등에 활용된다.

3. 푸리에 변환

푸리에 급수(Fourier series)는 어떠한 복잡한 파형이라도 주기적인 파형이면, 여러 개의 sin 파와 cos 파의 급수로 나타낼 수 있는 이론이다(그림 13.16a). 그리고 비주기 함수는 급수를 $-\infty \sim +\infty$까지 확장하여 발전시킨 것이 푸리에 변환(Fourier transformaton)이다(그림 13.16b). 푸리에 급수 전개와 푸리에 변환은 같은 원리이므로 어느 것이나 삼각 함수의 합으로 나타내는 것은 같다.

비주기 함수는 어디까지 관측하면 주기성이 있는 가를 알 수 없다. 마치 무한대 시간까지 계산하면 된다는 느낌이 든다. 따라서 일반적으로 관측되는 파형에서 적당한 시간으로 자르고, 잘린 파형이 무한히 반복되는 신호라고 가정하여 푸리에 변환한다. 푸리에 변환은

(13.5) 식으로 나타낸다.

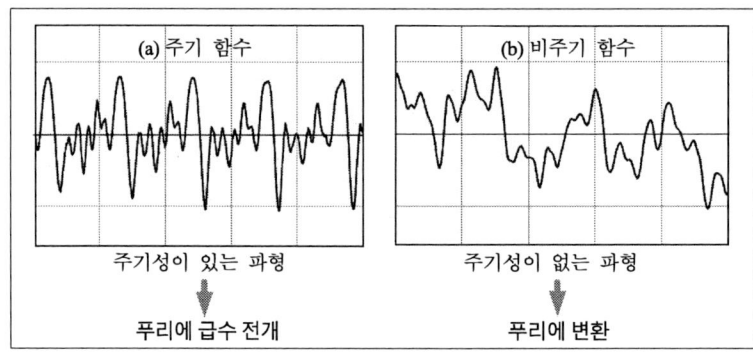

그림 13.16 주기 함수는 푸리에 급수 전개를 하고, 비주기 함수는 푸리에 변환을 한다.

$$F(\omega) = \int_{-\infty}^{+\infty} f(t)e^{-j\omega t}dt \qquad (13.5)$$

(13.5) 식은 입력 신호 f(t)가 $e^{-j\omega t}$ (=cosωt−jsinωt)들의 합으로 분해된다는 의미이다. 푸리에 변환은 함수 f(t)에 $e^{-j\omega t}$를 곱하고 −∞에서 +∞까지 적분하여 각 주파수 함수로 변환하는 것이다. 그리고 식 (13.6) 식은 주파수 영역의 함수를 시간 영역의 함수로 변환하는 역 푸리에 변환 식이다.

$$f(t) = \frac{1}{2\pi}\int_{-\infty}^{+\infty} F(\omega)e^{j\omega t}d\omega \qquad (13.6)$$

간단한 예로 그림 13.17(a)와 같이 임펄스 신호를 푸리에 변환해 본다. 임펄스는 지속 시간이 0이고, 그 크기가 무한대인 펄스 신호이다. (13.7) 식과 같이 임펄스 신호를 푸리에 변환하면 1이 되고, 이것은 주파수 스펙트럼이 모든 주파수 대역에 있어서 똑 같은 것을 의미한다(그림 13.17b). 그림 13.18에는 임펄스 신호와 스펙트럼을 분석한 것을 나타낸다. 이 내용은 14장 콘볼루션 리버브에서 사용된다.

$$F(\omega) = \int_{-\infty}^{+\infty} f(t)e^{-j\omega t}dt = \int_{-\infty}^{+\infty} \delta(t)e^{-j\omega t}dt$$
$$= \int_{-0}^{+0} \delta(t)e^{-j\omega t}dt = \delta(0)e^{-j\omega 0} = 1 \qquad (13.7)$$

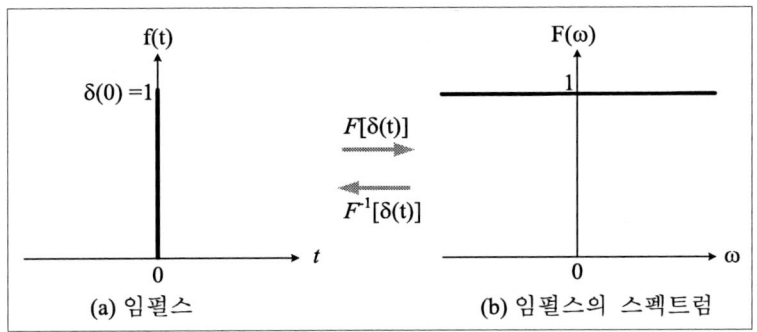

그림 13.17 임펄스 신호의 푸리에 변환

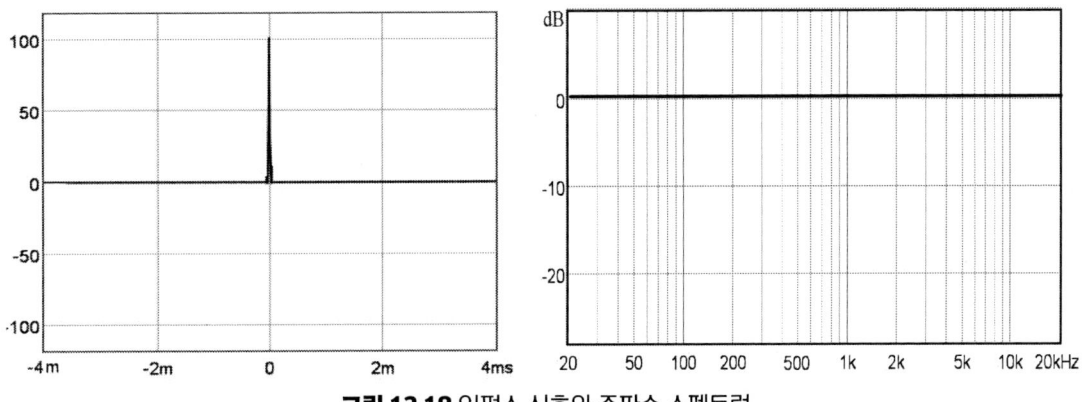

그림 13.18 임펄스 신호와 주파수 스펙트럼

4. 고속 푸리에 변환 (FFT)

푸리에 급수나 푸리에 변환은 연속적인 아날로그 신호를 분석하는 기법이다. 그러나 컴퓨터를 이용하여 계산할 경우에는 이산 신호로 변환하여 이산 푸리에 변환(Discrete Fourier Transformaton; DFT)을 해야 한다.

이산 푸리에 변환은 (13.8) 식으로 나타낸다. 이것은 신호 전체를 변환하는 것이 아니고, N개의 샘플 구간의 스펙트럼을 구하는 것이다.

$$X(k) = \sum_{n=0}^{N-1} x[n] e^{\frac{-j2\pi kn}{N}}, \quad k = 0, 1, \cdots, N-1 \quad (13.8)$$

연산량은 포인트 수 N과 관계가 있으며, N은 거듭 제곱(2^m)에 해당하는 수이다. 예를 들면 32, 62, 128, 256, 512…와 같은 수를 사용하고, 스펙트럼은 N개의 점으로 나타난다.

이산 푸리에 변환의 계산은 막대한 회수의 곱셈이 필요하다. 이산 푸리에 변환을 빠르게 계산하는 알고리즘이 고속 푸리에 변환(Fast Fourier Transformaton; FFT)이다. 이것은 데이터 수를 2의 m승으로 취하여 계산 회수를 줄이는 방법이다.

FFT 분석기는 입력된 신호 파형을 이산 신호로 샘플링하여 데이터로서 기억하고, 데이터로부터 FFT를 사용하여 단시간에 푸리에 계수를 구하며, 그 결과를 표시하는 계측기이고 스펙트럼 분석기(spectrum analyzer)라고도 한다. 컴퓨터 S/W나 계측기에서 스펙트럼 분석은 전부 FFT를 사용한다. DFT와 FFT의 연산량은 다음과 같다.

. DFT의 연산량; N^2에 비례
. FFT의 연산량; $N\log_2 N$에 비례

예를 들어 1024 포인트로 계산하는 경우의 연산량은 다음과 같다.

> . DFT; $N^2 = 1024^2 = 1,048,576$
> . FFT; $N\log_2 N = 1024\log_2 1024 = 1024\log_2 2^{10} = 10,240$

N은 FFT 크기(FFT size)라고 하며, N 값이 클수록 스펙트럼의 주파수 해상도(frequency resolution; FR)는 높아진다. 그리고 낮은 주파수까지 충분한 해상도를 얻고자 하면 주파수 해상도를 높여야 한다(그림 13.19의 FR의 숫자를 작게 함).

N을 크게 하면 스펙트럼의 주파수 해상도는 높아지지만, 계산 시간이 많이 걸린다. 주파수 해상도는 각 점 사이의 주파수 간격을 말하고, (13.9) 식으로 계산한다.

$$FR = \frac{f_s}{N} [Hz] \qquad (13.9)$$

그림 13.19에는 N에 따른 주파수 해상도를 나타낸다. 예를 들어 샘플링 주파수가 44.1kHz인 신호를 256 포인트로 FFT하면, 주파수 해상도는 172.3Hz(=44100/216)가 된다(그림 13.21).

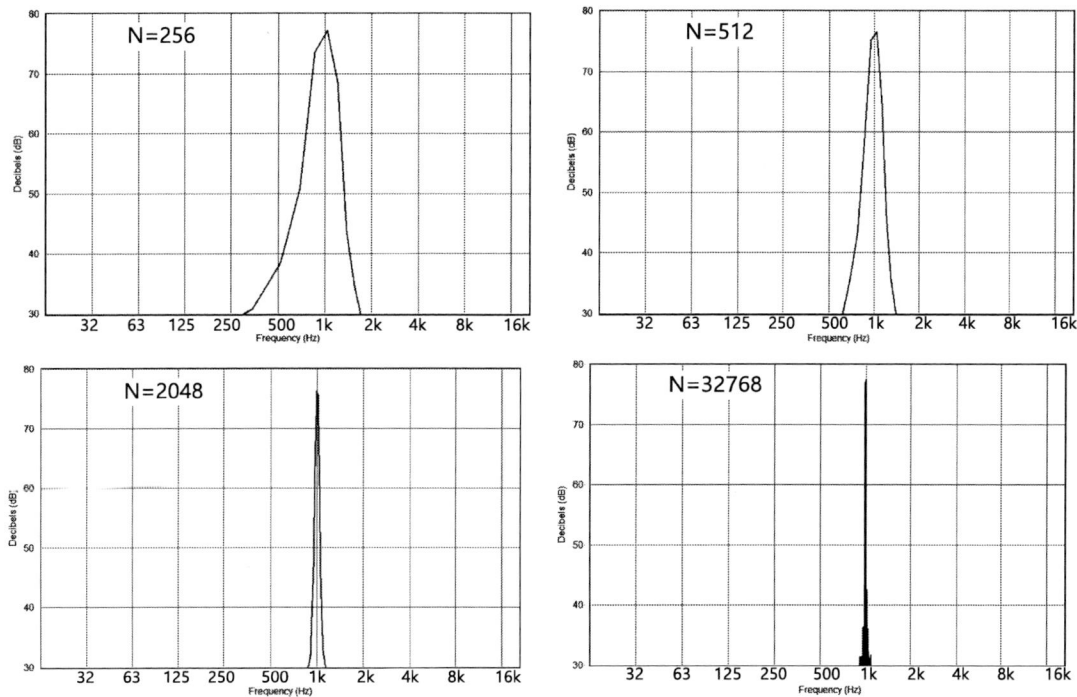

그림 13.19 FFT 크기 N에 따른 주파수 해상도

샘플링 주파수에 따라서 측정하고자 하는 신호의 상한 주파수가 달라지고, 샘플링 주파수의 1/2이 분석하고자 하는 주파수의 상한이 된다. 예를 들면, 샘플링 주파수가 8kHz이면 상한 주파수는 그림 13.20과 같이 4kHz가 되고, 44.1kHz이면 22.2kHz가 된다.

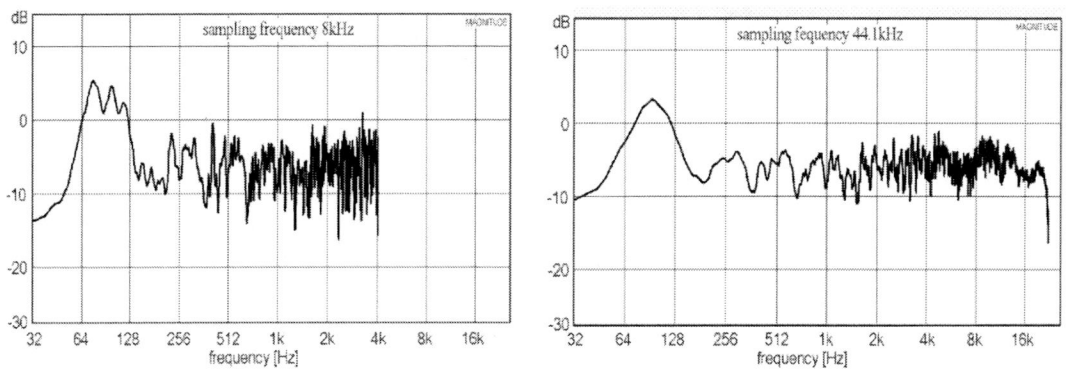

그림 13.20 샘플링 주파수에 따른 주파수 대역 폭

시정수(time constant, TC)는(그림 13.21) 신호 관측 구간으로서 주파수 해상도의 역수이고, (13.10) 식으로 계산한다.

$$TC = \frac{N}{f_s}(s) \qquad (13.10)$$

그림 13.21에는 FFT 계측기의 파라미터 설정 예를 나타낸다. 그림 13.22는 FFT 분석 결과를 log 스케일로 나타낸 것과 1/3 옥타브 스펙트럼으로 나타낸 것이다.

그림 13.21 FFT 계측기의 파라미터

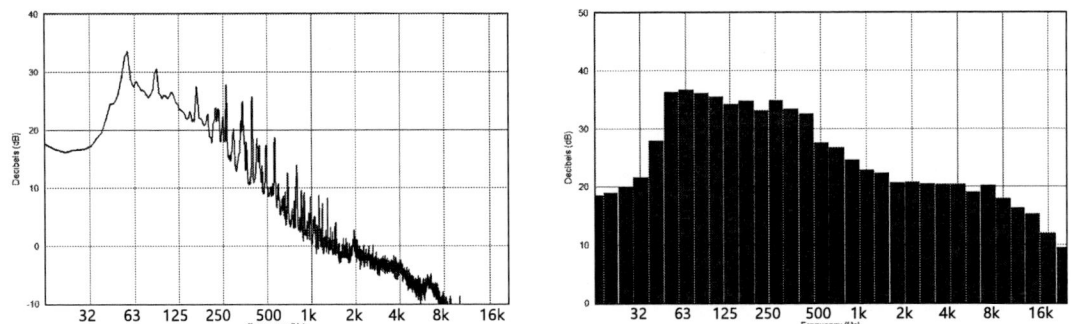

그림 13.22 FFT 분석 결과를 log 스케일로 나타낸 것과 1/3 옥타브 스펙트럼으로 나타낸 것

제 14장
콘볼루션 리버브

콘볼루션 리버브(convolution reverb)는 어떤 공간(콘서트 홀, 교회, 체육관 등)에서 측정한 임펄스 리스폰스와 연주 음을 콘볼루션하면, 그 공간에서 연주 음을 듣는 것과 같은 느낌이 드는 것을 말한다.

콘볼루션이란 임펄스 리스폰스를 알고 있는 시스템(예를 들어 콘서트 홀)에 어느 음악을 입력하여 출력하는 경우에 시스템의 특성과 음악 신호를 연산하는 것이다. 이것은 입력 음악 신호와 시스템의 임펄스 리스폰스와 콘볼루션하는 것이다.

콘볼루션 리버브는 단순하게 연산 처리를 한 리버브보다는 실제 공간에서 측정한 임펄스 리스폰스 데이터를 사용하므로 음질이 자연스럽고 현장감이 좋다.

그림 14.1과 같이 콘서트 홀에서 음악을 들을 때, 연주자의 음에 콘서트 홀의 음향 특성이 더해진 음을 듣는다. 그러나 음악을 녹음하는 스튜디오는 콘서트 홀과 달리 공간의 잔향음이 거의 없다. 따라서 녹음된 음악은 아주 메마른 음악으로 들리므로 디지털 잔향기로 잔향을 부가하여 현장감 있는 음악으로 만든다.

이때 사용하는 디지털 잔향기는 DSP 연산기를 이용한 것으로서 공간의 자연스러운 잔향과 달리 음색이 부자연스럽다. 이러한 문제점을 해결하기 위해서 실제 공간의 잔향음을 캡처하여 연주 음에 부가하는 방법이 개발되었고, 이것을 콘볼루션 리버브(convolution reverb)라고 한다.

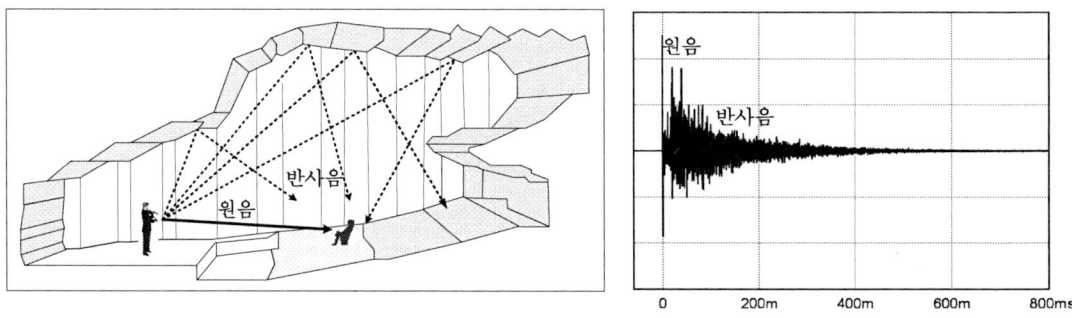

그림 14.1 콘서트 홀에서는 원음에 공간의 반사음이 더해진 음을 듣는다.

1. 임펄스 리스폰스

그림 14.2(a)와 같은 면적이 1인 신호의 폭을 점점 작게 하여 0에 가깝게 해 가면 그림 (d)와 같은 신호가 얻어지고, 이것을 임펄스(impulse)라고 한다. 임펄스 $\delta(t)$는 지속 시간이 0이고, 그 면적이 1인 펄스 신호이다. 따라서 임펄스 신호를 적분하면 1이 된다.

$$\delta(t) = \begin{cases} \infty & (t=0) \\ 0 & (t \neq 0) \end{cases} \quad (14.1)$$

$$\int_{-\infty}^{+\infty} \delta(t) dt = 1 \quad (14.2)$$

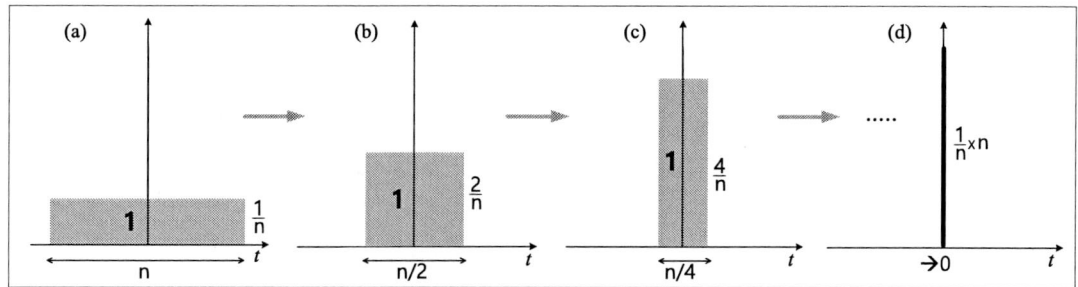

그림 14.2 임펄스의 개념도

임펄스 신호를 (14.3) 식으로 푸리에 변환하면, 주파수 특성을 구할 수 있다(13장 3절 참조). 임펄스의 에너지는 시간 축 상에서는 한 점에 집중되어 있지만, 그림 14.3과 같이 주파수 축 상에서는 에너지가 일정하게 분포되어 있다.

$$F(\omega) = \int_{-\infty}^{+\infty} \delta(t)e^{-j\omega t}dt = e^0 = 1$$

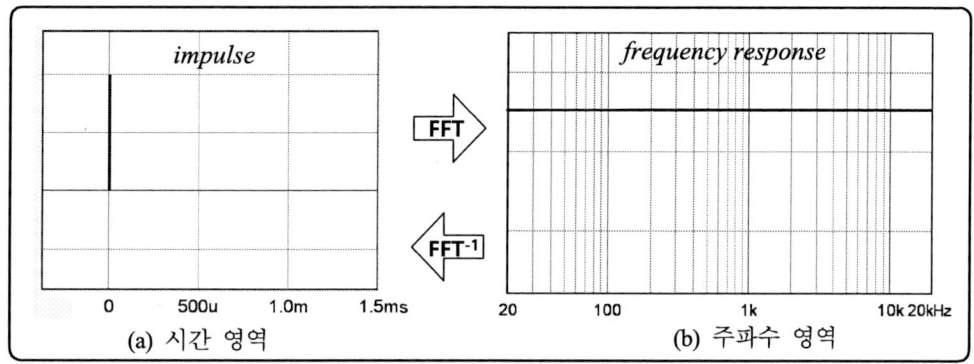

그림 14.3 임펄스 신호의 주파수 특성

그림 14.4와 같이 임펄스 $\delta(t)$를 시스템에 입력하였을 때의 출력 응답을 임펄스 리스폰스(impulse response) $h(t)$라고 한다. 임펄스 리스폰스는 어느 음원의 위치에서 청취점까지의 모든 음향적인 정보를 포함하고 있다.

그림 14.5에는 공간의 임펄스 리스폰스의 일례를 나타내고, 반사음의 도달 시간과 크기를 알 수 있다. 그리고 측정된 임펄스 리스폰스를 푸리에 변환하면, 공간의 주파수 특성을 알 수 있다.

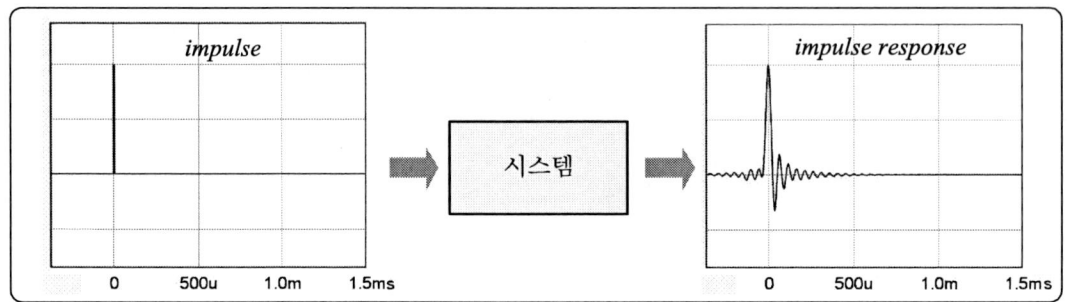

그림 14.4 임펄스 신호와 임펄스 리스폰스

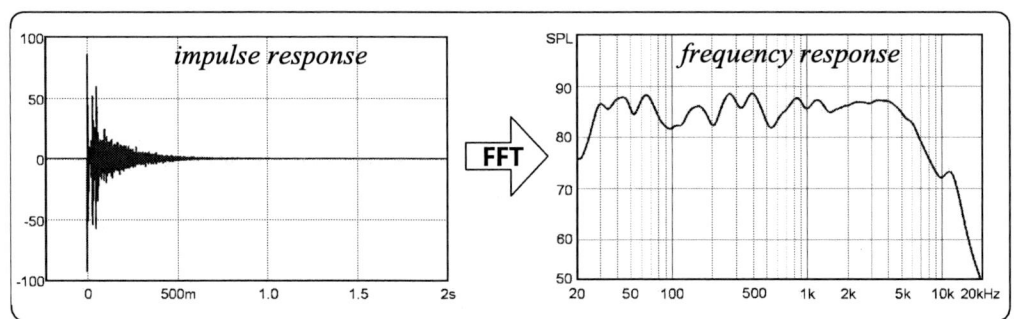

그림 14.5 공간의 임펄스 리스폰스와 주파수 특성

2. 콘볼루션

임펄스 리스폰스를 알고 있는 시스템이 있다고 하자. 이 시스템에 임펄스 신호가 아니고 음악과 같은 신호를 입력하면 출력은 어떻게 나타날지를 알면 아주 편리할 것이다. 일례로 어느 콘서트 홀의 임펄스 리스폰스를 측정하여 알고 있으면, 무향실 내에서 그 콘서트 홀의 음향 상태를 그대로 재현할 수 있다. 이것이 콘볼루션 연산이다.

콘볼루션은 입력 신호가 시스템의 임펄스 리스폰스에 의해서 어떻게 변하여 출력되는가를 나타낸다.

그림 14.6과 같이 입력 신호 x(t)를 임펄스 리스폰스가 h(t)인 시스템에 입력하면, 그 출력 y(t)는 입력 신호와 임펄스 리스폰스와의 콘볼루션(convolution)으로 구할 수 있다.

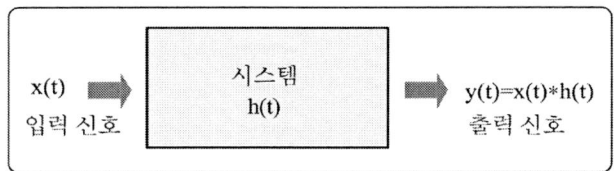

그림 14.6 시스템의 출력 y(t)는 입력 신호 x(t)와 임펄스 리스폰스 h(t)와의 콘볼루션으로 구한다.

콘볼루션은 두 신호의 스펙트럼을 곱한 것이며, 수학적인 표기는 h(t)*x(t)로 표기한다.

$$y(t) = h(t) * x(t) = \int_{-\infty}^{+\infty} h(\tau) x(t-\tau) d\tau \qquad (14.4)$$

콘볼루션은 시스템의 임펄스 리스폰스 h(t)와 입력 신호 x(t)가 있을 때, x(t)나 h(t) 중 하나를 τ에 대해서 반전시키고, 시간 t씩 이동시키면서 입력 신호와 곱한 결과를 전체 구간에서 적분하는 것이다.

입력 신호를 반전시키는 것은 시스템에 시간적으로 앞선 신호를 먼저 넣고, 그리고 시간적으로 나중에 발생한 입력을 넣어야 정확한 출력을 얻을 수 있기 때문이다. 콘볼루션은 입력 신호 x(t)가 시스템의 임펄스 리스폰스 h(t)에 의해서 어떻게 변하여 출력되는가를 의미한다.

그림 14.7에는 임펄스 리스폰스 h(t)와 입력 신호 x(t)의 콘볼루션 과정을 나타낸다. 콘볼루션은 입력 신호를 대칭으로 뒤집은 x(−τ)를 오른쪽으로 t씩 이동하면서 중첩되는 부분의 면적을 구해 가는 것이다. 중첩된 면적은 두 함수를 적분한 결과가 된다.

t = −1에서는 중첩된 부분이 없으므로 면적은 0이 되고, t = −0.6에서는 중첩된 면적은 0.08이 된다. 그리고 t = −0.2에서는 0.32, t = 0에서는 0.5, t = 1에서는 0.5, t = 1.6에서는 0.32, t = 1.8에서는 0.18, t = 2에서는 0이 된다. 이상의 각 시간에서의 면적을 플롯하면 콘볼루션 결과가 된다.

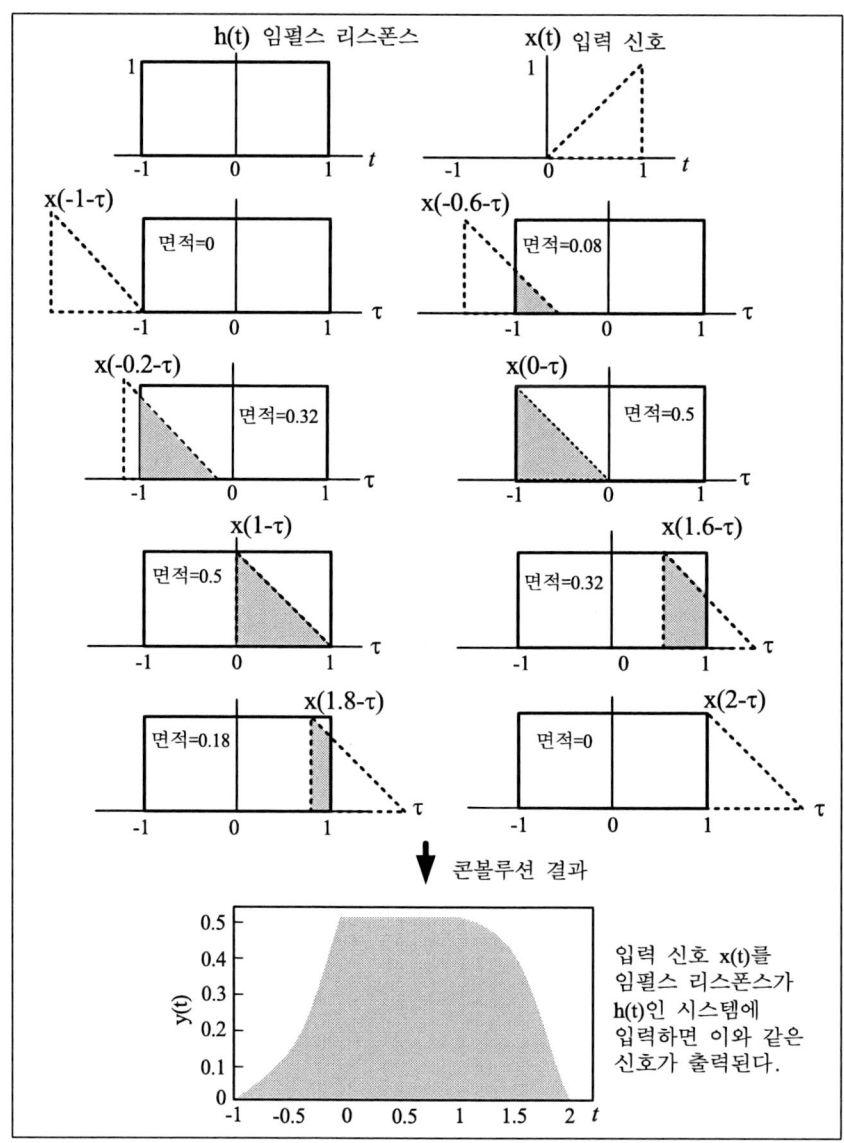

그림 14.7 x(t)와 h(t)의 콘볼루션 연산 과정

그림 14.8은 이산 데이터(discrete data)의 콘볼루션 연산 과정을 나타낸 예이다. 이산 데이터의 콘볼루션은 다음 식으로 나타낸다.

$$y(n) = h(n) * x(n) = \sum_{k=0}^{\infty} h[k]\, x[n-k] \qquad (14.5)$$

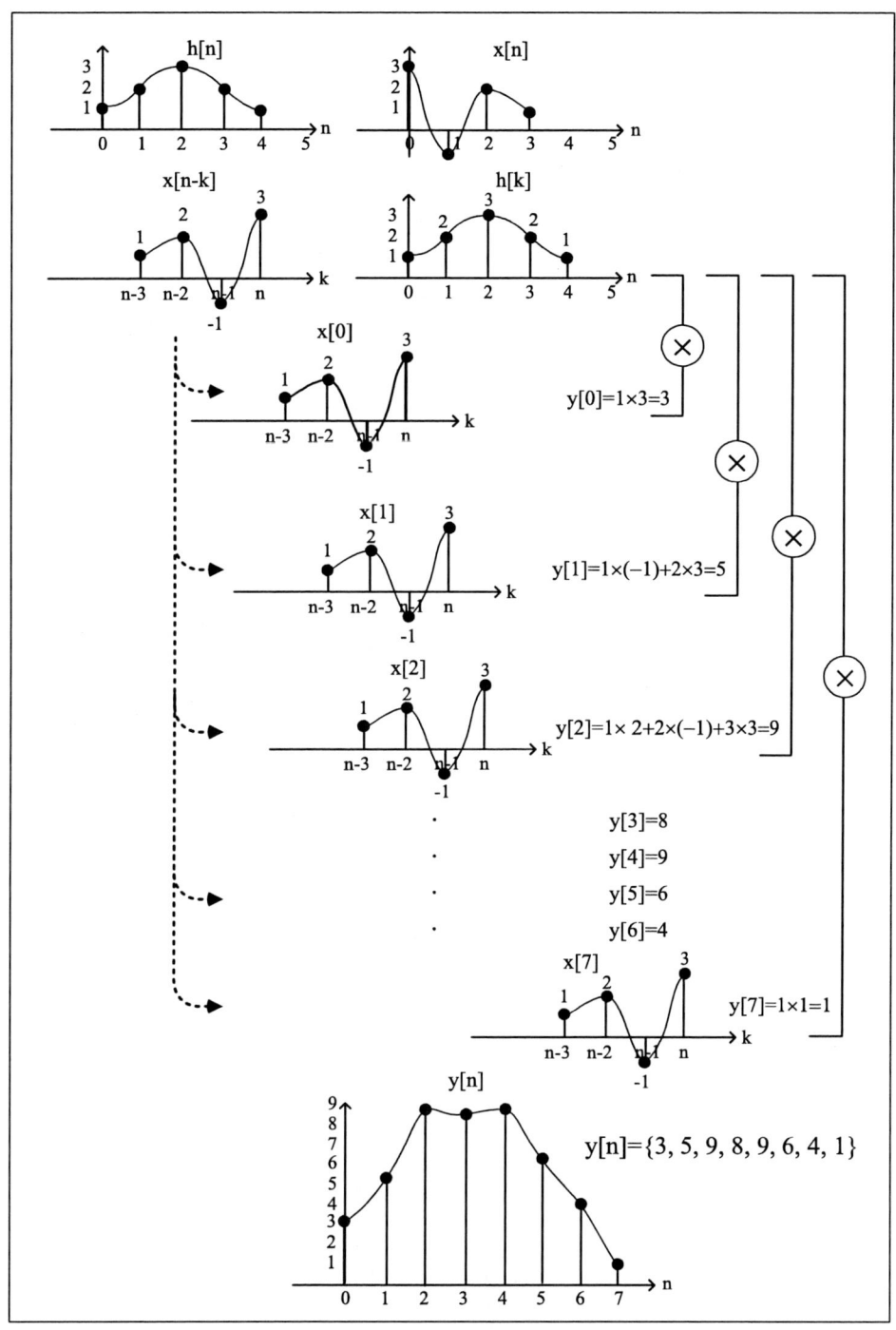

그림 14.8 이산 데이터의 콘볼루션 연산 과정

3. 콘볼루션 리버브

그림 14.9에는 공간의 임펄스 리스폰스를 측정하는 방법을 나타낸다. 임펄스를 공간에서 재생하여 이것을 픽업하면 임펄스 리스폰스가 얻어진다. 그림 14.10에는 4개의 다른 공간에서의 측정한 임펄스 리스폰스를 나타낸다.

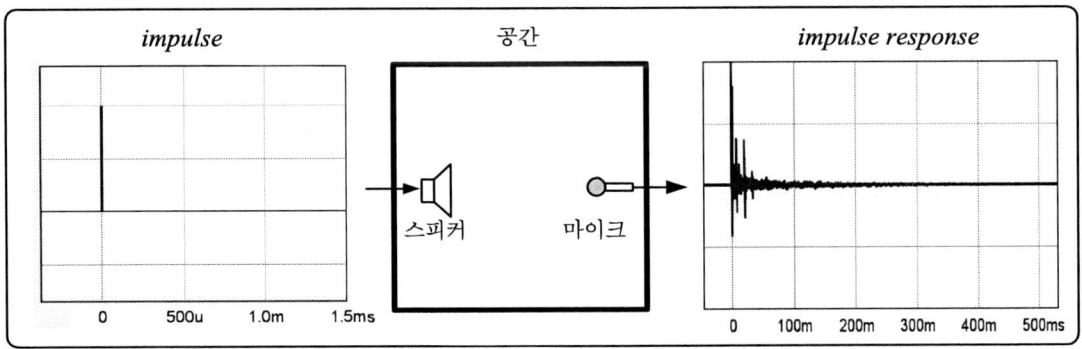

그림 14.9 공간의 임펄스 리스폰스 측정

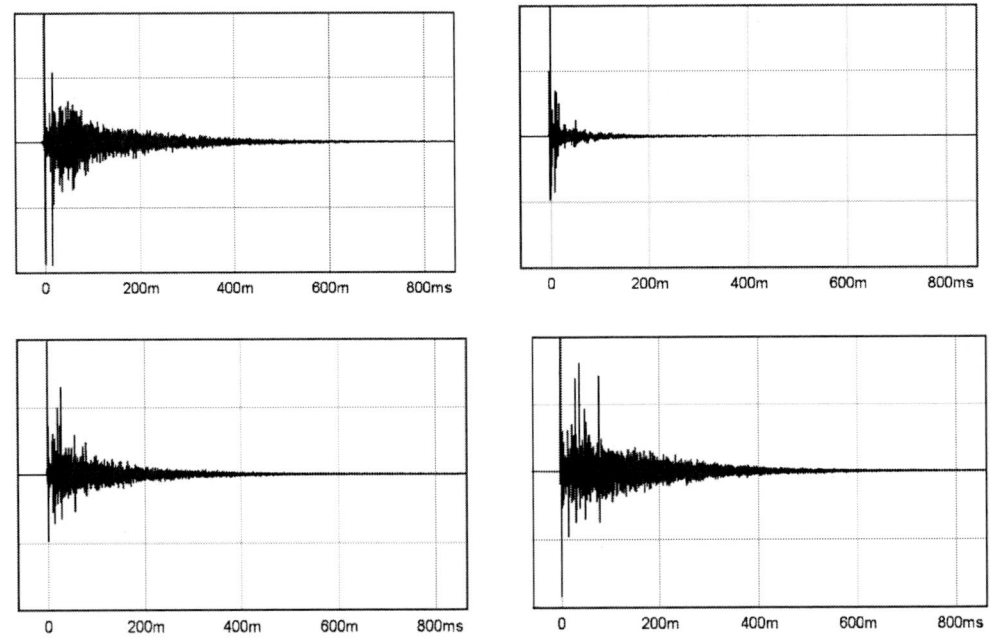

그림 14.10 4개의 다른 공간의 임펄스 리스폰스

임펄스 리스폰스는 음원의 위치에서 청취점까지의 모든 음향 정보를 포함하고 있다. 따라서 실제 공간에서 측정한 임펄스 리스폰스와 연주 음을 콘볼루션하면, 그 공간의 음향 특성이 포함된 음악을 청취할 수 있고, 이것을 콘볼루션 리버브(convolution reverb)라고 한다. 여기에서 연주 음이란 잔향이 전혀 없는 음원을 말한다.

다시 정리하면, 그림 14.11과 같이 연주 음악 x(t)을 공간의 임펄스 리스폰스 h(t)와 콘볼루션하면, 임펄스 리스폰스를 측정한 공간에서 듣는 음향 상태와 같은 음악을 청취할 수 있다. 즉, 연주 음을 어느 공간의 임펄스 리스폰스와 콘볼루션하면, 연주 음에 공간의 음향 특성이 더해져서 마치 그 공간에서 음악을 듣는 것과 같은 느낌이 드는 것이다.

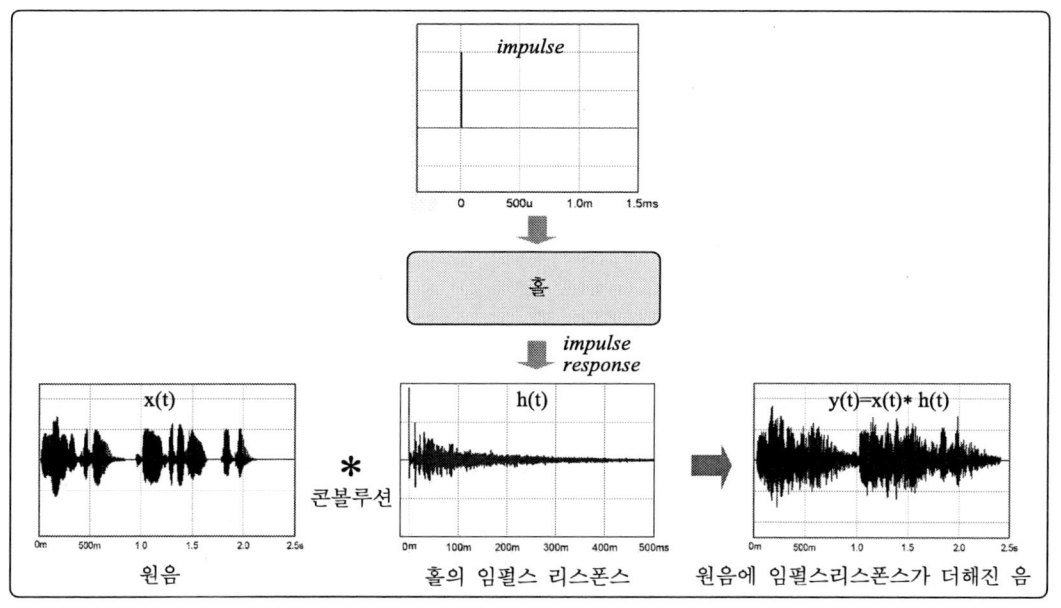

그림 14.11 원음 x(t)에 홀의 임펄스 리스폰스 h(t)가 더해진 음 y(t)

4. 디지털 리버브와 콘볼루션 리버브의 차이

디지털 리버브는 지연 시간이 다른 지연기를 조합하여 만든다. 블록 다이어그램을 그림 14.12에 나타낸다. 지연 시간 $\tau_1, \tau_2, \cdots, \tau_n$의 지연기를 직렬로 접속하여 지연 소자의 출력을 연산 프로세서의 승산기에서 조정하고 가산기로 합한다. 이 시스템에 크기 1의 직접음을 가하면, 간격이 다른 펄스 열이 나타난다. 그림에서 G_1, G_2, $\cdots G_n$은 1보다 작은 승수이고, $\otimes$는 승산기, $\oplus$는 가산기를 나타낸다. 그림 14.13에는 디지털 리버브의 임펄스 리스폰스를 나타낸다. 초기 지연 시간 부분의 밀도도 낮고, 지연 시간 간격이 같은 반사음이 반복되는 것을 볼 수 있다. 이러한 것들 때문에 콤필터 왜곡이 생기고 음질이 부자연스럽다.

디지털 리버브는 이러한 문제점들을 보완하기 위해서 콤필터 왜곡을 최소화하는데 노력해 왔다. 또, 잔향 음이 단조롭기 때문에 피드백 루프를 여러 개 조합해서 잔향 음을 만들어 왔지만, 음질은 여전히 부자연스럽다.

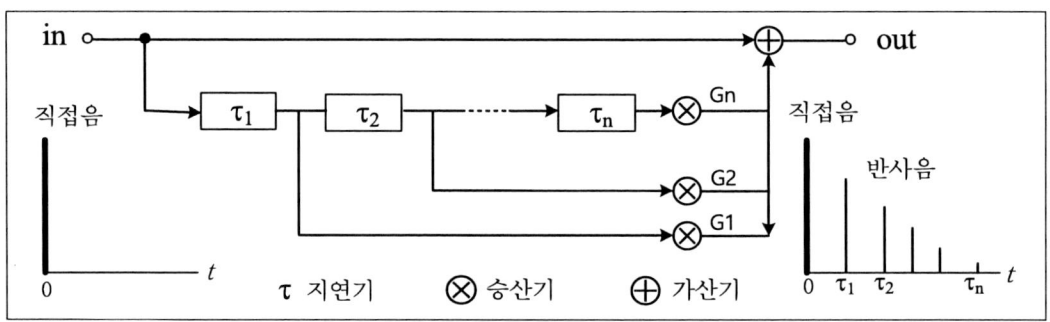

그림 14.12 디지털 리버브의 구성도의 일례

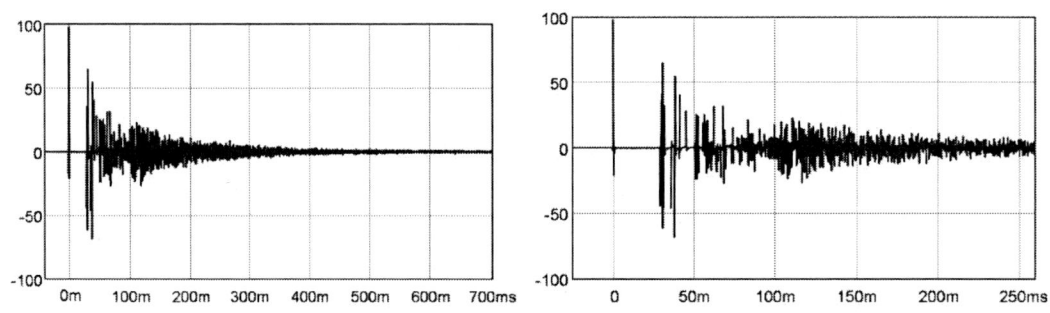

그림 14.13 디지털 리버브의 임펄스 리스폰스. 오른쪽은 250ms까지 확대한 데이터

그림 14.14에는 콘볼루션 리버브의 임펄스 리스폰스를 나타낸다. 디지털 리버브와 달리 초기 반사음 밀도가 높고, 반사음의 지연 시간 간격과 크기도 랜덤한 것을 볼 수 있다. 따라서 콘볼루션 리버브는 디지털 리버브와 비교하면 자연성이 아주 좋다.

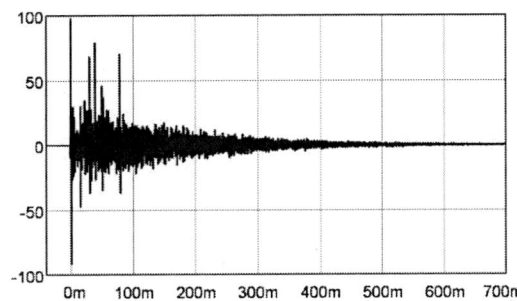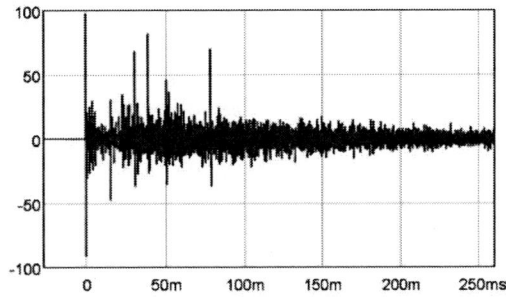

그림 14.14 실측한 임펄스 리스폰스, 오른쪽 데이터는 초기 반사음을 보기 위해 250ms까지 확대한 것이다.

부록 1

음향 임피던스

어느 점에서 어떤 작용에 의한 효과가 생긴 경우, (작용)/(효과)를 그 점에서의 임피던스(impedance)라고 한다. 임피던스는 전기 임피던스, 기계 임피던스, 방사 임피던스, 음향 임피던스가 있다.

전기 임피던스(Z_E)는 회로에 전압 E(V)를 가하여 전류가 I(A) 흐른 경우에 전압과 전류와의 비(Z_E = E/I)이다. 전기 회로의 임피던스가 작으면 전류가 흐르기 쉽고, 크면 전류가 흐르기 어렵다.

기계 임피던스(Z_M, mechanical impedance)는 기계적인 진동계에 구동력 F가 작용하여 속도 v가 생긴 경우에 구동력과 속도와의 비(Z_M = F/v)이다.

스피커의 진동판이 공기 중에 음을 방사할 때, 공기의 반작용을 받는다. 진동판은 공기의 반작용을 극복하여 진동해야 하고, 이 저항력을 방사 임피던스(Z_R; radiation impedance)라고 한다. 방사 임피던스는 힘(F)과 공기의 입자 속도와(v)의 비로서 정의되며(Z_R = F/v), 스피커 진동판의 기계적 진동이 진동판에 근접한 공간 입자들을 진동시킬 때의 저항이다.

전기 회로에서 소스에서 부하로 파워를 최대로 전달하기 위해서 소스와 부하의 임피던스를 같게 해야 한다(8장 임피던스 매칭 참조). 또, 소스로부터 부하로 최대 전압을 전달하기 위해서는 소스의 임피던스보다 부하의 임피던스를 10배 이상으로 해야 하고, 임피던스 브리징이라고 한다(9장 임피던스 브리징 참조).

음향에서도 음향 임피던스 매칭이 필요한 경우가 있다. 음파가 어떤 매질에서 다른 매질로 입사될 때 두 매질의 임피던스가 같으면 음파가 전부 투과되고, 반사가 없다. 만약 두 매질의 임피던스 차이가 크면 음파는 거의 반사되고, 투과되는 음파는 아주 적다.

여기에서는 음향 임피던스 매칭을 이용한 효과에 대해서 설명한다.

음향 기술과 수학
Sound Engineering and Math

1. 음향 임피던스

어느 점에 음파의 음압 p가 작용하여 효과로서 공기의 입자 속도 v가 생기면, 음향 임피던스(Z_A, acoustic impedance)는 p/v가 된다. 또, 매질의 밀도(ρ)와 매질 내에서 진행하는 음파의 음속(c)과의 곱으로 나타낼 수 있다.

$$Z_A = \frac{p}{v} = \rho c (\text{rayl}) \qquad (1)$$

음향 임피던스는 음속이 느리고 밀도가 낮으면 작고, 반대로 음속이 빠르고 밀도가 높으면 크다. 일반적으로 기체보다 액체, 액체보다 고체의 음향 임피던스가 크다. 공기의 임피던스는 $415(kg/m^2 \cdot s = rayls)$이고, 물의 임피던스는 $1.46 \times 10^6 rayls$이다. 표 1에는 각종 매질의 음향 임피던스 값을 나타낸다.

표 1. 매질의 음향 임피던스

매질	음속(m/s)	밀도(kg/m³)	임피던스(rayl)
공기(1 기압 20°C)	343.5	1.205	415
물	1460	1000	1.46×10^6
목재	3300	400~700	$1.3~2.3 \times 10^6$
철	5000	7800	39×10^6
콘크리트	3500~5000	2000~2600	$7~13 \times 10^6$
유리	4000~5000	2500~5000	$10~25 \times 10^6$
고무	35~230	1010~1250	$3.5~28 \times 10^4$

음향 임피던스가 크고 작은 것은 별로 의미가 없고, 두 개의 다른 매질 간의 임피던스 차이가 중요하다. 어떤 경우는 두 매질의 임피던스를 비슷하게 해야 하는 경우도 있고(임피던스 매칭), 임피던스 차를 크게 해야 하는 경우도 있다(임피던스 미스 매칭). 두 매질의 임피던스 차이가 크면, 음파가 다른 매질에 입사할 때 반사파가 많고, 차이가 적으면 투과파가 많다.

스피커로부터 방사된 음파가 공기 중으로 최대한 방사되도록 하기 위해서 스피커 앞에 혼(horn)을 부착하여 스피커의 기계 임피던스와 공기의 임피던스를 비슷하게 만든다. 이것은 전기 회로에서 소스와 부하 임피던스가 다른 경우에는 임피던스를 매칭시키기 위해서 매칭 트랜스를 사용하는 것과 유사하다(8장 임피던스 매칭 2절 참조). 또, 두 매질 간의 음향 임피던스 차이를 크게 해서 차음 효과를 높이거나 진동의 전달을 방지하기도 한다.

2. 매질 간의 음향 임피던스 차이에 의한 반사율와 투과율

그림 1과 같이 음향 임피던스가 다른 두 매질의 경계면에 음파가 수직으로 입사되면, 임피던스 미스 매칭 때문에 일부는 반사되고 일부는 투과된다. 매질 Ⅰ과 Ⅱ의 음향 임피던스를 각각 $Z_1(=\rho_1 c_1)$, $Z_2(=\rho_2 c_2)$라고 하면, 음파의 세기의 반사율(R)은 (2) 식, 투과율(T)은 (3) 식으로 구할 수 있다.

$$R = \left(\frac{Z_1 - Z_2}{Z_1 + Z_2}\right)^2 \quad (2)$$

$$T = 1 - R = \frac{4Z_1 Z_2}{(Z_1 + Z_2)^2} \quad (3)$$

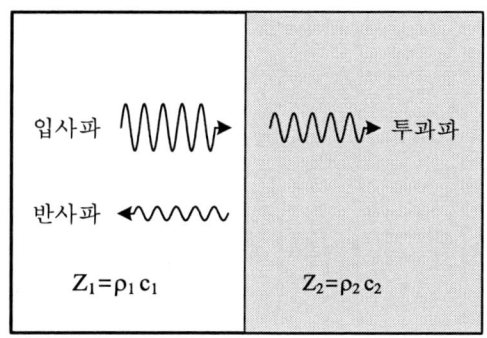

그림 1. 음향 임피던스가 다른 두 매질의 경계면에 음파가 수직 입사하면 일부는 투과되고, 일부는 반사된다.

음향 임피던스가 다른 매질에 음파가 수직 입사되면, 반사되는 음파의 세기는 두 매질 간의 음향 임피던스 차이에 따라서 달라진다. 두 매질의 음향 임피던스가 같으면(임피던스 매칭) 음파는 전부 투과되고 반사파는 없다. 이것은 초고주파 대역 전송에서 선로 종단에 신호원의 임피던스와 같은 임피던스로 접속하면(임피던스 매칭) 반사가 생기지 않고, 파워가 최대로 전달되는 것과 유사하다(8장 임피던스 매칭 (8.5) 식 참조). 또, 두 매질 음향 임피던스의 차이가 클수록(임피던스 미스 매칭) 반사파가 많아진다.

음파가 공기 중에서 물로 수직 입사될 때 반사율과 투과율을 구해 본다. 공기의 음향 임피던스는 Z_1=415rayls, 물의 음향 임피던스는 Z_2=1.46×106rayls이므로 음파가 공기 중에서 물로 입사될 경우에 반사율은 (2) 식으로 계산하면 0.998, 투과율은 (3) 식으로 계산하면 0.002가 된다. 즉, 공기에서 물로 입사된 음파는 거의 반사되고, 물은 완전 반사재이다. 이와 반대로 물에서 공기 중으로 음파가 입사할 때도 거의 반사된다. 또, 공기 중에서 유리로 음파가 입사하는 경우에는 물로 입사한 경우의 반사율과 투과율이 거의 비슷한다.

이와 같이 음향 임피던스가 다른 두 개의 매질 사이에서는 음파의 반사와 투과가 생긴다. 만약 두 매질의 음향 임피던스가 비슷하면 음파는 잘 투과하고 반사파는 매우 작다. 반대로 음향 임피던스의 차이가 크면 투과파는 적고, 반사파는 많아진다. 따라서 고체와 고체의 조합 또는 고체와 액체의 조합은 음파가 잘 투과되지만, 고체와 기체, 액체와 기체의 조합은 거의 투과되지 않는다. 따라서 고체 중에서 강력한 음파를 발생시켜도 공기 중에 방출되는 에너지는 매우 작다.

. Z_1=Z_2이면 반사가 없고(R=0), 음파가 전부 투과된다(T=1).
. Z_1과 Z_2가 비슷하면 약간 반사되고, 음파의 대부분이 투과된다(T>R).
. Z_1과 Z_2가 차이가 많이 나면 음파가 전부 반사된다(R>T).

3. 음향 임피던스 매칭에 의한 방사 효율의 향상

전기 회로에서는 임피던스를 매칭 시키기 위해서 매칭 트랜스를 사용하고, 기계 분야에서 지렛대를 사용한다. 음향에서는 임피던스 매칭을 위해서 혼(horn; 단면적이 서서히 커지는 음향 관)을 사용한다. 혼은 오랫동안 수동 증폭기로 사용되어 왔다. 혼이 최초로 사용된 것은 전기 증폭기가 없었던 시절에 축음기 앞에 길이가 긴 혼을 설치하여 음을 증폭시킨 것이다.

콘 스피커나 돔 스피커와 같이 진동판으로부터 직접 공간에 음을 방사하는 직접 방사형 스피커의 방사 효율은 1~3%로서 아주 낮다. 이것은 진동판에서의 음압은 고 임피던스이고, 공기는 저 임피던스이므로 방사 효율이 낮은 것이다. 이것은 소스인 스피커 진동판과 부하인 공기와의 임피던스 미스 매칭 때문이다. 스피커의 방사 효율을 높이기 위해서 진동판 앞에 혼을 설치하여 진동판과 공기의 임피던스 차이를 줄인다.

혼은 음향 에너지를 한 방향으로 집중시켜 멀리 보내는 기능도 있지만, 매칭 트랜스의 역할도 있다. 스피커로부터 발생된 음을 부하(공기)에 최대로 전달하기 위해서는 소스 임피던스를 가능한 한 낮추어야 한다.

이 때 사용하는 것이 혼이고, 음향 임피던스 변환기이다. 혼은 작은 면적(혼의 직경이 작은 쪽)에서 시작하여 서서히 큰 면적(혼의 직경이 넓은 쪽)으로 가면서 고 임피던스가 저 임피던스로 변환되고, 최종적으로 공기와 접하게 된다. 이와 같이 혼은 매칭 트랜스와 같이 스피커와 공기의 임피던스를 매칭시키는 역할을 한다.

그림 2에 혼 스피커의 구조를 나타낸다. 드라이버에서의 음압은 고 임피던스이고, 공기는 저 임피던스이다. 스피커 전면에 혼을 설치하고, 혼의 크기를 점차적으로 크게 하면 공기의 압력은 점차적으로 낮아지고, 혼의 입 부분에서는 공기의 압력과 비슷해져서 공기의 낮은 임피던스와 매칭시켜 10~25% 정도로 방사 효율이 향상된다.

이와 같이 혼은 스피커 진동판과 외부 공기 사이의 임피던스 차이를 줄여서 스피커의 방사 효율을 높이는 것이다.

또, 금관 악기와 같이 나팔 모양의 벨(bell)도 혼의 원리와 같이 임피던스를 매칭시켜서 음을 증폭하는 기능을 한다.

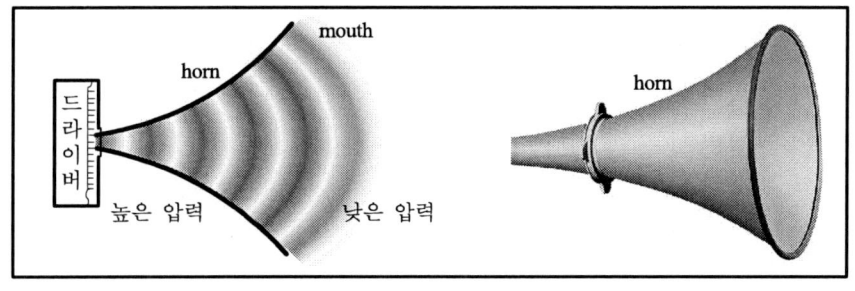

그림 2. 혼의 역할

4. 음향 임피던스 미스 매칭에 의한 차음 효과의 향상

일반적으로 실내의 차음 성능을 높이기 위해서 벽을 두껍게 만든다. 그러나 그림 3(b)와 같이 벽의 두께를 2배로 해도 차음 양은 5dB 증가하고 효과는 크지 않다. 음파를 더 효과적으로 차음하기 위해서는 그림 3(c)와 같이 콘크리트 간에 공기층을 설치한다.

콘크리트 사이에 공기층을 설치하면 콘크리트와 공기층에서 반사가 많이 생기고, 투과파가 적다. 그리고 이 투과파가 다시 콘크리트로 입사되면 다시 반사되므로 차음 효과가 좋다. 즉, 매질 간의 임피던스 미스 매칭으로 차음 효과를 높이는 것이다.

그리고 진동체 아래에 고무를 설치하여 진동을 방지하는 것도 매질 간의 음향 임피던스 미스 매칭에 의한 효과를 이용한 것이다.

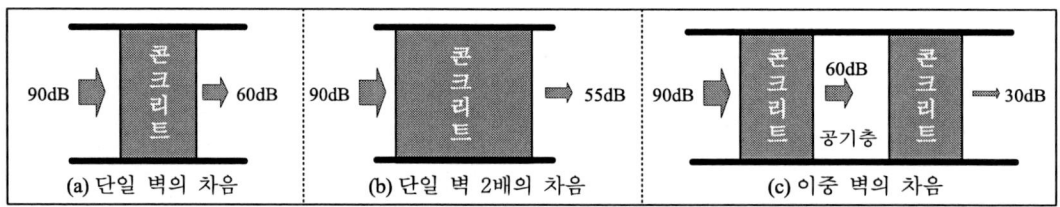

그림 3. 벽의 두께를 증가 시킨 경우와 2중 벽으로 한 경우의 차음 효과의 차이

부록 2

음향 공식

1. 주파수와 파장

주파수와 파장
$f = c / \lambda$ [Hz], $\lambda = c / f$ (m), $T = 1 / f$ (s)
f; 주파수(Hz), c; 음속(m/s), T; 주기(s), λ; 파장(m)

음파는 매질의 소밀 +/− 반복(진동)이고, 1초 동안 반복 회수(cycle/sec)를 주파수(frequency)라고 하며 단위는 Hz(Hertz)이다. 1초 동안 1회 진동하면 1Hz, 2회 진동하면 2Hz, 4회 진동하면 4Hz가 된다. 그리고 음파가 +/− 1회 진동하는데 걸리는 시간을 주기(period)라고 한다. 그리고 1 주기의 진행 길이를 파장(wavelength)이라고 하고, 음속을 주파수로 나누어 구한다(2장 그림 2.6 참조). 아 내용은 2장 음파의 파형, 진폭, 주파수, 위상을 참조한다.

예제 음파의 주기가 5ms이면 주파수와 파장은 얼마인가?
☞ 주파수 f =1/T=1/5ms=200Hz, 파장 λ=c/f=340/200=1.7m

2. 로그

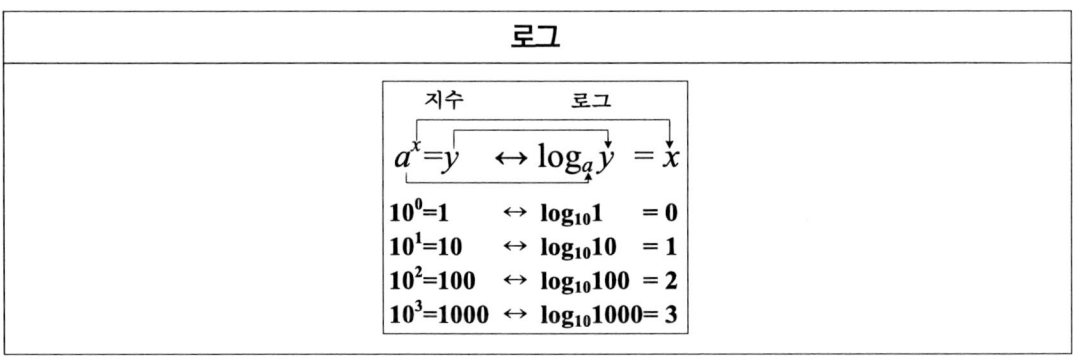

10의 2승(=10^2)은 100이다. 반대로 10을 몇 승하면 100이 되는가? 답은 2이다. 그리고 10의 3승(=10^3)은 1000이다. 이 관계를 설명하기 위하여 log라는 기호를 도입하고, 이것을 상용 로그(common logarithm)라고 한다. 이 내용은 3장 로그와 데시벨을 참조한다.

3. 벨과 데시벨(Bel, decibel)

벨과 데시벨
Bel=log(P_2/P_1) [B]
power deciBel=10log(P_2/P_1) [dB]
voltage deciBel=20log(V_2/V_1) [dB]
P: 파워, V: 전압

두 파워의 비에 log를 취한 것을 Bel이라고 한다. 그리고 두 파워의 비에 10log를 취한 것을 데시벨이라고 하고 두 전압의 비에는 20log를 취한다. 이 내용은 3장 로그와 데시벨을 참조한다.

[예제] 1W 기준에 대한 50W의 파워 레벨은?
☞ 10log(50/1)=17dB

예제 2V와 10V의 레벨 차는 몇 dB인가?
☞ 20log(10/2)=14dB

4. 음원으로부터 거리 감쇠

점음원의 거리 감쇠
$10\log\dfrac{1}{r^2} = 20\log\dfrac{1}{r} = -20\log r\,[dB]$ r ; 거리(m)
선음원의 거리 감쇠
$10\log\dfrac{1}{r} = -10\log r\,[dB]$ r ; 거리(m)

음원의 크기가 파장보다 아주 작은 음원을 점 음원(point source)이라고 하고, 구면파 형태로 방사된다. 음파는 전달되면서 사방팔방으로 퍼지면서 파면이 넓어지므로 음압 레벨은 거리의 제곱에 반비례하여 감쇠된다. 일반 스피커는 점음원으로 간주하여 거리에 따른 음압 레벨 감쇠를 구한다.

기차나 고속도로에 자동차가 늘어 서 있는 것과 같이 길이가 긴 음원을 선 음원(line source)이라고 한다. 선 음원은 좌우로만 확산되고 위 아래로는 확산되지 않으므로 음원으로부터 거리에 반비례하여 감쇠된다. 라인 어레이 스피커도 어느 거리까지는 선 음원의 특성을 가진다.

예제 반사가 없는 자유 공간에서 점음원으로부터 1m 지점에서 90dB일 때, 10m 떨어진 거리에서의 음압 레벨(SPL)은?
☞ SPL = 90 − 20log r = 90 − 20log10 = 70dB

예제 반사가 없는 자유 공간에서 긴 선음원으로부터 거리가 10배가 되면 몇 dB 감쇠되는가?

☞ 감쇠량 = 10log r = 10log10 = 10dB 감쇠된다.

5. 음압 레벨

음압 레벨
SPL=20log$\dfrac{p}{p_0}$[dB] p; 순시 음압(Pa), p_0; 기준 음압(20μPa)

아주 작은 음의 음압은 약 1/10,000Pa 이하이고, 아주 큰 음은 1Pa 정도이며, 10Pa은 귀가 아플 정도의 음압이다. 그러나 아주 작은 음과 큰 음의 음압 범위가 너무 넓어서 사용하기 불편하므로 음압 레벨(sound pressure level; SPL)로 나타낸다. 최소 가청 한계는 0dB이고, 최대 가청 한계는 120dB가 되어 취급하기 편리하다. 이 내용은 4장 데시벨의 합 계산을 참조한다.

[예제] 기준 음압이 20μPa이고, 순시 음압이 1Pa이면 음압 레벨은?

☞ SPL = $20\log(1 / 20\times 10^{-6})$ = 94dB

6. 데시벨의 합 계산

무상관 음의 합 계산
$L_T=10\log(10^{L1/10}+10^{L2/10}+\cdots+10^{Ln/10})$ [dB]
상관 음원의 합 계산
$L_T=20\log(10^{L1/20}+10^{L2/20}+\cdots+10^{Ln/20})$ [dB]

두 음원의 파형이 전혀 다른 음을 무상관 음원이라고 한다. 예를 들어 두 사람이 똑 같은 음악을 노래할 때, 두 사람의 음성 파형은 전혀 다르고, 이것을 무상관 음원이라고 한다.

두 음원의 파형이 같은 음을 상관 음원이라고 한다. 예를 들어 두 대의 스피커에 같은 음원을 입력하면, 두 스피커에서 재생되는 음의 파형은 같고, 상관 음원이라고 한다. 이 내용은 4장 데시벨의 합 계산을 참조한다.

예제 레벨이 80dB, 84dB인 무상관 음원의 합성 레벨은?
☞ $L_T = 10\log(10^{80/10} + 10^{84/10}) = 85.5$dB

예제 레벨이 84dB, 86dB인 완전 상관 음원의 합성 레벨은?
☞ $L_T = 20\log(10^{84/20} + 10^{86/20}) = 91$dB

7. 옴의 법칙

옴의 법칙
E = I · R (V)
P = E · I = E2 / R = I2 · R (W)
E; 전압(V), I; 전류(A), R; 저항(Ω), P; 파워(W)

옴의 법칙(Ohm's law)은 어떤 전기 회로에 흐르는 전류는 그 회로에 가해진 전압에 정비례하는 법칙이다. 전구에 전지가 연결되어 있는 전기 회로에서 전지의 전압이 달라지면 전구의 밝기가 달라진다. 또, 전압이 같아도 전구의 저항에 따라 밝기가 달라진다. 이것은 전류는 전압에 비례하고, 저항은 전류의 흐름을 방해하기 때문이다. 이와 같은 전압, 전류, 저항 사이의 관계가 옴의 법칙이다. 이 내용은 5장 옴의 법칙을 참조한다.

예제 회로에 흐르는 전류는 몇 A인가?
☞ I = E/R = 10/5 = 2A

음향 기술과 수학
Sound Engineering and Math

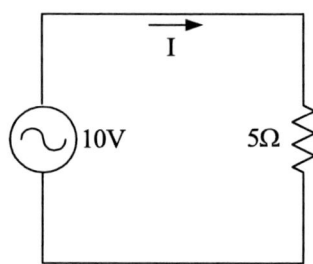

[예제] 4Ω의 저항에 실효 값 8V 전압을 가한 경우에 이 저항에서 소비되는 전력은?

☞ $P = E^2/R = 8^2/4 = 12W$

8. 저항의 직병렬 연결

직렬 저항의 합성 저항
$R_T = R_1 + R_2 + R_3 + \cdots + R_N \ [\Omega]$
병렬 저항의 합성 저항
$\dfrac{1}{R_T} = \dfrac{1}{R_1} + \dfrac{1}{R_2} + \dfrac{1}{R_3} + \cdots + \dfrac{1}{R_N} \ [\Omega]$

(예제) 8Ω 저항 4개를 직렬로 연결하면 합성 저항은?

☞ $R_T = 8+8+8+8 = 32\,\Omega$

[예제] 8Ω 저항 4개를 병렬로 연결하면 합성 저항은?

☞ $1/R_T = 1/8 + 1/8 + 1/8 + 1/8 = 0.5\,\Omega \rightarrow R_T = 1/0.5 = 2\,\Omega$

9. 리액턴스

유도성 리액턴스
$X_L = 2\pi f L\,[\Omega]$
π; 3.14, f; 주파수(Hz), L; 인덕턴스(H)

용량성 리액턴스
$X_c = \dfrac{1}{2\pi fC}$ [Ω]
π; 3.14, f; 주파수(Hz), C; 커패시턴스(F)

저항기의 저항 값은 어떠한 주파수를 인가해도 저항 값이 일정하다. 인덕터의 저항 값은 가하는 주파수에 따라서 저항 값이 달라지고, 주파수에 비례하며 유도성 리액턴스라고 한다. 커패시터의 저항 값은 주파수에 반비례하고, 용량성 리액턴스라고 한다. 이 내용은 6장 임피던스를 참조한다.

예제 1kHz의 교류를 1mH의 인덕터에 인가하면 유도성 리액턴스는?
☞ $X_L = 2 \times 3.14 \times 1000 \times 0.001 = 6.28$ Ω

예제 10kHz의 교류를 10μF의 커패시터에 인가하면 용량성 리액턴스는?
☞ $X_C = 1/(2 \times 3.14 \times 10000 \times 0.00001) = 1.6$ Ω

10. 임피던스

임피던스
$Z = R + j(X_L - X_C) = \sqrt{R^2 + (X_L - X_C)^2}$ [Ω]
R; 저항(Ω), X_L; 유도성 리액턴스(Ω), X_C; 용량성 리액턴스(Ω)

R L C 회로에서 유도성 리액턴스와 용량성 리액턴스는 회로의 위상 각에 대해서 서로 정반대이므로 두 리액턴스를 합한 전체 리액턴스 값은 각각의 리액턴스 값보다 작아진다. 이때 임피던스는 저항과 리액턴스의 벡터 합으로 구한다. 이 내용은 6장 임피던스를 참조한다.

예제 다음 회로의 임피던스는?

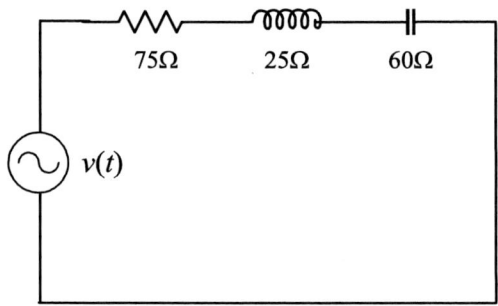

☞ $Z = R + j(X_L - X_c) = 75 + j(25 - 60) = \sqrt{75^2 + (-35)^2} = 82.8[\Omega]$

11. 지연 시간과 위상 차

지연 시간과 위상 차
$\theta = 360 \cdot t \cdot f(°), \qquad t = \dfrac{\theta}{360} \times \dfrac{1}{f}(s)$ θ; 위상 차(°), t; 지연 시간(s), f; 주파수(Hz)

위상 차는 두 신호의 전반 시간 차를 위상 각으로 나타내는 것이다. 두 신호의 지연 시간은 같아도 주파수가 달라지면 위상 차가 다르게 나타난다. 이것은 주파수가 달라지면 파장이 달라지기 때문이다. 어느 주파수에서 위상 각을 알면 두 신호의 시간 차를 계산할 수 있다. 이 내용은 11장 위상 차 때문에 생기는 음향 문제들을 참조한다.

예제 500Hz에서 두 신호의 위상 차가 180도이면, 두 신호의 시간 지연은?

☞ $t = \dfrac{\theta}{360} \times \dfrac{1}{f} = \dfrac{180}{360} \times \dfrac{1}{500} = 0.001s = 1ms$

12. 두 신호의 위상 차에 따른 합의 크기 계산

A_1, A_2 두 신호의 위상 차에 따른 합의 크기(A) 계산
$$A = \sqrt{A_1^2 + A_2^2 + 2A_1 A_2 \cos\theta}$$
θ; 두 신호의 위상 차

두 신호의 합의 크기는 두 신호의 위상 차에 따라서 달라진다. 두 신호가 동위상이면 합의 크기는 2배가 되고, 90도 위상 차가 있으면 1.4배, 180도 위상 차가 있으면 상쇄된다. 이 내용은 11장 위상 차에 의해 생기는 음향적인 문제들을 참조한다.

13. 콤필터 왜곡

콤필터 왜곡의 딥 주파수
f N= N /(2T_d), N =1, 3, 5, 7,···
T_d; 지연 시간(s)

직접음에 지연된 반사음이 더해지면, 두 음이 동위상인 주파수(N=2, 4, 6···)는 6dB 증가 되고, 역위상인 주파수(N=1, 3, 5···)는 상쇄되는 특성으로 변한다. 즉, 주파수 특성이 머리빗 모양처럼 피크 딥이 생겨서 음색이 변하게 된다. 이 내용은 11장 위상 차에 의해 생기는 음향적인 문제들을 참조한다.

예제 직접음과 반사음 간의 시간 지연이 1ms이면, 첫 번째 dip이 생기는 주파수는?
☞ f = N /(2T_d) = 1 /(2·0.001s) = 500Hz

14. 실효 값

최대 값과 실효 값
$$V_{rms} = \frac{V_p}{\sqrt{2}} = 0.707 V_p, \quad V_p = 1.414 V_{rms}$$
V_{rms}; 실효 값(V), V_p; 최대 값(V)

직류 전압을 측정할 때는 전압이 항상 일정하므로 문제가 없지만, 교류는 시간에 따라서 전압의 크기가 변하므로 어느 시간에서의 전압 값으로 나타낼지가 문제가 된다. 교류 전압의 진폭을 표시하는 데는 최대 값(V_p)과 실효 값(V_{rms})이 있다. 최대 값 VP는 신호의 반 주기 중에서 진폭의 최대 값을 전압으로 나타내는 것이다. 실효 값(root mean square; rms)은 수학적으로 순시 값의 자승을 1 주기에 걸쳐 평균한 것에 root를 취하는 것이다. sin 파의 rms는 최대 값의 0.707배이다. 즉, 교류 신호가 가진 에너지를 직류 에너지로 바꾸면 몇 V가 되는가가 실효 값이다. 이 내용은 12장 신호의 실효 값 계산을 참조한다.

예제 sin 파의 피크 전압이 10V이면 실효 값은?
☞ 10 × 0.707 = 7.07V이다.

15. 피크 팩터

피크 팩터
$$PF = 20 \log \left(\frac{V_p}{V_{rms}} \right) [dB]$$
V_{rms}; 실효 값(V), V_p; 최대 값(V)

교류 신호의 피크 팩터(peak factor; PF)는 최대 값과 실효 값의 비로 정의된다. 이 내용은 12장 신호의 실효 값 계산을 참조한다.

예제 최대 값이 100V이고, 실효 값이 70V인 신호의 피크 팩터는?

☞ PF = 20log(100/70) = 3dB

16. 실내의 정재파 주파수

실내의 정재파 주파수
$$f = \frac{c}{2}\sqrt{\left(\frac{p}{L}\right)^2 + \left(\frac{q}{W}\right)^2 + \left(\frac{r}{H}\right)^2} \text{ [Hz]}$$
c; 음속, p, q, r; 모드, L; 길이(m), W; 폭(m), H; 높이(m)

실내에서 음파는 벽 사이에서 반사되면서 입사파와 반사파와의 간섭에 의해 음압이 증가되기도 하고 상쇄되기도 한다. 이 간섭(constructive/destructive interference)은 벽 간의 거리에 의해서 결정되는 주파수에서 공진이 생기기 때문이다. 평행한 두 면 사이에서 음의 반사가 반복되면, 평행 면의 거리에 따라 어떤 주파수는 벽에 입사되는 파의 peak와 반사되는 파의 peak가 일치하여 커진다. 그리고 입사파의 peak와 반사파의 dip이 일치하는(위상 차가 180도) 주파수 음은 상쇄된다. 이와 같은 파는 음이 재생되는 동안은 계속해서 파가 진행하지 않고 머물러 있으므로 정재파(standing wave)라고 한다. 1차 공진 주파수는 음파의 1/2 파장이 실내의 길이와 같은 주파수에서 발생되고, 2차, 3차 등 공진 주파수가 생긴다.

예제 실내 치수가 $7 \times 5 \times 3m^3$인 경우에 (1 1 1) 모드의 공진 주파수는?

☞ $f = \frac{340}{2}\sqrt{\left(\frac{1}{7}\right)^2 + \left(\frac{1}{5}\right)^2 + \left(\frac{1}{3}\right)^2} = 70.4 \text{Hz}$

17. 잔향 시간

잔향 시간
$$RT = \frac{0.161 \cdot V}{S\bar{\alpha}} \text{ (s)}$$
V; 체적(m^3), S; 표면적(m^2), $\bar{\alpha}$; 평균 흡음률

잔향 시간(reverberation time; RT)은 공간의 울림의 정도를 정량적으로 나타내는 것이고, 음원이 정지된 후에 반사음이 들리지 않을 때까지의 시간을 말한다. 음향학적으로는 음원이 정지된 후에 잔향 감쇠 곡선에서 정상 상태의 음압 레벨이 -60dB 떨어질 때까지의 시간(RT60)으로 정의된다. 잔향 시간이 길면 울림이 많고, 짧으면 울림이 적다. 잔향 시간은 체적에 비례하고 평균 흡음률에 반비례한다.

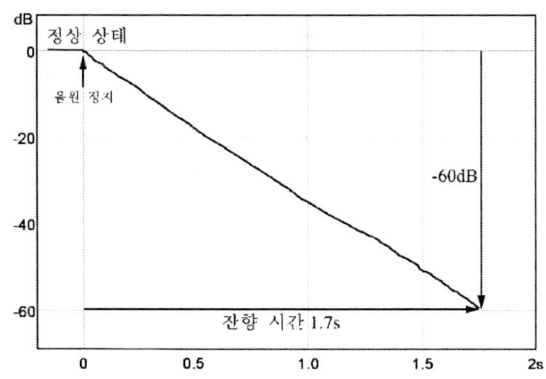

[예제] 체적이 1680m³이고, 표면적이 928m², 평균 흡음률이 0.31인 경우에 잔향 시간은?

☞ $RT = \frac{0.161 \cdot V}{S\bar{\alpha}} = \frac{0.161 \cdot 1680}{928 \cdot 0.31} = 0.94s$

18. 임계 거리

임계 거리
$D_C = 0.14\sqrt{Q \cdot R}$
Q; 음원의 지향 계수, R; 실내 정수($\frac{S\bar{\alpha}}{1-\bar{\alpha}}$)

음원으로부터 거리가 멀어지면 직접음 레벨은 점점 낮아지고, 어느 거리에서는 직접음과 잔향음 레벨이 같아지는 지점이 나타난다. 음원으로부터 직접음과 잔향음 레벨이 같아지는 거리를 임계 거리(critical distance; Dc)라고 한다.

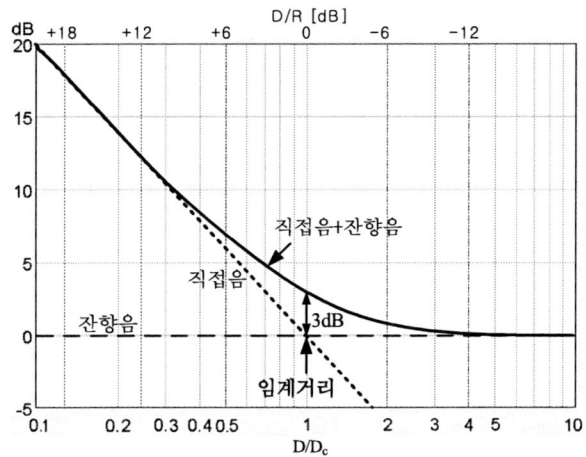

예제 길이 20m, 폭 10m, 높이 6m인 실내에 Q가 2인 음원이 있다. 평균 흡음률은 0.2이면 잔향 시간, 실내 정수, 임계 거리는 얼마인가?

☞ $V = 20 \times 10 \times 6 = 1200 m^3$

$S = (20 \times 10 \times 2) + (10 \times 6 \times 2) + (20 \times 6 \times 2) = 760 m_2$

$$RT = \frac{0.161 \times 1200}{760 \times 0.25} = 1s$$

$$R = \frac{S\bar{\alpha}}{1 - \bar{\alpha}} = \frac{760 \times 0.05}{1 - 0.25} = 253$$

$$D_c = 0.14\sqrt{Q \cdot R} = 0.14\sqrt{2 \cdot 253} = 3.2m$$

19. 고조파 왜곡률

고조파 왜곡률(THD)
$$THD = \frac{\sqrt{V_2^2 + V_3^2 + V_4^2 + \cdots}}{V_1} \times 100(\%)$$
V_1; 기본 주파수 전압, V_2; 제1 고조파 전압, V_3; 제2 고조파 전압

음향 기기의 최대 입력 레벨보다 큰 신호가 입력되면, 최대 입력 레벨 이상의 신호는 클

리핑되어 입력 파형과 달라지고, 입력되지 않은 주파수 성분이 출력되는 것을 고조파 왜곡이라고 한다. 왜곡률이 1%라는 것은 왜곡 성분이 기본 주파수의 1/100이라는 것이다.

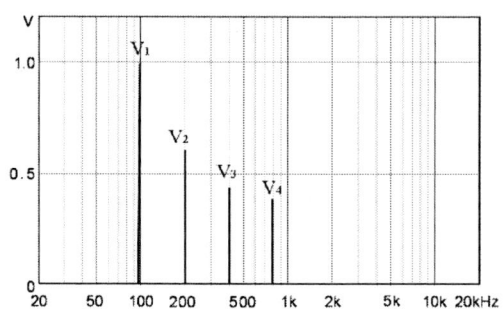

[예제] 기본파는 1V, 1차 고조파는 0.3V, 2차 고조파는 0.1V이면 고조파 왜곡률(THD)은?

☞ THD = $\sqrt{0.3^2 + 0.1^2}$ × 100% = 32%

20. 지향 지수와 지향 계수

스피커의 지향 지수(Q)와 지향 계수(DI)
$Q = \dfrac{180°}{\sin^{-1}(\sin\dfrac{V}{2} \cdot \sin\dfrac{H}{2})}$, DI = 10logQ
V; 수직 지향각, H; 수평 지향각

스피커가 모든 방향으로 똑 같은 레벨로 음을 방사하면 무지향성이다. Q는 스피커 정면 방향으로의 집중도를 나타내고, Q가 클수록 정면으로 방사되는 음이 많아진다. 예를 들어 Q가 10이면, DI는 10dB가 된다. 스피커의 DI가 10dB이면, 정면으로 방사되는 음압 레벨은 모든 방향으로 방사될 때의 음압 레벨보다 10dB 더 높은 것을 의미한다.

[예제] 스피커의 -6dB 커버리지 각도가 수평(V) 40도, 수직(H) 20도이면, Q와 DI는 얼마인가?

☞ $Q = \dfrac{180°}{\sin^{-1}(\sin 20° \cdot \sin 10°)} = 53$

DI = 10log53 = 17.2dB

참고 문헌

1장 음향 기술에서 사용하는 수학
1) terms.naver.com/entry.naver?docId=3567027&cid=58944&categoryId=58970
2) 최성재, 전자공학의 기초, 진영사((2000).
3) 박병훈 외, 회로이론, 피어슨 코리아(2007).
4) terms.naver.com/entry.naver?docId=3338258&cid=47324&categoryId=47324
5) terms.naver.com/entry.naver?docId=5826938&cid=64656&categoryId=64656
6) マンガでわかるフーリエ解析

2장 음파의 파형, 진폭, 주파수, 위상
1) 강성훈, 음향기술총론, 사운드미디어(2022).

3장 로그와 데시벨
1) 강성훈, 음향기술총론, 사운드미디어(2022).

4장 데시벨의 합 계산
1) 강성훈, 음향기술총론, 사운드미디어(2022).
2) http://www.sengpielaudio.com/calculator-spl.htm

5장 옴의 법칙과 전압 분배 법칙
1) 강성훈, 음향기술총론, 사운드미디어(2022).
2) 왕문성, 회로이론, 복두 출판사(2021).

6장 임피던스
1) Tomas L. Floyd, Principle of electric circuits, Pearson Education Inc(2007).
2) 왕문성, 회로이론, 복두 출판사(2021).
3) www.soundonsound.com/techniques/understanding-impedance
4) P. Brown, Why all the fuss about power? Syn_Aud_Con Newsletter, Vol. 33, No.1 (2005).
5) P. Brown, The amplifier to loudspeaker interface, Syn_Aud_Con Newsletter, Vol. 28, No.4(2004).
6) www.electronics-tutorials.ws/filter/filter_1.html
7) www.electronics-tutorials.ws/inductor/ac-inductors.html

7장 등가 회로
1) htpps//detail-infomation.com/output-impedance-input-impedance/
2) en.wikipedia.org/wiki/Equivalent circuit

8장 임피던스 매칭

1) 강성훈, 음향기술총론, 사운드미디어(2022).
2) en.m.wikipedia.org/wiki/Impedance_matching
3) G. Davis, The Sound Reinforcement Handbook, Yamaha(1990).
4) www.sengpielaudio.com/calculator-AmplifierLoudspeakerAndOhm.htm
5) engineer-climb.com/matching/
6) en.wikipedia.org/wiki/Maximum_power_transfer_theorem

9장 임피던스 브리징

1) Maximum power transfer theorem – Wikipedia
2) en.m.wikipedia.org/wiki/Impedance_bridging
3) G. Davis, The Sound Reinforcement Handbook, Yamaha(1990).

10장 필터의 특성과 위상 변이

1) 강성훈, 음향기술총론, 사운드미디어(2022).
2) Tomas L. Floyd, Principle of electric circuits, Pearson Education Inc(2007).
3) 강성훈, 음향 시스템 튜닝과 측정, 사운드미디어 (2019).
4) 왕문성, 회로이론, 북두 출판사(2021).
5) 박병훈 외, 회로이론, 피어슨에듀케에션코리아(2010)

11장 위상 차 때문에 생기는 음향적인 문제들

1) 강성훈, 음향기술총론, 사운드미디어(2022).
2) www.stereophile.com/content/measuring-loudspeakers

12장 신호의 실효 값

1) 강성훈, 음향기술총론, 사운드미디어(2022).
2) en.wikipedia.org/wiki/Root_mean_square

13장 주파수 분석

1) www.mathsisfun.com/calculus/fourier-series.html
2) マンガでわかるフーリエ解釈
3) www.yukisako.xyz/entry/fourier-transform

14장 콘볼루션 리버브

1) https://blog.naver.com/ jeonghan4242/220533234267
2) D. Davis, sound system engineering, Third edition, Focal Press(2006).

음향 기술과 수학
Sound Engineering and Math

음향시스템 튜닝과 측정

음향공학박사 강성훈 저
2018년 3월 발행, 347쪽
사운드 미디어 | 29,000원

음향시스템은 기기들을 연결하는 것만으로는 좋은 음질의 음이 재생되지 않는다. 음향 시스템으로 좋은 음질을 재생하기 위해서는 튜닝을 하여야 하고, 튜닝에 따라서 재생되는 음질이 달라진다. 그리고 음향 튜닝에 도움이 되는 것이 음향 측정이다. 정확하고 의미가 있는 음향 측정을 위해서는 음향에 대한 총제적인 지식을 가지고 있어야 한다.

이 책은 어느 특정 측정기를 대상으로 설명한 것이 아니고, 모든 측정기에서 공통적으로 필요한 측정 기술들을 설명하고 있다. 이 내용들은 음향 튜닝과 측정에 필수적인 것이다. 또한, 독자의 이해를 쉽게 하기 위해서 많은 측정 사례를 가지고 데이터 해석 방법을 설명한 지침서이다. 이 책으로 음향 튜닝 기술과 다양한 음향 측정 기법들을 습득할 수 있을 것이다.

제 I 편 음향 튜닝과 청감 테스트
제1장 음향 측정 전 사전 작업
제2장 스피커 시스템 유킹
제3장 음향 시스템의 최적화
제4장 음향 시스템의 음질 열화 요인
제5장 청감 테스트
제6장 이퀄라이저와 실시간 분석기를 이용한 룸 튜닝
제7장 룸 튜닝 후 청감에 의한 음질 체크
제8장 음향적인 룸 튜닝

제 II 편 음향 측정
제9장 측정 신호의 종류
제10장 측정용 마이크
제11장 음압 레벨 측정
제12장 전달 함수 측정
제13장 FFT 파라미터
제14장 신호 처리 기법
제15장 음향 측정 데이터의 종류

제 III 편 음향 측정의 실례와 고찰
제16장 음향기기의 측정
제17장 건축 음향 측정
제18장 음향 시스템 측정
제19장 음향 측정 결과의 고찰

부록 I. 푸리에 변환과 FFT
부록 II. 데시벨
부록 III. 룸 튜닝에 의한 명료도 향상 사례
부록 IV. 영화 음향 시스템의 튜닝
부록 V. 음성 전달 지수
부록 VI. 복습 문제

공간음향설계

음향공학박사 강성훈 저
2020년 1월 발행, 425쪽
사운드 미디어 | 30,000원

음향 기술 중에서 가장 어려운 부분이 공간 음향이다. 콘서트 홀에서 연주되는 음이나 스피커 시스템에서 재생된 음은 반드시 공간에 방사되어 음이 형성되어 우리의 귀에 입사하게 된다. 따라서 아무리 연주를 잘하거나 스피커에서 좋은 음질이 재생되어도 공간 음향 특성이 좋지 않으면 결코 좋은 음질을 들을 수 없다.

본 서를 저자의 연구 결과와 현장에서 측정한 각종 음향 데이터와 사진을 삽입하여 독자의 이해를 쉽게 하도록 기술하였다. 특히 건축 설계가가 건축 설계할 때 최소한 알아야 할 음향 지식과 현장 사례를 설명아였다. 부록에는 문제집을 수록하여 각종 음향 관련 자격 시험에 대비할 수 있도록 하였다.

본 서는 건축가뿐만이 아니라 음향에 관심이 있는 학생이라면 누구나 쉽게 접근할 수 있도록 개념을 위주로 설명하였다.

제1장 건축과 소리
제2장 기초음향
제3장 차음과 흡음
제4장 실내 음향 이론
제5장 정재파와 콤필터 왜곡
제6장 실내 음향 효과
제7장 실내 음향 파라미터
제8장 실내 음향 설계
제9장 콘서트 홀 음향
제10장 리스닝 룸 음향
제11장 스튜디오 및 컨트롤 룸 음향
제12장 실내 체육관 및 야외 경기장 음향
제13장 회의실 및 사무실 음향
제14장 음장 가변 시스템
제15장 음향 시뮬레이션과 가청 시스템
제16장 실내 음향 측정
제17장 음향 시스템 설비
부록 I. 잔향 시간의 계산식 유도
부록 II. 음향 문제집

음향 서적

음향 시스템 기술

음향공학박사 강성훈 저
2021년 11월 발행, 377쪽
사운드 미디어 | 28,000원

음향 시스템 설계에서 필요한 기초 음향 이론, 공간 음향 명료도에 대해서 간략하게 기술하고, 공간에 적절한 스피커 선택 방법에 때해서 기술하고 있다.
그리고 음향 시스템 설계 방법, 음향 시뮬레이션, 하울링 방지 방법, 룸 튜닝 기술, 음향 측정 평가 방법에 데헤서 현장 데이터와 사진을 삽입하여 알기 쉽게 설명하였다.

제1장 음향 시스템 설계의 요소 기술
제2장 기초 음향
제3장 공간 음향
제4장 공간 왜곡
제5장 명료도 열화 요인
제6장 음향 기기

제7장 스피커 시스템
제8장 음향 시스템 설계 과정
제9장 음향 시스템의 선택
제10장 스피커 시스템의 배치 방식
제11장 음향 시스템 구성
제12장 음향 피드백

제13장 음향 시뮬레이션과 가청화
제14장 음장 가변 시스템
제15장 음향 시스템의 룸 튜닝
제16장 음향 측정 평가

오디오 기술

음향공학박사 강성훈 저
2019년 1월 발행, 409쪽
사운드 미디어 | 25,000원

좀 더 좋은 음질을 재생하기 위해서 오디오 애호가들은 꾸준히 노력하지만, 오디오 기초 지식 없이 오디오 샵이나 인터넷, 지인들을 통해서 얻은 지식만으로는 열정의 욕구는 채워지지 않을 것이다. 오디오는 어디까지나 취미 생활이다. 따라서 그 성능의 차가 물리적인 근거가 없어도 본인이 최고라고 생각하면 그만이다. 이 경우에는 오히려 음향 공학적인 지식이 없는 것이 좋을지도 모르지만, 기초 이론을 알면 최고의 좋은 음질을 찾아낼 수 있고 취미 생활이 한층 더 즐거워진다. 오디오 개발 업무를 하고 있는 엔지니어들도 총체적인 오디오 지식을 갖는 것이 중요하다. 본 서가 오디오 애호가들이 좋은 음질을 만드는데 많은 도움이 될 것으로 생각한다.

제1장 좋은 음질의 조건과 청감 훈련
제2장 오디오 시스템의 분류
제3장 음향의 기초
제4장 공간 음향
제5장 스테레오 음향
제6장 오디오 기기의 특성 데이터
제7장 전기 음향
제8장 스피커 시스템
제9장 멀티 앰프 스피커 시스템 튜닝

제10장 헤드폰
제11장 앰프
제12장 이퀄라이저
제13장 디지털 오디오
제14장 디지털 음원
제15장 리스닝 룸에 의한 음질 열화 요인
제16장 오디오 시스템의 설치
제17장 음향적인 룸 튜닝
제18장 이퀄라이저를 이용한 룸 튜닝

부록
Ⅰ. 리스닝 룸에서 필요한 앰프 출력과 음향 파워
Ⅱ. 스피커 선이 음질에 미치는 영향
Ⅲ. 카 오디오
Ⅳ. 영화 음향 시스템
Ⅴ. 배경 음악
Ⅵ. masking noise system

음향 기술과 수학
Sound Engineering and Math

음향기술 용어사전

음향공학박사 강성훈 저
2022년 6월 발행, 393쪽
사운드 미디어 | 25,000원

음향 기술 용어 사전은 기초음향, 음향기기, 심리음향, 건축음향, 음향 시스템 설계, 방송 음향, 오디오, 음악을 중심으로 이것들과 관련된 2,000여개의 용어 해설을 수록하였다. 또한 많은 데이터와 그림을 삽입하여 이해하기 쉽도록 하였다.

신판 음향기술총론

음향공학박사 강성훈 저
2022년 4월 발행, 413쪽
사운드 미디어 | 32,000원

음향 제작 전공, 방송음향 엔지니어, 라이브 콘서트 엔지니어 PA음향 설계에 목표를 두고 있는 사람들이 공통으로 알아야 할 최소한의 음향 기술의 입문서로서 저술된 것이다.

모든 음향 분야의 공통적인 목표는 좋은 소리를 만들기 위한 것이다. 좋은 소리를 만들기 위해서는 소리를 듣고 좋고 나쁨을 평가할 수 있는 청감이 필요하다. 그리고 소리가 나쁘거나 문제점이 있다면 그것을 찾아서 음향기기를 조작하여 조치하여야 한다. 그러나 청감은 기초 이론이 없이는 형성되지 않는다.

본 저서는 소리의 기초를 비롯하여 각 음향 기기의 동작 원리, 음향 특성 데이터를 보는 방법, 그리고 음향 시스템 구성을 위한 전기 음향, 공간음향, 음향측정에 대해서 개념적으로 알기 쉽게 저술하였다.

Part 1. 음향 이론
제1장 음향의 기초
제2장 음원의 특성
제3장 심리 음향
제4장 입체 음향
제5장 음향 특성 데이터와 청감

Part 2. 음향 기기
제6장 마이크
제7장 믹서
제8장 앰프
제9장 스피커 시스템
제10장 음향 효과기
제11장 디지털 오디오
제12장 케이블과 커넥터

Part 3. 고급음향기술
제13장 전기 음향
제14장 공간 음향
제15장 음향 시스템
제16장 음향 측정
부록_복습 문제

음향 서적

음향 핸드북

음향공학박사 강성훈 저
2024년 4월 발행 400쪽
사운드미디어, 30,000원

본 핸드북은 그동안 저자가 독자들로부터 질문을 많이 받았던 200개의 중요한 음향기술 용어를 중심으로 핵심만 요약하여 알기 쉽게 해설하였다. 이 용어들은 기초 음향, 심리 음향, 음향 데이터, 전기 음향, 건축 음향, 음향 설계, 음향 측정, 신호 처리 등 광범위한 분야를 포함하고 있다.

본 서는 모든 내용을 왼쪽 페이지에 요약하여 설명하고, 오른쪽 페이지에는 개념을 이해하는 데 필요한 그림과 사진을 삽입하여 이해하기 쉽도록 기술하였다.

음향 기술과 수학
Sound Engineering and Math

2024년 1월 1일 초판 발행

저자 | 강성훈
발행인 | 한종수
발행처 | 사운드미디어
주소 | 경기도 고양시 일산동구 정발산동 1168
전화 | 031-924-0078
팩스 | 031-912-0937
이메일 | www.pamagazine@naver.com

ISBN | 978-89-94314-07-5 11560
정가 | 30,000원

이 책의 저작권은 저자 및 본사에 있습니다 무단 전제나 복제는 법에 의해 금지됩니다.